普通高等教育电气信息类系列教材

西门子 S7-200 SMART PLC 原理及应用教程

主　编　王卓君

副主编　吉顺平

参　编　孙承志

机 械 工 业 出 版 社

本书从实际工程应用和教学需要出发，介绍了常用低压电器和电气控制电路的基本知识，以及 PLC 的基本组成和工作原理；以西门子 S7-200 SMART PLC 为教学机型，重点介绍了 PLC 的系统配置、指令系统、通信与网络、运动控制指令及控制系统程序设计等内容；用许多典型应用实例，包括开关量控制、模拟量 PID 控制等，介绍了常用逻辑指令和功能指令的使用方法和技巧，实例程序均经过调试运行。本书各章附有思考与练习题。

本书可作为高等学校自动化、电气工程及其自动化、机械电子工程等相关专业的教学用书，也可作为控制工程、电气工程领域工程技术人员的培训教材或参考书。

本书有配套的电子课件和习题答案等共享资料，欢迎选用本书作教材的老师登录 www.cmpedu.com 注册下载，或发邮件到 jinacmp@163.com 索取。

图书在版编目（CIP）数据

西门子 S7-200 SMART PLC 原理及应用教程 / 王卓君主编. —北京：机械工业出版社，2020.4（2025.1 重印）
  普通高等教育电气信息类系列教材
  ISBN 978-7-111-64839-0

Ⅰ. ①西… Ⅱ. ①王… Ⅲ. ①PLC 技术—高等学校—教材 Ⅳ. ①TM571.61

中国版本图书馆 CIP 数据核字（2020）第 031285 号

机械工业出版社（北京市百万庄大街 22 号 邮政编码 100037）
策划编辑：吉 玲 责任编辑：吉 玲 王 荣 刘丽敏
责任校对：刘雅娜 封面设计：张 静
责任印制：张 博
北京雁林吉兆印刷有限公司印刷
2025 年 1 月第 1 版第 5 次印刷
184mm×260mm · 17.25 印张 · 426 千字
标准书号：ISBN 978-7-111-64839-0
定价：45.00 元

电话服务   网络服务
客服电话：010-88361066   机 工 官 网：www.cmpbook.com
          010-88379833   机 工 官 博：weibo.com/cmp1952
          010-68326294   金 书 网：www.golden-book.com
封底无防伪标均为盗版   机工教育服务网：www.cmpedu.com

前　　言

作为一种典型的自动化控制器，PLC（可编程序控制器）在工厂自动化领域有着非常广泛的应用。原来的很多由继电器系统实现的功能可以很容易地由 PLC 实现。因此，各院校都把"可编程序控制器原理及应用"课程设置为自动化、机械电子工程、机器人等专业的重要专业课，以让学生掌握 PLC 的基本概念、基本原理和基本应用。

PLC 有很多型号，虽然它们的基本概念和基本原理相同，但它们的指令系统各不相同。在 PLC 的发展史上，西门子 SIMATIC 系列 PLC 在我国有非常广泛的应用。本书通过对西门子 PLC 相关机型的分析，来介绍 PLC 的指令系统和应用技术。

S7-200 SMART PLC 属于西门子小型 PLC 系列产品，是 SIMATIC 家族中的重要成员。它是西门子公司针对我国中小型自动化客户需求进行本地化研发、本地化生产、本地化服务的战略性产品。其指令系统与 S7-200 PLC 基本相同；CPU 模块分为标准型和经济型，集成的最大 I/O 点数增加到 60 点，CPU 内可安装一块信号板；CPU 模块集成了以太网端口、RS-485端口、高速输入、高速脉冲输出和位置控制灯功能；编程软件界面友好，更为人性化。S7-200 SMART PLC 可以帮助客户缩短设备开发周期，也充分考虑了客户未来发展的需要。

本书首先介绍了 PLC 的前身——继电器控制系统的基础知识和基本应用。因为在 PLC 控制系统中，很多概念沿用继电器系统的，且两大控制系统中对主电路的认识是一样的。只是PLC 控制更加灵活，功能更加强大。接着在系统介绍 PLC 基本概念、工作原理和系统组成的基础上，通过实例详细介绍了 S7-200 SMART PLC 的指令及应用、PLC 的程序设计方法、PLC控制系统设计应注意的问题等。为了适应更加复杂的应用，本书还介绍了 PLC 在模拟量过程控制系统中的应用、运动控制技术、PLC 的网络通信与控制等。

本书共 10 章。第 1 章介绍了继电器-接触器控制系统基础，包括常用的低压电器和电气控制的基本电路；第 2 章介绍了西门子 S7-200 SMART PLC 编程基础，包括 S7-200 SMARTPLC 的硬件构成、工作原理、编程变量、数据类型、寻址方式等；第 3 章介绍了 PLC 的组态技术与组态软件；第 4 章介绍了 S7-200 SMART PLC 编程基本指令，包括逻辑指令、定时器和计数器指令，并给出了相应的应用实例；第 5 章介绍了 S7-200 SMART PLC 编程指令功能，并给出了相应的应用实例；第 6 章介绍了顺序控制，并给出了相应的应用实例；第 7 章介绍了 S7-200 SMART PLC 模拟量的闭环控制，包括 PLC 对模拟量输入处理、模拟量输出处理和PID 控制的应用；第 8 章介绍了 S7-200 SMART PLC 运动控制功能，分析了 S7-200 SMART PLC对几种电动机的控制方法；第 9 章介绍了西门子 S7-200 SMART PLC 的通信；第 10 章介绍了PLC 控制系统设计的方法和原则。

本书由王卓君担任主编，吉顺平担任副主编，孙承志参编。具体分工为：第 1～6 章由王卓君编写；第 7、8 章由吉顺平编写；第 9、10 章由孙承志编写。

由于编者水平有限，加之时间仓促，书中程序、图表较多，难免有错误和疏漏之处。恳请读者不吝批评指正，不胜感激！

编　者

目　　录

第1章　继电器-接触器控制系统基础

在可编程序控制器（Programmable Logic Controller，PLC）出现之前，继电器控制在工业控制领域里占主导地位，它的优点是简单易懂、价格低、使用方便等，但缺点也很明显，通用性和灵活性差。随着电子技术、自动控制技术及计算机技术的迅速发展，计算机控制系统已得到了广泛的应用，PLC 已成为实现工业电气自动化控制系统的主要装置。

PLC 将继电器控制系统的优点和计算机功能完善、灵活、通用性好的优点结合起来，将继电器-接触器硬件接线逻辑变为计算机的存储逻辑来编程。因此在 PLC 的逻辑控制中，很多编程思想和基本概念都来源于继电器控制系统。另外，PLC 在电气控制中仍需要通过输入设备输入信息，并通过电器执行元件执行控制命令。本章简单介绍基本的常用低压电器和继电器线路的常用基本环节。

1.1　常用低压电器

电动机拖动生产机械运行，就需要一套控制装置，即各类电器，用以实现各种工艺要求。电器就是控制电的器具，即凡是用来分、合电路，能够实现对电路或非电路对象切换、控制、保护、检测、变换和调节目的的元件称为电器。

电器按其工作电压等级可分为高压电器和低压电器。低压电器通常指工作于交流频率50Hz 或 60Hz，交流电压 1000V 及以下或直流电压 1500V 及以下电路中的电器；高压电器是指工作于交流电压 1000V 及以上或直流电压 1500V 及以上电路中的电器。

1.1.1　低压电器分类

低压电器的种类繁多，结构各异，分类方法也很多。常见的低压电器的分类见表 1-1。

表 1-1　低压电器的分类

类　别		用　途	举　例
按用途分类	控制电器	用于控制各种电路和控制系统	接触器、继电器、按钮等
	配电电器	用于电能的传送和分配	刀开关、熔断器、断路器等
	执行电器	用于完成某种动作或传送功能	电磁铁、电磁离合器等
	其他电器		变频调速器、可编程序控制器、软起动器等
按电气传动控制系统常用低压电器分类	刀开关	用于不频繁手动通断交直流电路	开启式负荷开关、组合开关等
	熔断器	用于短路或严重过载保护	插入式、螺旋式、有（无）填料式等
	断路器	用于手动或自动通断电路，短路、严重过载或欠电压保护	万能框架式、装置式、模数化、智能化等
	接触器	用于频繁自动通断交直流电路	交（直）流接触器、真空接触器等
	继电器	用于自动控制和保护电力拖动装置	电磁式、电子式、双金属片式、特种继电器等
	主令电器	用于向控制系统发号施令	按钮、行程及接近开关、主令控制器等
	安装附件		插头插座、接线端子、行线槽等

1.1.2　低压隔离电器

1. 刀开关

刀开关是一种结构简单，应用十分广泛的手动电器，主要供无负载通断电路使用，即在不分断负载电流或分断时各极两触点间不会出现明显极间电压的条件下接通或分断电路使用。有时也可用来通断较小工作电流，作为照明设备或小容量电动机作不频繁操作的电源开关使用。

（1）刀开关的结构

根据工作条件和用途的不同，刀开关的结构形式也不同（如开启式刀开关、开启式负荷开关、封闭式负荷开关、组合开关等），但工作原理基本相似。刀开关按极数可分为单极、双极、三极和四极刀开关；按切换功能可分为单投和双投刀开关；按有无灭弧罩可分为有、无灭弧罩两大类；按操作方式分为中央手柄式和带杠杆机构操作式等。下面仅介绍开启式的刀开关。

开启式刀开关由手柄、动触刀、静插座、铰链支座、绝缘底板和灭弧罩等组成，一般在额定电压交流 380V、直流 440V，额定电流 1500A 的配电设备中作电源隔离使用，依靠手动实现动触刀插入插座与脱离插座的控制。刀开关的图形符号和文字符号如图 1-1 所示，刀开关的结构如图 1-2 所示。

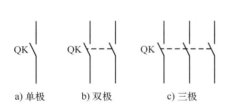

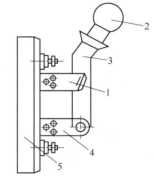

图 1-1　刀开关的图形符号和文字符号

图 1-2　刀开关的结构

1—静插座　2—手柄　3—动触刀　4—铰链支座　5—绝缘底板

（2）刀开关的主要技术参数及选用原则

1）极数。单相电一般选用单极或双极，三相电源线选用三极。

2）额定电流。一般应大于所分断电路中的负载最大电流的总和。电动机作为负载时，应考虑其起动电流（为电动机额定电流的 5～7 倍）。

2. 低压断路器

断路器是低压配电网络和电力拖动系统中的主要电器开关之一，它集控制功能和多种保护功能于一身，当电路中发生短路、欠电压、过载等非正常现象时，能自动切断电路，也可用在不频繁操作的低压配电线路或开关柜（箱）中作为电源开关使用。断路器的优点：操作安全、安装简单方便、工作可靠、分断能力较高，具有多种保护功能，动作值可调，动作后不需要更换元件，因此应用十分广泛。

（1）断路器的结构

断路器由动触点、静触点、灭弧室、热脱扣器、过电流脱扣器、欠电压脱扣器、手动脱扣操作装置及外壳等部分组成，其结构原理图如图 1-3 所示。

图中 2 为断路器的三对主触点，串联在被保护的三主电路中。当按下接通按钮时，主电路中三对主触点 2 由锁链 3 钩住搭钩 4，克服弹簧 1 拉力使触点保持在闭合状态。搭钩 4 可以绕轴 5 转动。

当线路正常工作时，过电流脱扣器 6 的线圈所产生的吸力不能将它的衔铁 8 吸合。

如果线路发生短路和产生很大过电流，过电流脱扣器的吸力增加，将衔铁 8 吸合，并撞击杠杆 7，把搭钩 4 顶上去，切断动触点与静触点接通的线路。

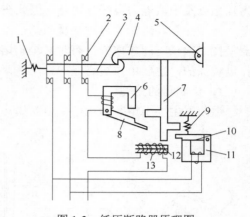

图 1-3　低压断路器原理图

1—弹簧　2—主触点　3—锁链　4—搭钩　5—轴
6—过电流脱扣器　7—杠杆　8、10—衔铁　9—弹簧
11—欠电压脱扣器　12—双金属片　13—发热元件

如果线路上的电压下降或失去电压，欠电压脱扣器 11 的吸力减小或失去吸力，衔铁 10 被弹簧 9 拉开，撞击杠杆 7，把搭钩 4 顶上去，切断动触点与静触点接通的线路。

如果线路发生过载时，过载电流流过发热元件 13 使双金属片 12 受热弯曲，撞击杠杆 7，把搭钩 4 顶上去，切断动触点与静触点接通的线路。图 1-4 是低压断路器的外形和符号。

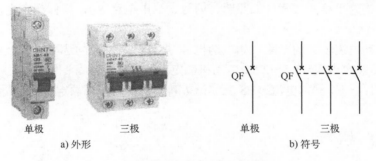

单极　　　　三极　　　　　　　单极　　　　三极

a) 外形　　　　　　　　　　　b) 符号

图 1-4　低压断路器的外形和符号

（2）低压断路器的主要技术参数及选用原则

1）额定电压。额定电压指长时间运行时能够承受的工作电压。低压断路器的额定电压应大于被保护电路的额定电压。

2）额定电流。额定电流指长时间运行时的允许持续电流。低压断路器的额定电流应大于被保护电路的总电流。

3）分断能力。它是指在规定条件下能够接通和分断的负载短路时的电流值。低压断路器极限分断能力应大于电路中最大短路电流的有效值。

1.1.3　熔断器

熔断器在电路中主要起短路保护作用。熔断器的熔体串接于被保护的电路中，在电路发生短路或过载时，熔断器以其自身产生的热量使熔体熔断，从而自动切断电路，实现短路保护或过载保护。熔断器具有结构简单、体积小、重量轻、使用维护方便、价格低廉、分断能力较强以及限流能力良好等优点，因此在电路中得到了广泛应用。

必须注意，熔断器对过载反应是很不灵敏的，例如，当电气设备发生轻度过载时，熔断器将持续很长时间才熔断，有时甚至不熔断。因此，除在照明电路中外，熔断器一般不宜用作过载保护，主要用作短路保护。

1. 熔断器的结构

熔断器主要由熔断器底座、熔断体（熔体）组成，如图 1-5 所示。

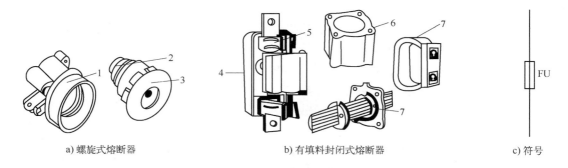

a) 螺旋式熔断器　　　　　　　　　　b) 有填料封闭式熔断器　　　　　　c) 符号

图 1-5　熔断器结构和符号

1—底座　2—熔体　3—瓷帽　4—铜圈　5—熔断管　6—管体　7—特殊垫圈

2. 熔体额定电流选用原则

1）对电流较为平稳的负载（如照明、信号、热电电路等），熔体额定电流应大于或等于它的额定电流。

2）对于起动电流较大的电路（如电动机），熔体额定电流的选取原则上应适当增大。单台电动机：熔体额定电流=(1.5～2.5)×电动机额定电流。

多台电动机：熔体额定电流=(1.5～2.5)×功率最大的电动机额定电流+其余电动机额定电流之和。

1.1.4　接触器

接触器是利用电磁吸力的作用来自动接通或断开大电流电路的电器。具有控制容量大、过载能力强、寿命长、设备简单经济等特点，是电力拖动控制电路中使用最广泛的电器元件之一。

接触器可以频繁地接通或分断大电流交直流电路，并可实现远距离控制。其主要控制对象是电动机，也可用于电热设备、电焊机以及电容器组等其他负载的控制，它还具有低电压释放保护功能。接触器可分为交流接触器和直流接触器两种，本节仅介绍交流接触器。

1. 交流接触器结构和工作原理

接触器的主要组成部分为电磁系统和触点系统。电磁系统是感测部分，由铁心、衔铁和吸引线圈构成。触点系统分为主触点和辅助触点两部分。主触点用于通断主电路，工作时，需经常接通和分断额定电流或更大的电流，所以常有电弧产生，为此，一般情况下都装有灭弧装置。只有额定电流很小的接触器可以不设灭弧装置。辅助触点用于控制电路，起电气联锁作用，故又称联锁触点，一般有常开触点、常闭触点各两组。辅助常开、常闭触点一般用来实现电路自锁或提供指示灯控制开关。交流接触器的结构和符号如图 1-6 所示。

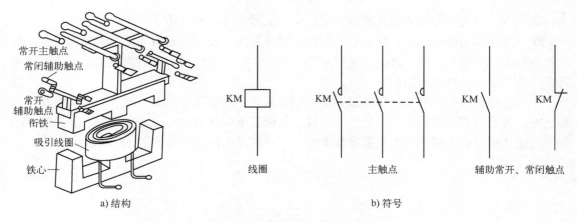

图 1-6　交流接触器的结构和符号

交流接触器的工作原理是：线圈通电以后，产生的磁场将铁心磁化，吸引衔铁，克服反作用弹簧的弹力，使它向着静铁心运动，拖动触点系统运动，使得常开触点闭合，常闭触点断开。一旦电源电压消失或者显著降低，以致电磁线圈没有励磁或励磁不足，衔铁就会因电磁吸力消失或过小而在反作用弹簧的弹力作用下释放，使得动触点与静触点脱离，触点恢复线圈未通电时的状态。

2. 交流接触器的主要参数和选用原则

1）额定电压。额定电压指主触点额定工作电压，该电压应等于负载的额定电压。一只接触器规定几个额定电压，同时列出相应的额定电流或控制功率。通常，最大工作电压即为额定电压常用的额定电压值为 220V、380V 及 660V 等。

2）额定电流。接触器触点在额定工作条件下的电流值。额定电流一般应大于所分断路中的负载最大电流的总和。电动机作为负载时，应以其起动电流（为电动机额定工作电流的 5～7 倍）来计算。380V 三相电动机控制电路中，额定工作电流可近似等于功率电路中电流的两倍。常用额定电流等级为 5A、10A、20A、40A、60A、100A、150A、250A、400A 及 600A。

3）通断能力。通断能力可分为最大接通电流和最大分断电流。最大接通电流是指触点闭合时不会造成触点熔焊的最大电流值；最大分断电流是指触点断开时能可靠灭弧的最大电流。一般通断能力是额定电流的 5～10 倍。当然，这一数值与开断电路的电压等级有关，电压越高，通断能力越小。

4）动作值。动作值可分为吸合电压和释放电压。吸合电压是指接触器吸合前，缓慢增加吸合线圈两端的电压，接触器可以吸合时的最小电压。释放电压是指接触器吸合后，缓慢降低吸合线圈的电压，接触器释放时的最大电压。一般规定，吸合电压不低于线圈额定电压的 85%，释放电压不高于线圈额定电压的 70%。

5）吸引线圈额定电压。接触器正常工作时，吸引线圈上所加的电压值。一般该电压数值以及线圈的匝数、线径等数据均标于线包上，而不是标于接触器外壳铭牌上。

1.1.5　继电器

1. 中间继电器

中间继电器是用来转换控制信号的中间元件，将一个输入信号变换成一个或多个输出信号，其输入信号为线圈的通电或断电信号，输出信号为触点的动作。

中间继电器由吸引线圈、静铁心、衔铁、触点系统、反作用弹簧和复位弹簧等组成。它的触点较多，一般有 8 对，可组成 4 对常开、4 对常闭，6 对常开、2 对常闭或 8 对常开三种形式，多用于交流控制电路。

中间继电器的动作原理与接触器完全相同，只是中间继电器的触点对数较多，且没主、辅之分，各对触点允许通过的电流大小相同，其额定电流多为 5A，对于额定电流不超过 5A 的电动机也可以用中间继电器代替接触器使用。中间继电器的符号如图 1-7 所示。

　　a) 中间继电器的线圈　　　　　　　b) 中间继电器的常开、常闭触点

图 1-7　中间继电器符号

在选择中间继电器时，要保证线圈的电压或电流满足电路的要求，触点的数量与额定电流满足被控制电路的要求，电源也应满足控制电路的要求。

中间继电器有两种用途：

1）当电压或电流继电器的触点容量不够时，可借助中间继电器来控制，用中间继电器作为执行元件。

2）当其他继电器触点数量不够时，可利用中间继电器来切换复杂电路。

2．热继电器

热继电器是利用电流的热效应来推动动作机构使触点系统闭合或分断的保护电器，可用作电动机的过载、断相、三相电流不平衡运行的保护及其他电气设备发热状态的控制。

（1）热继电器的结构和工作原理

热继电器的结构和符号如图 1-8 所示，它由热元件、触点系统、动作机构、复位机构和电流整定装置等几部分组成。

1）热元件共有 3 片，是热继电器的主要部分，是由双金属片及围绕在双金属片外面的电阻丝组成的。双金属片是由两种热膨胀系数不同的金属片复合而成的，如铁镍铬合金和铁镍合金。电阻丝一般用康铜、镍铬合金等材料做成，使用时，将电阻丝直接串联在异步电动机的电路中。

2）动作机构是利用杠杆传递及弹簧跳跃式机构完成触点动作。触点多为单断点弹簧跳跃式动作，一般触点为一个常开、一个常闭。

3）复位机构有手动和自动两种形式，可根据使用要求自行选择调整。

4）电流整定装置是通过旋钮和偏心轮来调节整定电流值。

热继电器的结构和符号如图 1-8 所示。当电动机过载时，过载电流通过串联在定子电路中的电阻丝元件使其发热，双金属片受热膨胀，因右侧金属的膨胀系数较大，所以双金属片向左弯曲，通过导板推动温度补偿片，使推杆绕轴转动，又推动动触点，使常闭触点断开。该常闭触点串联在接触器线圈回路中，当该触点断开以后，接触器线圈断电，使主触点分断，电动机便脱离电源受到保护。电源切断后，电流消失，双金属片逐渐冷却，经过一段时间后恢复原状，于是动触点在失去作用力的情况下，靠自身弹簧自动复位与静触点闭合。

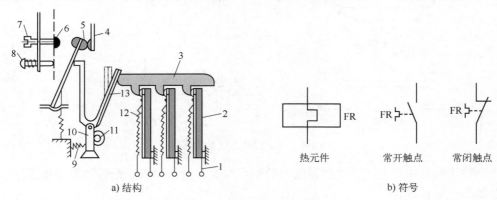

a) 结构　　　　　　　　　　　　　b) 符号

图 1-8　热继电器结构和符号

1—接线端子　2—主双金属片　3—推动导板　4—常闭触点　5—动触点

6—常开触点　7—复位调节螺钉　8—复位按钮　9—弹簧　10—支撑件

11—偏心轮　12—电阻丝热元件　13—补偿双金属片

（2）热继电器的选用原则

1）热继电器有两相、三相和三相带断相保护等形式。星形联结的电动机及电源对称性较好的情况可选用两相或三相结构的热继电器；三角形联结的电动机，应选用带断相保护装置的三相结构热继电器。

2）原则上热继电器的额定电流应按电动机的额定电流来选择。但对于过载能力较差的电动机，其配用的热继电器（主要是发热元件）的额定电流应适当小些，一般选取热继电器的额定电流（实际上是选取发热元件的额定电流）为电动机额定电流的 60%～80%。在不频繁起动的场合，要保证热继电器在电动机的起动过程中不产生误动作。通常，当电动机的起动电流为其额定电流的 6 倍，起动时间不超过 6s 且电动机很少连续起动时，就可按电动机的额定电流来选用热继电器。

1.1.6　主令电器

自动控制系统中用于发送控制指令的电器称为主令电器。主令电器是一种机械操作的控制电器，对各种电气系统发出控制指令，使继电器和接触器动作，从而改变拖动装置的工作状态（如电动机的起动、停车、变速、正反转等），以获得远距离控制。

主令电器应用广泛，种类繁多。常用的主令电器有控制按钮、行程开关、接近开关等。本节介绍常用的主令电器。

1. 控制按钮

控制按钮是一种结构简单、应用十分广泛的主令电器。在电气自动控制电路中，控制按钮用于手动发出控制信号以控制接触器、继电器、电磁起动器等，其结构和符号如图 1-9 所示。控制按钮的结构种类很多，可分为普通按钮式、蘑菇头式、自锁式、自复位式、旋柄式、带指示灯式、带灯符号式及钥匙式等，有单钮、双钮、三钮及不同组合形式。它一般采用积木式结构，由按钮帽、复位弹簧、桥式触点和外壳等组成。通常做成复合式，有一对常闭触点和一对常开触点。

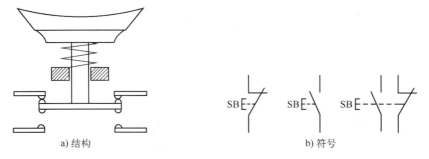

图 1-9　控制按钮的结构和符号

控制按钮的选用依据主要是根据需要的触点对数、动作要求、是否需要带指示灯、使用场合以及颜色等要求。

2.行程开关

依据生产机械的行程发出命令以控制其运行方向或行程长短的主令电器，称为行程开关。若将行程开关安装于生产机械行程终点处，以限制其行程，则称为限位开关或终点开关。行程开关广泛用于各类机床和起重机械中以控制这些机械的行程。

行程开关的种类很多，其主要变化在于传动操作方式和传动头形状的变化。操作方式有瞬动型和蠕动型两种。头部结构有直动、滚轮直动、杠杆、单轮、双轮、滚动摆杆可调式、杠杆可调式以及弹簧杆等。

行程开关的工作原理与控制按钮类似，只是它用运动部件上的撞块来碰撞行程开关的推杆。行程开关的结构和符号如图 1-10 所示。触点结构是双断点直动式，为瞬动型触点，瞬操作是靠传感头推动推杆达到一定行程后，触桥中心点过死点，以使触点在弹簧的作用下迅速从一个位置跳到另一个位置，完成接触状态转换，使常闭触点断开，常开触点闭合。各种结构的行程开关，只是传感部件的机构方式不同，而触点的动作原理都是类似的。

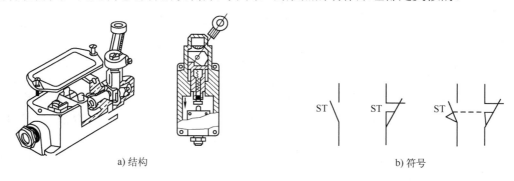

图 1-10　行程开关的结构和符号

行程开关在选用时，主要根据机械位置对开关形式的要求和控制电路对触点的数量要求及电流、电压等级来确定其型号。

3.接近开关

接近开关是一种非接触式物体检测装置，也就是某一物体接近某一信号机构时，信号机构发出"动作"信号的开关。接近开关又称为无触点行程开关，当检测物体接近它的工作面并达到一定距离时，不论检测体是运动的还是静止的，接近开关都会自动地发出物体接近而

"动作"的信号，而不像机械式行程开关那样需施以机械力。

接近开关是一种开关型传感器，它既有行程开关、微动开关的特性，同时又具有传感器的性能，且动作可靠、性能稳定、频率响应快、使用寿命长、抗干扰能力强，而且具有防水、防振、耐腐蚀等特点。它不但有行程控制方式，而且根据其特点，还可以用于计数、测速、零件尺寸检测、金属和非金属的探测、无触点按钮、液面控制等电量与非电量检测的自动化系统中，还可以同微机、逻辑元件配合使用，组成无触点控制系统。

接近开关的种类很多，但不论何种类型的接近开关，其基本组成都是由信号发生机构（感测机构）、振荡器、检波器、鉴幅器和输出电路组成。感测机构的作用是将物理量转换成电量，实现由非电量向电量的转换。接近开关的外形及符号如图 1-11 所示。

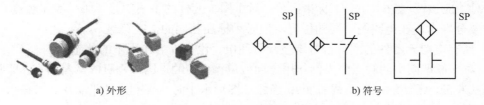

a) 外形   b) 符号

图 1-11   接近开关的外形及符号

1.2 电动机基本控制电路

1.2.1 电气控制系统图及绘制原则

电气控制电路是指根据一定的控制方式用导线将接触器、继电器、行程开关及按钮等电器元件连接组成的一种电气线路，具有起动、停止、制动、调速及换向等功能。

电气控制系统图是指用各种电器元件及其连接电路来表达电气控制系统的结构、功能及原理等的工程图样。依据电气控制系统图，便于系统安装、调试、使用及维修。常用的电气控制系统图有电气原理图、电气安装接线图及电器元件位置图三种。电气控制系统图是根据国家标准，用规定的图形符号、文字符号及电气规范绘制而成的，使用不同的图形符号表示各种不同的电器元件，用文字符号说明电器元件的名称、用途、编号及主要特征等。

1. 常用电器图形符号及文字符号

（1）图形符号

图形符号通常用于图样或其他文件，用以表示一个设备或概念的图形、标记或字符。

（2）文字符号

文字符号分为基本文字符号和辅助文字符号。文字符号适用于电气技术领域中技术文件的编制，也可表示在电气设备、装置和元器件上（或其近旁）以标明它们的名称、功能、状态和特征。如 R 表示电阻类，C 表示电容类，SB 表示按钮类、Q 表示开关类等。

2. 电气原理图及绘制原则

电气原理图是将电器元件以图形符号和文字符号的形式，通过连接导线按电路工作原理绘制的。它应具有结构简单、便于阅读和分析的特点。电气原理图的绘制必须符合国家标准。

电气原理图的主要作用为方便操作者在电路安装、调试、分析及维护过程中详细了解电路的工作原理，为其提供实施依据。

电气原理图的绘制一般应遵循的主要原则如下。

1）原理图一般分为主电路、控制电路及辅助（其他）电路。

主电路是电路需要控制设备（负载）的驱动电路；控制电路是通过继电器、接触器及主令电器等元器件实现对驱动电路及其他辅助功能控制；辅助电路主要包括信号提示、电路保护等功能。

2）主电路应画在电气原理图的左侧或上方；控制电路及辅助电路应画在电气原理图的右侧或下方。

3）电气原理图中的所有元器件符号表示必须符合国家标准。对于分布在不同位置的相同的元器件，应该标注数字序号下标来区分；对于同一元件的不同部分（如线圈和触点），可以根据需要分别出现在电路图不同的位置，但必须标注相同的文字符号。

4）所有电器元器件的图形符号均按没有通电、没有外力作用下的状态绘制。

5）对于原理图中的触点受力的作用方向应遵循：当触点图形垂直时从左到右（即常开触点在垂线左侧，常闭触点在垂线右侧）；当触点图形水平时从下到上（即常开触点在水平线下方，常闭触点在水平线上方）。

6）一般情况下，电气原理图应该按照其控制过程的动作顺序，从上到下（垂直位置）、从左到右（水平位置）的原则绘制。

7）电气原理图中的交叉线，需要连接的接点，必须用黑圆点表示；不需要连接的则无须用黑圆点表示。

8）对于接线端子需要引入标记，如三相电源引入端采用 L1、L2、L3 及 PE 作为标记。

3．电气安装接线图

电气安装接线图是电器元件根据电气原理图所绘制的实际接线图。它主要用于电气设备及元件的安装及配线、线路维修及故障处理。电气安装接线图的绘制一般应遵循的原则如下：

1）各电器元件按其在安装底板上的实际位置用统一比例以图形符号及文字符号绘制。

2）每一个电器元件的所有部件必须绘制在一起。

3）通过连接线按电气原理图要求将部件通过接线端子连接在一起。

4）方向相同的相邻导线可以绘成一股线，通过接线端子的编号不同以示区别。

4．电器元件位置图

电器元件位置图用来表示电器元件及设备的实际位置，它主要用来与电气安装接线图配合使用，以方便操作者施工或及时找到电器元件的位置。电器元件位置图的绘制原则读者可参考有关标准，这里不再详述。

1.2.2　电气控制基本电路

在工业生产中的电气控制电路中，不论如何复杂，都是由一些简单的基本电路构成的，如起动、自锁、互锁及正反转等电路。下面介绍电气控制系统常见的基本电路。

1．自锁起动控制电路

（1）电路构成

基本的三相异步电动机自锁起动控制电路如图 1-12 所示。主电路由电动机 M、热继电器 FR、接触器 KM 的主常开触点、熔断器 FU1 和刀开关 QK 构成。控制电路由停止按钮 SB1、起动按钮 SB2、接触器 KM 的辅助常开触点及它的线圈组成。

（2）工作原理

控制电路起动时，合上刀开关 QK，主电路引入三相电源。当按下起动按钮 SB2，接触器 KM 线圈通电，其常开主触点闭合，电动机接通电源起动，同时接触器 KM 的辅助常开触点闭合，这样当松开起动按钮 SB2 后，接触器 KM 线圈仍能通过其辅助触点通电并保持吸合状态。这种依靠接触器本身辅助触点而使其线圈保持通电的现象称为自锁，起自锁作用的触点称为自锁触点。按下停止按钮 SB1，接触器 KM 线圈失电，其主触点断开，切断电动机三相电源，电动机 M 自动停止，同时接触器 KM 自锁触点也断开，控制回路解除自锁，KM 断电。松开停止按钮 SB1，控制电路又回到起动前的状态。

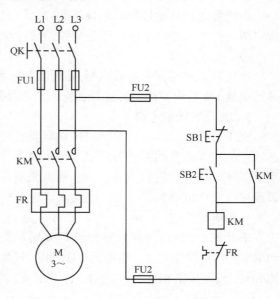

图 1-12　三相异步电动机自锁起动控制电路

（3）保护环节

在生产运行中会有很多无法预测的情况出现，为了确保工业生产的安全进行，减少生产事故造成的损失，有必要在电路中设置相应的保护环节。

电动机自锁起动控制电路的保护环节包括：熔断器 FU1 对主电路和控制电路实现短路保护；热继电器 FR 对电动机实现过载保护；同时，交流接触器还具有欠电压和失电压保护功能。

2．点动、长动控制电路

（1）电路构成

图 1-13 所示为电动机点动、长动控制电路（在自锁电路中加入点动控制），其主电路主要由刀开关 QK、熔断器 FU1、接触器主触点 KM、热继电器 FR 的热元件和电动机 M 构成。其控制电路主要由熔断器 FU2、热继电器 FR 的常闭触点、按钮 SB1、SB2、复合按钮 SB3 和接触器 KM 的常开辅助触点组成。

（2）工作原理

在图 1-13 中，SB1 为停止按钮，SB3 为点动按钮，SB2 为长动按钮。合上 QK，接通三相电源，起动准备就绪。

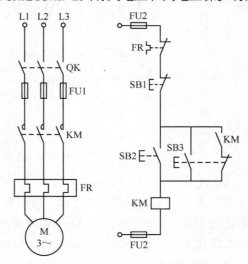

图 1-13　电动机点动、长动控制电路

当需要进行点动控制时，按下 SB3，线圈 KM 通电，其主触点闭合，常开辅助触点也闭合，但由于复合按钮 SB3 的常闭触点的断开，无法实现自锁；因此，松开 SB3 时，线圈 KM 失电，从而实现点动控制。点动控制电路可用于机床上的对刀等操作。

按下 SB1，切断控制电路，导致线圈 KM 失电，其主触点和辅助触点复位，从而切断三相电源，电动机停止转动。

当需要进行长动控制时，按下 SB2，线圈 KM 通电，其主触点和常开辅助触点闭合，实现自锁，松开 SB2，电动机还是能够正常转动，实现长动控制。

（3）保护环节

该控制电路的保护环节包括：熔断器 FU1 和 FU2 分别对主电路和控制电路实现短路保护；热继电器 FR 对电动机实现过载保护、交流接触器具有欠电压及失电压保护功能。

3．正反转控制电路

在工业控制中，各种生产机械常常要求具有上、下，左、右，前、后等相反方向的可逆运行，如车床刀具的前进与后退、钻床的上升与下降、传送带的左右传送等，这些都要求电动机能够实现正、反转运行。由电动机原理可知，只需要将三相电源进线中的任意两根相对调就可以实现电动机的反转。因此，可逆运行电路的实质就是电动机的正、反转控制电路。

（1）电路构成

电动机正、反转控制电路如图 1-14 所示。主电路由电动机 M、热继电器 FR、接触器 KM1 和 KM2 的主常开触点、熔断器 FU1 和刀开关 QK 构成。控制电路由停止按钮 SB1、正转按钮 SB2、反转按钮 SB3、接触器 KM1 和 KM2 的辅助常开触点、辅助常闭触点及它的线圈组成。

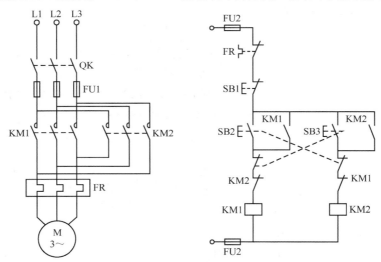

图 1-14　电动机正、反转控制电路

（2）工作原理

按下电动机正转起动按钮 SB2，接触器 KM1 线圈通电，其常开主触点闭合，电动机接通电源正转起动，同时接触器 KM 的辅助常开触点闭合自锁；按下停止按钮 SB1，KM1 断电，电动机停止工作；按下反转起动按钮 SB3，接触器 KM2 通电自锁，电动机反转起动。

（3）保护环节

该电路除了具有短路保护、电动机过载保护、欠电压及失电压保护外，为了防止由于误操作而引起相间短路，在控制电路中加入接触器辅助触点 KM1、KM2 互锁及按钮 SB2、SB3 互锁保护环节。

4．星-三角减压起动控制电路

对于大功率的三相交流电动机，直接起动时会产生很大的起动电流。因此，常常采用减压起动。减压起动的方法很多，对笼型异步电动机常采用定子电路串电阻或电抗、星-三角换接、自耦变压器法等来起动，线绕式异步电动机起动时采用在转子回路中串联电阻的方法起动。本节只介绍星-三角换接减压起动法。

（1）电路构成

星-三角换接减压起动控制电路如图 1-15 所示。

主电路由电动机 M、热继电器 FR、接触器 KM1、KM2 和 KM3 的主常开触点、熔断器 FU1 和刀开关 QK 构成。控制电路由停止按钮 SB1、停止按钮 SB2、接触器 KM1、KM2 和 KM2 的辅助常开触点、辅助常闭触点及它的线圈组成、时间继电器的线圈、延时闭合和延时断开触点构成。

电动机三相定子绕组引出 6 个端点：U、V、W 分别为第一相、第二相、第三相绕组的起端，U′、V′、W′分别为第一相、第二相、第三相绕组的末端。

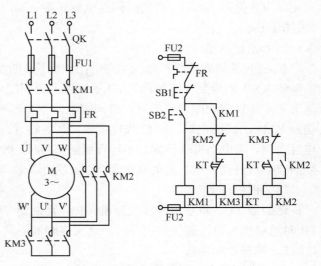

图 1-15　星-三角换接减压起动控制电路

当接触器 KM3 主触点闭合时，定子绕组接成丫联结；当接触器 KM2 主触点闭合时，定子绕组接成△联结。

（2）时间控制

某些生产机械的动作有时间要求，例如，电动机起动电阻需要在电动机起动后隔一定时间切除，这就出现了一种在输入信号经过一定时间间隔才能控制电流流通的自动控制电器——时间继电器。

时间继电器的触点有 4 种可能的工作情况，这 4 种工作情况和它们在电气控制系统图中的图形符号如图 1-16 所示。时间继电器的文字符号一般用 KT 表示。

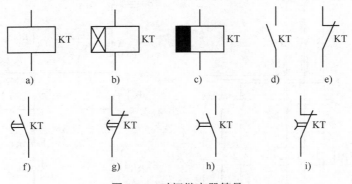

图 1-16　时间继电器符号

图 1-16f 和图 1-16g 为通电延时型时间继电器的触点，它们在线圈通电时延时动作，在线圈断电时瞬时动作；图 1-16h 和图 1-16i 为断电延时型时间继电器的触点，它们在线圈通电时瞬时动作，在线圈断电时延时动作。

对于通电延时型时间常闭继电器，使用通电延时线圈（见图 1-16b），所用的触点是延时闭合常开触点（见图 1-16f）和延时断开常闭触点（见图 1-16g）；对于断电延时时间继电器，使用断电延时线圈（见图 1-16c），所用的触点是延时断开常开触点（见图 1-16h）和延时闭合常闭触点（见图 1-16i）；有的时间继电器还附有瞬动常开触点（见图 1-16d）和瞬动常闭触点（见图 1-16e）。

（3）工作原理

星-三角换接减压起动控制电路的工作原理：首先合上电源开关 QF，按下起动按钮 SB2，接触器 KM1 的线圈、接触器 KM3 的线圈及时间继电器 KT 的线圈相继得电，电动机联结成星形起动。待起动即将完毕时，时间继电器 KT 延时时间到，其延时断开的常闭触点断开，切断 KM3 的线圈电路，KM3 失电释放，其主触点、辅助触点复位，使接触器 KM2 的线圈得电且自锁，将电动机联结成△形运行状态。同时，时间继电器 KT 的线圈也因 KM2 的常闭辅助触点的断开而失电。时间继电器复位，为下一次减压起动做好准备。

（4）保护环节

熔断器 FU1 对主电路实现短路保护，熔断器 FU2 对控制电路实现短路保护；热继电器 FR 对电动机实现过载保护；同时，交流接触器还具有欠电压和失电压保护功能。

5. 顺序控制电路

在生产实践中，经常会有多个电动机一起工作，但常常要求各种运动部件之间或生产机械之间能够按照顺序先后起动工作；需要停止时，也要求按一定的顺序停止。这就要求电动机能够实现顺序起动或顺序停止。例如，车床主轴在转动时，要求油泵先上润滑油，停止时，主轴停止后，油泵才能够停止润滑。即油泵电动机 M1 和主轴电动机 M2 在起动过程中，油泵电动机先起动，主轴电动机后起动；停止时，主轴电动机先停止，油泵电动机才能够停止。

（1）顺序控制电路

顺序控制电路如图 1-17 所示。电动机 M1、M2 的运行主要是通过接触器 KM1、KM2 来控制，电动机运行控制，本质上来说就是接触器的工作，电动机的顺序运行就等同于接触器的先后工作。

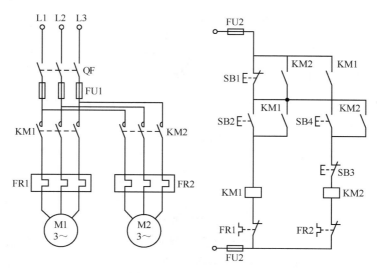

图 1-17　顺序控制电路

（2）工作原理

当要求 KM1 先通电而后才允许 KM2 通电时，就把 KM1 的常开辅助触点串入 KM2 的线圈电路中。当要求 KM2 先断电而后 KM1 才能断电时，就把 KM2 的常开辅助触点与 KM1 回路中的停止按钮并联。

（3）保护环节

熔断器 FU1 和 FU2 分别对主电路和控制电路实现短路保护；热继电器 FR1 和 FR2 分别对电动机 M1 和 M2 实行过载保护；接触器 KM1 和 KM2 具有欠电压保护功能。

思考与练习题

1.1　什么是电器？什么是低压电器？

1.2　低压断路器可以起到哪些保护作用？说明各种保护作用的工作原理。

1.3　简述交流接触器的用途和工作原理。继电器和接触器有什么区别？

1.4　时间继电器有哪些类型？时间继电器的符号是怎样的？

1.5　什么是主令电器？主要有哪几种主令电器？

1.6　自动控制电路中常设置哪几种保护？过载保护与短路保护有什么区别？各用什么电器实现？

1.7　什么叫互锁？它有何作用？

1.8　什么叫自锁？它有何作用？

1.9　如图 1-18 所示，控制电路能否实现既能点动又能长动连续运行？试分析原因。

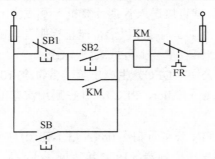

图 1-18　顺序控制电路

第2章 西门子S7-200 SMART PLC编程基础

2.1 初识 PLC

2.1.1 PLC 的诞生

20 世纪 70 年代，继电器控制系统广泛应用于工业控制领域，特别是制造业。然而由于继电器控制系统自身的不足，使其在应用过程中面临了很多挑战。当时，计算机已经开始应用于很多科研机构、高等学校和大型企业，但主要用于数值运算，因为计算机本身的复杂性、编程难度高，难以适应恶劣的工业环境以及价格昂贵等因素，使其未能在工业控制中应用。

1968 年，美国通用汽车（GM）公司提出了"多品种小批量、不断翻新汽车品牌型号"的设想，并试图寻找一种新型控制器，以尽量减少重新设计和更换继电器控制系统的硬件和接线，减少系统维护与升级时间，降低成本。希望将计算机的功能完备、灵活、通用等优点与继电器控制系统的简单易懂、操作方便、价格便宜等优点相结合，设计出一种通用的工业控制装置以满足生产需求。基于此，提出了 10 项技术指标：①编程简单方便，可在现场修改程序；②硬件维护方便，最好是插入式结构；③可靠性要高于继电器控制装置；④体积要小于继电器控制装置；⑤可将数据直接送入管理计算机；⑥成本上可与继电器竞争；⑦输入可以是交流 115V；⑧输出为交流 115V、2A 以上，能直接驱动电磁阀；⑨扩展时，原有系统只需做很小的改动；⑩程序存储器容量至少可扩展到 4KB。

1969 年，美国数字设备公司（DEC）生产出第一台符合 10 项技术要求的可编程序逻辑控制器（Programmable Logic Controller，PLC），并在通用汽车的生产线上成功应用，从而开创了工业控制的新局面。

紧接着，美国的 MODICON 公司研制出 084，日本在 1971 年引进此技术研制出 DSC-8。我国自 1971 年开始研制可编程序控制器，1974 年实现了工业应用。

2.1.2 PLC 的名称和定义

可编程序控制器最初称为可编程序逻辑控制器（Programmable Logic Controller）。随着技术的发展，其功能已经远远超出了逻辑控制的范围，因而用可编程序逻辑控制器已不能描述其多功能的特点。1980 年，美国电气制造商协会（NEMA）给它起了一个新的名称，叫可编程序控制器（Programmable Controller，PC，后又称为 PLC）。

由于 PC 这一缩写在我国早已成为个人计算机（Personal Computer）的代名词，为避免造成名词术语混乱，同时基于 PC 的控制又有了新的含义，因此在我国仍沿用 PLC 表示可编程序控制器。

1985 年，由于可编程序控制器技术迅猛发展，国际电工委员会（International Electrotechnical Commission，IEC）对可编程序控制器进行了定义：可编程序控制器（PLC）是一种数字运算操作的电子系统，专为在工业环境下的应用而设计，它采用可编程序的存储器存储程序，通过执行程序实现逻辑控制、顺序控制、定时、计数和算术运算等操作，并通过数字式、模拟式的输入和输出，控制各种类型的机电设备或生产过程。PLC 及其有关的设备都应按易于与工业控制系统连成一个整体、易于扩充功能的原则而设计。简单地说，PLC 就是存储程序控制器。

2.1.3　PLC 的分类

PLC 一般从点数、功能、结构形式和流派等方面进行分类。

1. 根据点数和功能进行分类

根据点数和功能可以分为小型、中型和大型 PLC。小型 PLC 的输入/输出（I/O）端子数量为 256 点以下；中型 PLC 的输入/输出端子数量为 1024 点以下；大型 PLC 的输入/输出端子数量为 1024 点以上。

小型 PLC、中型 PLC 和大型 PLC 不光体现在输入/输出端子数量上，更重要的是功能的差别。小型 PLC 主要用于完成逻辑运算、计时、计数、移位、步进控制等功能。中型 PLC 的功能，除小型 PLC 完成的功能外，还有模拟量控制、算术运算（+、−、×、÷）、数据传送和矩阵等功能。大型 PLC，除中型 PLC 完成的功能外，还有更强的联网、监视、记录、打印、中断、智能、远程控制等功能。

另外，小型、中型和大型 PLC 的分类不是绝对的，有些小型 PLC 可以具备部分中型 PLC 的功能。

2. 根据结构形式进行分类

PLC 按结构形式分，有整体式和模块式两种。

整体式 PLC 是一个整体，其所有部件均在一个机盒之内；整体式 PLC 根据需要也可以进行扩展。模块式 PLC 是由多个模块组成的，通过内部总线连接在一起，用户可以根据需要组建自己的 PLC 系统。

3. PLC 的流派分类

世界上 PLC 生产厂家有 200 多家，生产的产品有 400 多种。

PLC 按地域分为 4 个流派：①美国产品，性价比适中，使用比较方便；②欧洲产品，性价比适中，易用性一般，扩展性强；③日本产品，性价比高，使用方便，扩展性一般；④中国产品，性价比特别高，使用比较方便，扩展性一般。

2.1.4　PLC 的特点

PLC 主要有 6 大特点。

1. 高可靠性

PLC 的高可靠性体现在如下 6 点：

1）所有的 I/O 接口电路均采用光电隔离，使工业现场的外电路与 PLC 内部电路之间在电气上隔离。

2）各输入端均采用 $R\text{-}C$ 滤波器，其滤波时间常数一般为 10～20ms。

3）各模块均采用屏蔽措施，以防止辐射干扰。

4）采用性能优良的开关电源。

5）对采用的器件进行严格的筛选。

6）良好的自诊断功能，一旦电源或其他软、硬件发生异常情况，CPU 立即采用有效措施，以防止故障扩大。

2．可编程

PLC 控制系统的控制作用的改变主要不是取决于硬件的改变，而是取决于程序的改变，即硬件柔性化。柔性化的结果使整个系统可靠性提高，给控制系统带来一系列好处。计数器、定时器、继电器等器件在 PLC 中变成了编程变量，控制作用的实现更加容易。

3．丰富的 I/O 接口模块

PLC 针对不同的工业现场信号，如交流或直流、开关量或模拟量、电压或电流、脉冲或电位、强电或弱电等，有相应的 I/O 模块与工业现场的器件或设备（如按钮、行程开关、接近开关、传感器及变送器、电磁线圈和控制阀等）直接连接。另外，为了提高操作性能，PLC 还有多种人–机对话的接口模块；为了组成工业局部网络，它还有多种通信联网的接口模块。

4．采用模块化结构可以适应各种工业控制的需要

除了整体式的小型 PLC 以外，绝大多数 PLC 均采用模块化结构。PLC 的各个部件，包括 CPU、电源和 I/O 等均采用模块化设计，由机架及电缆将各模块连接起来，系统的规模和功能可根据用户的需要自行组合。

5．编程简单易学

PLC 的编程大多采用类似于继电器控制电路的梯形图形式，对使用者来说，不需要具备计算机的专门知识，很容易被一般工程技术人员所理解和掌握。

6．安装简单、维修方便

PLC 不需要专门的机房，可以在各种工业环境下直接运行。使用时只需将现场的各种设备与 PLC 相应的 I/O 接口相连接，即可投入运行。各种模块上均有运行和故障指示装置，便于用户了解运行情况和查找故障。由于采用模块化结构，因此一旦某模块发生故障，用户可以通过更换模块的方法，使系统迅速恢复运行。

2.1.5　PLC 的功能和发展

1．PLC 的功能

PLC 的主要功能有：①逻辑控制；②定时控制；③计数控制；④步进（顺序）控制；⑤PID 控制；⑥数据处理；⑦通信和联网。

PLC 还有许多特殊功能模块，适用于各种特殊控制的要求，如定位控制模块、CRT 模块等。

2．PLC 的发展前景

PLC 技术是随着自动控制技术和计算机技术的发展而发展的，PLC 的发展前景广阔。

1）高性能 PLC 将具备更强的数据处理能力，是 PLC 的一个发展方向。

2）越来越多的模块正在不断地研制出来，如数控模块、语音处理模块等；模块自身带有 CPU，在工作中可以与主 CPU 并行工作，有利于 PLC 的工程应用。

3）网络技术将向深层次应用推进。伴随计算机网络和通信网络的飞速发展，针对工业以太网络技术的 PLC 技术已经成功应用，针对网络兼容性、互联网、GSM/CDMA 通信网络的技术将迅速发展。

4）单纯从技术角度而言，PLC 实现软硬件标准化、通用化和开放化是今后发展的趋势。

2.2　PLC 硬件系统的基本组成

PLC 是一种工业控制装置，从装置的组成来说，PLC 是由硬件系统和软件系统组成的。

PLC 的硬件系统主要由中央处理器（CPU）、存储器、输入单元和输出单元等部分组成，如图 2-1 所示。其中，CPU 是 PLC 的核心；输入单元与输出单元是连接现场输入/输出设备与 CPU 之间的接口电路，也称为输入接口和输出接口。此外，PLC 的硬件系统还包括通信接口、扩展接口、编程器和电源等。

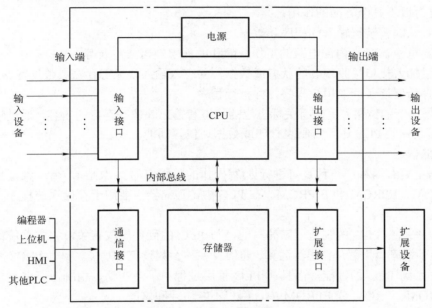

图 2-1　整体式 PLC 的硬件组成

整体式 PLC 的所有部件都装在同一机壳内；对于模块式 PLC，各部件封装成模块，各模块通过连接安装在机器或导轨上，其组成形式与整体式的 PLC 不同，如图 2-2 所示。无论哪种结构类型的 PLC，都可根据用户需要进行配置与组合。尽管整体式 PLC 与模块式 PLC 的结构不太一样，但各部分的功能作用是相同的，下面对 PLC 各组成部分进行简单介绍。

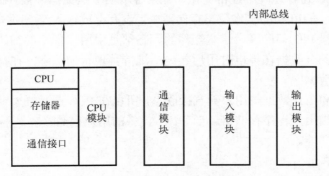

图 2-2　模块式 PLC 的硬件结构

1. 中央处理器

同一般的微机一样，中央处理器（CPU）是 PLC 的核心。一般认为 PLC 中的 CPU 有三类：通用微处理器（如 Z80、8086 等）、单片计算机（如 8031、8096 等）和专用微处理器。历史上，小型 PLC 大多采用 8 位通用微处理器和单片微处理器；大中型 PLC 大多采用 16 位通用微处理器和单片微处理器。

现在许多知名厂商采用自己设计制造的专用芯片，称为专用微处理器。由于是专门设计的，因此既可提高系统的效率，节约成本，又可防止被仿制。当然，其 CPU 的原理和组成是不变的。

在 PLC 中的 CPU 又包含控制器和运算器，通过执行系统程序，指挥 PLC 进行工作，归纳起来主要有以下几个方面的作用：

1）接收从编程装置输入的程序和数据。

2）诊断电源、PLC 内部电路的工作故障和编程中的语法错误等。

3）通过输入接口接收现场的状态或数据，并存入输入映像寄存器或数据寄存器中。

4）从存储器逐条读取用户程序，并执行程序。

5）根据执行的结果，更新有关标志位的状态和输出映像寄存器的内容，通过输出单元实现输出控制。有些 PLC 还具有制表打印或数据通信等功能。

2. 存储器

存储器主要有两种：一种是可进行读/写操作的随机存储器 RAM，另一种是只读存储器 ROM、PROM、EPROM 和 E^{2}PROM。在 PLC 中，存储器主要用于存储系统程序、用户程序及工作数据。

系统程序是由 PLC 的制造厂家编写的，与 PLC 的硬件组成有关，完成系统诊断、命令解释、功能子程序调用管理、逻辑运算、通信及各种参数设定等功能，提供 PLC 运行的平台。系统程序关系到 PLC 的性能，而且在 PLC 使用过程中不会变动，由制造厂家直接固化在只读存储器 ROM、PROM 或 EPROM 中，用户不能访问和修改。

用户程序是随 PLC 的控制对象而定的，是由用户根据对象的生产工艺的控制要求而编制的应用程序。为了便于读出、检查和修改，用户程序一般存储于 CMOS 的静态 RAM 中，用锂电池作为后备电源，以保证掉电时不会丢失信息。为了防止干扰对 RAM 中程序的破坏，当用户程序经过运行，检验其正常且不需要改变后，可将其固化在只读存储器 EPROM 中。现有许多 PLC 直接采用 E^{2}PROM 作为用户存储器。

工作数据是 PLC 运行过程中经常变化、经常存取的一些数据，被存储在 RAM 中，以适应随机存取的要求。在 PLC 的工作数据存储器中，设有存放输入/输出继电器、定时器、计数器等逻辑器件（变量）的存储区，这些器件的状态都是由用户程序的初始设置和运行情况而定的。根据需要，部分数据在掉电时用后备电池维持其现有的状态，在掉电时可保存数据的存储区域称为保持数据区。

由于系统程序和工作数据与用户无直接联系，所以在 PLC 产品样本或使用手册所列存储器的形式和容量是指用户程序存储器。当 PLC 提供的用户存储器容量不够用时，许多 PLC 还提供存储器扩展功能。

3. 输入/输出单元

输入/输出单元通常也称为 I/O 单元或 I/O 模块，是 PLC 与工业生产现场之间的连接部件。

PLC 通过输入接口可以检测被控对象的各种数据，以这些数据作为 PLC 对被控对象进行控制的依据；同时 PLC 又通过输出接口将处理结果送给被控制对象，以实现控制目的。

由于外部输入设备和输出设备所需的信号电平是多种多样的，而 PLC 内部的 CPU 处理的信息只能是标准电平，所以 I/O 接口要实现这种转换。I/O 接口一般都具有光电隔离和滤波功能，以提高 PLC 的抗干扰能力。另外，I/O 接口上通常还有状态指示，使工作状况直观，便于维护。

PLC 提供了多种操作电平和驱动能力的 I/O 接口，有多种功能的 I/O 接口供用户选用。I/O 接口的主要类型有数字量（开关量）输入、数字量（开关量）输出、模拟量输入、模拟量输出等。

常用的数字量输入接口按其使用的电源不同有两种类型：直流输入接口和交流输入接口，其原理电路如图 2-3 和图 2-4 所示。

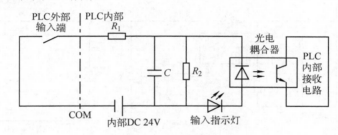

图 2-3　直流输入接口原理图

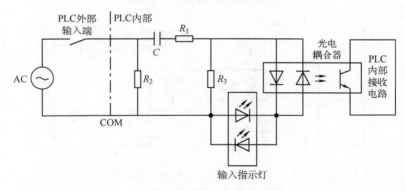

图 2-4　交流输入接口原理图

常用的数字量输出接口按输出器件不同有三种类型：继电器输出、晶体管输出和双向晶闸管输出，其基本原理电路如图 2-5～图 2-7 所示。继电器输出接口可驱动交直流负载，但其响应时间长，动作频率低；而晶体管输出接口和双向晶闸管输出接口的响应速度快，动作频率高，注意前者只能用于驱动直流负载，后者只能用于驱动交流负载。

PLC 的 I/O 接口所能接收的输入信号个数和输出信号个数称为 PLC 输入/输出（I/O）点数。I/O 点数是选择 PLC 的重要依据之一。当系统的 I/O 点数不够时，可通过 PLC 的 I/O 扩展接口对系统进行扩展。

4．通信接口

PLC 配有各种通信接口，这些通信接口都带有通信处理器。PLC 通过这些接口可与计算机及其他 PLC 等设备实现通信。与人机界面连接，可将控制过程图像显示出来；与其他 PLC

连接，可组成多机系统或连成网络，实现更大规模控制。工业上普遍使用的远程 I/O 必须配备相应的通信接口模块。

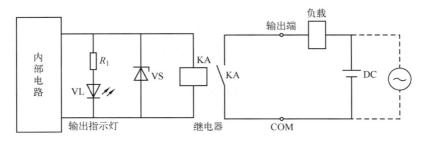

图 2-5　继电器输出接口原理图

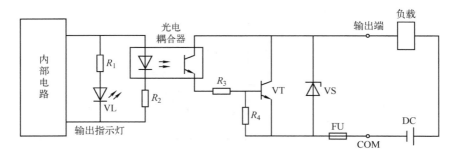

图 2-6　晶体管输出接口原理图

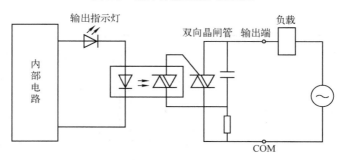

图 2-7　双向晶闸管输出接口原理图

5．智能接口模块

智能接口模块是独立的计算机系统，它有自己的 CPU、系统程序、存储器以及与 PLC 系统总线相连的接口。它作为 PLC 系统的一个模块，通过总线与 PLC 相连，进行数据交换，并在 PLC 的协调管理下独立地进行工作。PLC 的智能接口模块种类很多，如高速计数模块、闭环控制模块、运动控制模块等。

6．编程装置

编程装置的作用是编辑、调试、输入用户程序，也可在线控制 PLC 内部状态和参数，与 PLC 进行人机对话，它是开发、应用、维护 PLC 不可缺少的工具。常见的编程装置有手持编程器和计算机编程。

计算机编程是现在的主流。它既可以编制、修改 PLC 的梯形图程序，又可以监视系统运行、打印文件，并可以进行程序仿真。

7. 电源及其他外部设备

PLC 配有开关电源,以供内部电路使用。与普通电源相比,PLC 电源的稳定性好、抗干扰能力强,对电网提供的电源稳定性要求不高,一般允许电源电压在其额定值±15%的范围内波动。一般 PLC 还向外提供直流 24V 稳压电源,用于对外部传感器供电。

除了上述的部件和设备外,PLC 还有一些其他外部设备,如 EPROM 写入器、外存储器、人机接口装置等。

2.3　PLC 的软件系统

2.3.1　PLC 软件系统的组成

PLC 软件系统由系统程序、组态信息和用户程序三部分组成,如图 2-8 所示。系统程序包括编译程序、解释程序和诊断程序等,主要用于管理全机、将程序语言翻译成机器语言并执行、诊断机器故障。系统软件是 PLC 这个计算机系统的操作系统。系统软件由 PLC 厂家在出厂前固化在 ROM 或 EPROM 中,用户不能干预。

图 2-8　PLC 的软件系统

组态信息和用户程序是用户根据现场控制要求,用 PLC 的组态和编程工具定义和编制的系统信息和应用程序。STEP 7 是用于 SIMATIC 可编程序控制器的组态软件,使用 STEP 7 可以完成西门子 PLC 的程序编写和组态信息的设置。STEP 7 的使用参考第 3 章内容。

2.3.2　编程语言概述

PLC 的用户程序是设计人员根据控制系统的工艺控制要求,通过 PLC 编程语言编制设计的。根据国际电工委员会制定的工业控制编程语言标准(IEC 61131-3),PLC 编程语言有 5 种形式:顺序功能图(Sequential Function Chart,SFC)语言、梯形图(Ladder Diagram,LAD)语言、功能块图(Function Block Diagram,FBD)语言、语句表(Statement List,STL)语言和结构化文本(Structured Text,ST)语言。

不同编程语言编写的程序一般可以相互转换,不同的语言形式也可以用来表达相同的逻辑关系。

1. 梯形图语言

梯形图(LAD)语言是 PLC 程序设计中最常用的编程语言,它是与继电器线路类似的一种编程语言。由于电气设计人员对继电器控制较为熟悉,因此,梯形图编程语言得到了广泛的欢迎和应用。它是一种图形语言,沿用传统控制图中的继电器触点、线圈、串联等术语和一些图形符号。左右的竖线称为左右母线,右边的母线经常省去。

梯形图中常开触点和常闭触点指令用触点表示。触点可以属于 PLC 的输入继电器,也可以属于 PLC 的内部继电器或其他继电器。梯形图中的触点可以任意串、并联,但线圈是并联的,不要串联。内部继电器、计数器、定时器等均不能直接控制外部负载,只能用作中间结果供 CPU 内部使用。

PLC 采用循环扫描的方式,沿梯形图先后顺序执行,在同一扫描周期中的结果将留在输出映像寄存器中，所以输出继电器的值可以在用户程序中当作条件使用。

梯形图编程语言与电气原理图相对应，具有直观性和对应性，与原有继电器控制相一致，电气技术人员易于掌握。梯形图编程语言与原有的继电器控制的不同点是，梯形图中的电流不是实际意义的电流，内部的继电器也不是实际存在的继电器，应用时需要与原有继电器控制的概念区别对待。

图 2-9 为典型的交流异步电动机直接起动控制电路，图 2-10 为采用 PLC 控制的梯形图程序。

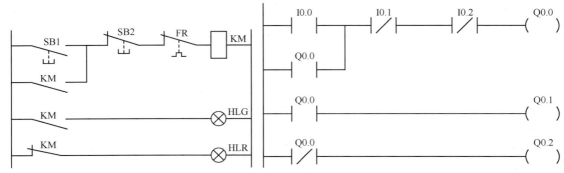

图 2-9　交流异步电动机直接起动控制电路　　　　图 2-10　PLC 控制的梯形图程序

2. 语句表语言

语句表（STL）语言是与汇编语言类似的一种助记符编程语言，与汇编语言一样由操作码和操作数组成。在无计算机的情况下，适合采用 PLC 手持编程器对用户程序进行编制。同时，语句表语言与梯形图编程语言一一对应，在 PLC 编程软件下一般可以相互转换。图 2-11 为与图 2-10 的 PLC 梯形图对应的语句表程序。

```
LD    I0.0
O     Q0.0
AN    I0.1
AN    I0.2
=     Q0.0
LD    Q0.0
=     Q0.1
LDN   Q0.0
=     Q0.2
```

图 2-11　PLC 的语句表程序

语句表语言的特点是：采用助记符来表示操作功能，具有容易书写的特点，但不够形象，不容易掌握；在无计算机的场合可用手持编程器进行编程设计，在手持编程器的键盘上采用助记符表示，便于操作；语句表与梯形图有对应关系。

语句表的使用需要较长时间的培训和练习，但有时可以实现某些梯形图不能实现的功能。语句表有时也称为指令表。

3. 功能块图语言

功能块图（FBD）语言是与数字逻辑电路类似的一种 PLC 编程语言。功能块图使用类似于布尔代数的图形逻辑符号来表示逻辑控制，一些复杂的功能用指令框表示，适合于有数字电路基础的编程人员使用。功能块图用类似于与门、或门的框图来表示逻辑运算关系，方框的左侧为逻辑运算的输入变量，右侧为输出变量，输入、输出端的小圆圈表示"非"运算，方框用"导线"连在一起，信号自左向右传送。采用功能块图的形式来表示模块所具有的功能，不同的功能模块有不同的功能。

图 2-12 为对应图 2-10 电动机直接起动的功能模

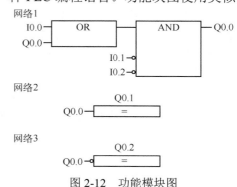

图 2-12　功能模块图

块图编程语言的表达方式。

　　功能模块图语言的特点是：以功能模块为单位，容易分析理解控制方案；功能模块是用图形的形式表达功能，直观性强，对于具有数字逻辑电路基础的设计人员很容易掌握；对规模大、控制逻辑关系复杂的控制系统，由于功能模块图能够清楚表达功能关系，使编程调试时间大大减少。

　　4. 顺序功能图语言

　　顺序功能图（SFC）语言是为了满足顺序逻辑控制而设计的编程语言。编程时将顺序流程动作的过程分成步和转移条件，根据转移条件对控制系统的功能流程顺序进行分配，一步一步地按照顺序动作。每一步代表一个控制功能任务，用方框表示。在方框内含有用于完成相应控制功能任务的梯形图逻辑。这种编程语言使程序结构清晰，易于阅读及维护，大大减轻了编程的工作量，缩短了编程和调试时间，用于系统规模较大，程序关系较复杂的场合。图 2-13 为一个简单的顺序功能图语言的示意图。

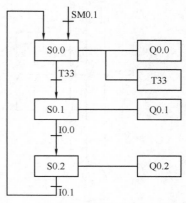

图 2-13　顺序功能图语言的示意图

　　顺序功能图语言的特点：以功能为主线，按照功能流程的顺序分配，条理清楚，便于用户理解程序；避免了梯形图或其他语言不能顺序动作的缺陷，同时也避免了用梯形图语言对顺序动作编程时，由于机械互锁造成用户程序结构复杂、难以理解的缺陷；用户程序扫描时间也可能会缩短。

　　5. 结构化文本语言

　　结构化文本（ST）语言是用结构化的描述文本来描述程序的一种编程语言，它是类似于高级语言的一种编程语言，常采用结构化文本来描述控制系统中各个变量的关系，主要用于其他编程语言较难实现的用户程序编制。

　　大多数 PLC 生产厂家采用的结构化文本编程语言与 BASIC 语言、Pascal 语言或 C 语言等高级语言相类似，但为了应用方便，在语句的表达方法及语句的种类等方面都进行了简化。

　　结构化文本语言的特点：采用高级语言进行编程，可以完成较复杂的控制运算；需要有一定的计算机高级语言知识和编程技巧，对工程设计人员要求较高，直观性和操作性较差。

　　不同型号的 PLC 编程软件对以上 5 种编程语言的支持种类是不同的，早期的 PLC 仅仅支持梯形图语言和语句表语言，目前的 PLC 对梯形图（LAD）、语句表（STL）、功能块图（FBD）语言都可以支持，如西门子 S7-200/300/400 PLC。

　　在 PLC 控制系统设计中，要求设计人员不但对 PLC 的硬件性能有了解外，也要了解 PLC 对编程语言的支持情况。

2.4　PLC 的工作原理

2.4.1　PLC 的控制作用

　　传统的电气控制通过继电器控制电路来实现。图 2-14 为电动机正、反转继电器控制电路，是一种典型的继电器控制电路，分为主电路和控制电路。

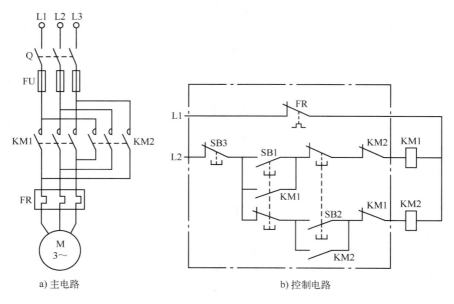

图 2-14 电动机正、反转继电器控制电路

图 2-15 为电动机正、反转 PLC 控制电路，与电气控制电路相比，其硬件连接简洁。当然，其控制作用不再通过硬件的连接方式来实现，而是由图 2-16 所示的程序来实现。

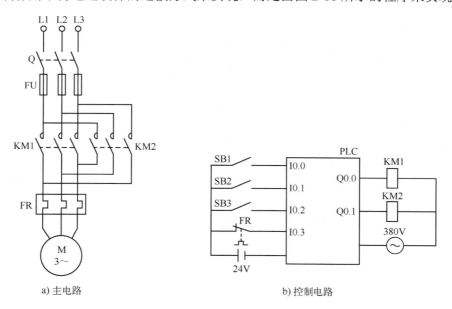

图 2-15 电动机正、反转 PLC 控制电路

通过电动机正、反转的例子，一方面要看到 PLC 控制是继电器控制的继承与发展，控制程序与继电器的硬件连接之间存在对应的逻辑关系；另一方面也要看到，PLC 是通过程序来实现控制作用的，具有更大的灵活性，控制作用的实现和改变都和程序相关。

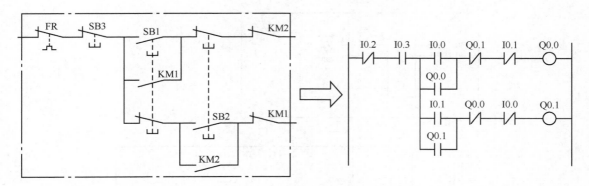

图 2-16　继电器控制电路向 PLC 程序的转换

2.4.2　PLC 的工作过程

PLC 一般有两种工作状态：RUN 和 STOP。RUN 状态是 PLC 的运行状态；STOP（PRG）状态是停止状态，也称为编程状态，下载程序时 PLC 必须处于停止状态。PLC 上由选择开关来决定 PLC 当前的状态，也可以通过上位机来设置 PLC 的状态。

PLC 是按循环扫描工作方式工作的，如图 2-17 所示，PLC 周期性完成内部处理、通信服务、输入采样、执行程序和输出刷新这五项工作。一个循环周期结束之后，再开始新的周期，每个循环周期的时间长度随 PLC 的性能和程序不同而有所差别，一般为 10ms 左右。在 STOP 状态下，只完成内部处理和通信服务。

图 2-17　PLC 的循环扫描

1.　内部处理

PLC 在内部处理阶段，主要完成自检、自诊断等工作。

2.　通信服务

PLC 在通信服务阶段主要负责通过网络和其他 PLC 或现场设备进行数据交换。

3.　输入采样

如图 2-18 所示，在输入采样阶段，PLC 按顺序对所有输入接口的输入状态进行采样，并存入输入映像寄存器中，此时输入映像寄存器被刷新。

输入映像寄存器中的变量称为输入继电器，一般用 I 或 X 表示，如图 2-18 中的 I0.0 和 I0.1 等，其状态分为有输入（ON 或 1）和没有输入（OFF 或 0）两种，而且完全由外界的输入端决定，不能由程序改变其状态。

接着进入程序处理阶段，在程序执行阶段或其他阶段，即使输入端的状态发生变化，输入映像寄存器的内容也不会改变，输入状态的变化只有在下一个扫描周期的输入采样阶段才能被采样到。

PLC 在一个扫描周期内，对输入状态的采样只在输入采样阶段进行。当 PLC 进入程序执行阶段后，输入端将被封锁，直到下一个扫描周期的输入采样阶段才对输入状态进行重新采样，这种方式称为集中采样，即在一个扫描周期内，集中一段时间对输入状态进行采样。

需要特别注意的是，I0.0 和 I0.1 等符号既表示存储器上的存储位，也表示输入端子的编号。通过输入采样，两者在输入采样时刻进行映射。

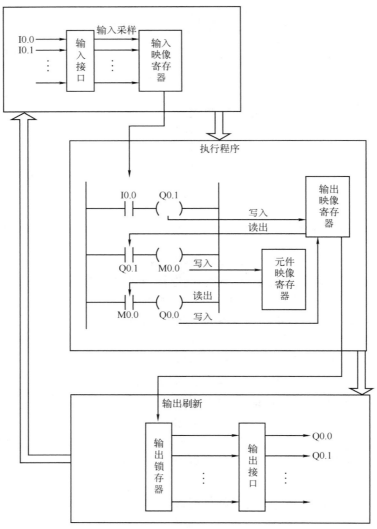

图 2-18　PLC 的程序执行过程

4．执行程序

如图 2-18 所示，在程序执行阶段，PLC 按顺序对用户程序进行扫描执行。若程序用梯形图来表示，则总是按先上后下、先左后右的顺序进行。当遇到程序跳转指令时，则根据跳转条件是否满足来决定程序是否跳转。

当指令中涉及输入、输出状态时，PLC 从输入映像寄存器和元件映像寄存器中读出指令，根据用户程序进行运算，运算的结果再存入输出映像寄存器和元件映像寄存器中。对于输出映像寄存器和元件映像寄存器来说，其内容会随程序执行的过程而变化。

输出映像寄存器中的变量称为输出继电器，一般用 Q 和 Y 表示，其状态分为动作（ON或 1）和不动作（OFF 或 0）两种，而且完全由程序执行的结果决定。

元件映像寄存器中的变量类型较多。如图 2-18 中出现的 M0.0 称为中间继电器，其在程序中起辅助作用，相当于一种中间变量；其状态也分为动作（ON 或 1）和不动作（OFF 或 0）两种，而且完全由程序执行的结果决定。

在程序执行阶段，用户程序的执行和 PLC 的输入/输出接口一般不直接发生关系，只处理和决定变量的状态。

5. 输出刷新

在某一扫描周期内，当所有程序执行完毕后，进入输出刷新阶段。在这一阶段里，PLC 将输出映像寄存器中的输出继电器状态转存到输出锁存器中，并通过一定方式输出，驱动外部负载。

在用户程序中，一般只对输出继电器进行一次赋值。也就是说，输出继电器的线圈只能出现一次。有些 PLC 允许对输出结果多次赋值，则最后一次有效，但对初学者一般不推荐对输出继电器多次赋值。在一个扫描周期内，只在输出刷新阶段才将输出状态从输出映像寄存器中输出，对输出接口进行刷新；在其他阶段里输出状态一直保存在输出映像寄存器中，这种方式称为集中输出。

对于小型 PLC，其 I/O 点数较少，用户程序较短，一般采用集中采样、集中输出的工作方式，虽然在一定程度上降低了系统的响应速度，但使 PLC 工作时大多数时间与外部输入/输出设备隔离，从根本上提高了系统的抗干扰能力，增强了系统的总体响应速度。

而对于大中型 PLC，其 I/O 点数较多，控制功能强，用户程序较长，为提高系统响应速度，可以采用定期采样、定期输出的方式，或采用中断输入、输出方式以及智能 I/O 接口等多种方式。

需要特别注意的是，Q0.0 和 Q0.1 等符号既表示存储器上的存储位，也表示输出端子的编号。通过输出刷新，两者在输出刷新时进行映射。

2.4.3　PLC 的输出滞后问题

PLC 是根据输入的情况和程序的内容来决定输出的。从 PLC 的输入信号发生变化到 PLC 输出端对该输入变化做出反应，需要一段时间，这种现象称为 PLC 输入/输出响应滞后。循环扫描的工作方式是 PLC 输出滞后的主要原因。

PLC 硬件中的输入滤波电路和输出继电器触点机械运动也是 PLC 输出滞后的重要原因。另外，程序编写不当，也会增加 PLC 输出的滞后。

为了改善和减少 PLC 输出的滞后问题，有些 PLC 生产厂家对 PLC 的工作过程做了改进，增加每个扫描周期中的输入采样和输出刷新的次数，或增加立即读和立即写的功能，直接对输入和输出接口进行操作。另外，设计专用的特殊模块，用于运动控制等对时延要求苛刻的场合，也是一种很好的方案。

由于 PLC 输出滞后的存在，一般将 PLC 用于顺序控制系统和过程控制系统，有时也用于运动控制系统。滞后时间是设计 PLC 控制系统时应注意把握的一个参数。

2.5　S7-200 SMART PLC 常用的数据类型

随着 PLC 技术的发展，PLC 功能越来越强大，因此除了能对开关量进行基本逻辑运算以外，还可以整数、实数及数组等进行数学运算。这些数据在计算机中都是以二进制的形式存储，但是在编程时为了方便编程人员的直观输入，往往采用的是十进制、十六进制或 BCD 码进行表示。

2.5.1 数据类型

1．基本数据类型

（1）位

位（bit）常称为 BOOL（布尔型）量，只有两个值：0 或 1，如 I0.0、Q0.1、M0.0、V0.1 等。

（2）字节

一字节（BYTE）等于 8 位（bit），其中 0 位为最低位，7 位为最高位。字节的范围为十六进制的 00～FF（十进制的 0～255）。

（3）字

相邻的两字节（BYTE）组成一个字（WORD），用来表示一个无符号数，因此，字为 16 位。字的范围为十六进制的 0000～FFFF（十进制的 0～65536）。

（4）双字

相邻的两个字（WORD）组成一个双字（Double Word，DWORD），用来表示一个无符号数。因此，双字为 32 位。双字的范围为十六进制的 00000000～FFFFFFFF（十进制的 0～4294967295）。

以上的字节、字和双字数据类型均为无符号数，即只有正数，没有负数。

（5）16 位整数

整数（Integer，INT）为有符号数，最高位为符号位，1 表示负数，0 表示正数。范围为 –32768～32767。

（6）32 位整数

32 位整数（Double Integer，DINT）和 16 位整数一样，为有符号数，最高位为符号位，1 表示负数，0 表示正数。范围为 –2147483648～2147483647。

（7）浮点数

浮点数（Real，R）为 32 位，可以用来表示小数。

表 2-1 列出了不同长度数据类型所能表示的十进制、十六进制数值范围。

表 2-1　PLC 指令常用的数据类型

数据类型	位数	符号数	十进制范围	十六进制范围
BOOL	1		1 或 0	1、0
BYTE	8	无	0～255	00～FF
WORD	16	无	0～65535	0000～FFFF
DWORD	32	无	0～4294967295	00000000～FFFF FFFF
INT	16	有	–32768～32767	1000～7FFF
DINT	32	有	–2147483648～2147483647	10000000～7FFFFFFF
REAL	32	有	浮点数	

2．复合数据类型

通过复合基本数据类型而生成的数据类型就是复合数据类型。复合数据类型包括以下几种：

（1）数组

将一组同一类型的数据组合在一起组成一个单位就是数组（ARRAY）。

（2）结构

将一组不同类型的数据组合在一起组成一个单位就是结构（STRUCT）。

（3）字符串

字符串（STRING）是由最多 254 个字符组成的一维数组。

（4）日期和时间

日期和时间（DATE-AND-TIME）用于存储年、月、日、时、分、秒、毫秒和星期的数据，占用 8B，BCD 编码。例如，DT#2019_07_15_12：30：15.200 为 2019 年 7 月 15 日 12 时 30 分 15.2 秒。

（5）用户定义的数据类型

用户定义的数据类型（User-defined Data Type，UDT）是由用户将基本数据类型和复合数据类型组合在一起形成的数据类型。可以在共享数据块 DB 和变量声明表中定义复合数据类型。

2.5.2　数制

1. 二进制

二进制数的 1 位（bit）只能取 0 和 1 两个不同的值，可以用来表示开关量的两种不同的状态，例如，触点的断开和接通、线圈的通电和断电、灯的亮和灭等。在梯形图中，如果该位是 1，则表示常开触点的闭合和线圈的得电；反之，如果该位是 0 则表示常开触点的断开和线圈的断电。二进制用 2# 表示，例如 2#1001110110011101 就是 16 位二进制常数。十进制的运算规则是逢 10 进 1，二进制的运算规则是逢 2 进 10。

2. 十六进制

十六进制的 16 个数字是 0～9 和 A～F（对应于十进制中的 10～15），每个十六进制数字可用 4 位二进制表示，例如 16#A 用二进制表示为 2#1010。B#16#、W#16#、DW#16# 分别表示十六进制的字节、字和双字。十六进制的运算规则是逢 16 进 1。学会二进制和十六进制之间的转化对于学习西门子 PLC 来说是十分重要的。

3. BCD 码

BCD 码用 4 位二进制数（或者 1 位十六进制数）表示一位十进制数，例如，一位十进制数 9 的 BCD 码是 1001。4 位二进制有 16 种组合，但 BCD 码只用到前 10 个，而后 6 个（1010～1111）没有在 BCD 码中使用。十进制的数字转换成 BCD 码是很容易的，例如，十进制数 366 转换成十六进制 BCD 码则是 W#16#0366。但十进制数 366 转换成十六进制数是 W#16#16E，这是要特别注意的。表 2-2 列出了十进制 0～15 的十六进制、二进制及 BCD 码的表示方法。

表 2-2　不同数制的数的表示

十进制	十六进制	二进制	BCD 码	十进制	十六进制	二进制	BCD 码
0	0	0000	00000000	8	8	1000	00001000
1	1	0001	00000001	9	9	1001	00001001
2	2	0010	00000010	10	A	1010	00010000
3	3	0011	00000011	11	B	1011	00010001
4	4	0100	00000100	12	C	1100	00010010
5	5	0101	00000101	13	D	1101	00010011
6	6	0110	00000110	14	E	1110	00010100
7	7	0111	00000111	15	F	1111	00010101

2.6　　S7-200 SMART PLC 的编程变量

PLC 用户程序的执行是实现 PLC 控制作用的关键。PLC 用户程序的执行过程就是根据当前的变量值，确定变量的新的取值。

编程变量是从程序变量的角度对存储区进行表述，是对存储区的一种新的理解。在传统意义上，编程变量在 PLC 中称为编程元件。虽然将以下的输入继电器（输入映像寄存器）等称为编程元件比较直观，但是在本质上它们是 PLC 存储区中的变量。

西门子 PLC 编程变量包括输入继电器（输入映像寄存器）I、输出继电器（输出映像寄存器）Q、中间继电器 M、定时器 T、计数器 C、局部数据 L、数据块 D 和累加器 AC 等。此外，S7-200 SMART PLC 还有全局变量存储器 V、特殊中间继电器 SM、模拟量输入/输出 AI 与 AQ。

2.6.1　　输入映像寄存器

输入映像寄存器（I）是以字节为单位的寄存器，数据存储结构示意图如图 2-19 所示。它的每一位对应于一个数字量输入触点，也经常以位、字节、字和双字的格式访问。在每个扫描周期开始，PLC 依次对各个结束点采样，并把采样结果送入输入映像寄存器。PLC 在执行用户程序的过程中，不再理会输入触点状态的变化，它所处理的数据为输入映像寄存器中的值。

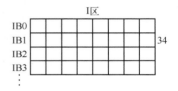

图 2-19　I 区数据存储结构示意图

2.6.2　　输出映像寄存器

输出映像寄存器（Q）是以字节为单位的存储器，它的每一位对应于一个数字量输出触点，也经常以位、字节、字和双字的格式访问。PLC 在执行用户程序的过程中，并不把输出信号随时送到输出触点，而是送到输出映像寄存器，只有到了每个扫描周期的末尾，才将输出映像寄存器的输出信号几乎同时送到各输出触点。Q 区数据存储方式和 I 区相同。

2.6.3　　中间继电器

中间继电器（M）又称为内部位存储器，它一般以位为单位使用，但也能以字节、字、双字为单位使用。中间继电器在程序中常常作为中间变量，不能直接用来驱动外部负载。而 S7-200 SMART PLC 中的特殊标志位也是中间继电器，称为特殊中间继电器（SM）。特殊中间继电器用来存储系统的状态变量和有关控制信息，为 CPU 和用户程序之间传递信息提供了一种手段。可以用这些位选择和控制 CPU 的一些特殊功能。表 2-3 为 S7-200 SMART PLC 中常用的特殊中间继电器。M 区和 SM 区的数据存储方式和 I 区相同。

表 2-3　常用的特殊中间继电器

特殊中间继电器	意　义	特殊中间继电器	意　义
SM0.0	始终为 1	SM0.5	周期为 1s 的脉冲
SM0.1	第 1 个扫描周期为 1	SM0.6	接通 1 个周期，断开 1 个周期
SM0.4	周期为 1min 的脉冲	SM0.7	开关在 RUN 时为 1

2.6.4　定时器

定时器（T）类似于继电器电路中的时间继电器，但它的精度更高，定时精度分为 1ms、10ms 和 100ms 三种，根据需要由编程者选用。定时器的类型有接通延时和断开延时等。定时器的数量随 CPU 型号不同而不同。

定时器除了有状态值（长度为位）之外，还有当前值（长度为字）。数据存储结构示意图如图 2-20 所示。

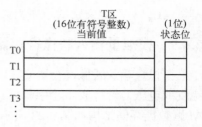

图 2-20　T 区数据存储结构示意图

2.6.5　计数器

计数器（C）对脉冲进行计数，计数脉冲的有效沿是脉冲的上升沿，计数的方式有加 1、减 1 和加减 1 三种方式。计数器的个数一般与各 CPU 的定时器个数相同。

和定时器一样，计数器除了有状态值（长度为位）之外，还有当前值（长度为字）。C 区数据存储方式和 T 区相同。

高速计数器与一般计数器不同，计数脉冲频率更可高达 2kHz/7kHz，计数容量大。一般计数器为 16 位，而高速计数器为 32 位；一般计数器可读可写，而高速计数器一般只能进行读操作。

2.6.6　累加器

累加器（AC）是程序运行中重要的寄存器，用它可把参数传给子程序或任何带参数的指令和指令块。S7-200 SMART PLC 提供了 4 个 32 位的累加器（AC0～AC3），并且可以按字节、字或双字的形式存取累加器中的数值。数据存储结构如图 2-21 所示。

此外，PLC 在响应外部或内部的中断请求而调用中断服务程序时，累加器中的数据是不会丢失的，即 PLC 会将其中的内容压入堆栈。但应注意，不能利用累加器进行主程序和中断服务子程序之间的参数传递。

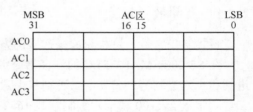

图 2-21　AC 区数据存储结构

2.6.7　全局变量存储器

全局变量存储器（V）是 S7-200 SMART PLC 独有的存储空间，经常用来保存逻辑操作的中间结果，可以和中间变量 M 一起使用。所有的 V 存储区域都是断电保持的。有时会用 V 区的部分空间存放一些系统参数，这时用户程序就不能再访问那些空间。V 区数据存储方式和 I 区相同。

2.6.8　局部变量

局部变量（L）是在块或子程序运行时使用的临时变量。局部变量使用前需要在块或子程序的变量声明表中声明。局部变量为块或子程序提供传送参数和存放中间结果的临时存储空间。块或子程序执行结束后，局部数据存储空间将可以重新分配，用作其他块或子程序的临时变量。L 区数据存储方式和 I 区相同。

全局变量存储器（V）可以被任何程序（主程序、子程序和中断服务程序）存取，局部变量（L）只和定义它的程序相关联。

2.6.9　模拟量输入映像寄存器

模拟量输入映像寄存器（AI）能将模拟量值（如温度或电压）转换成 1 个字长（16 位）的数字量。AI 区数据存储结构如图 2-22 所示。

图 2-22　AI 区数据存储结构

2.6.10　模拟量输出映像寄存器

模拟量输出映像寄存器（AQ）能把 1 个字长的数字值按比例转换为电流或电压输出，驱动外部负载。AQ 区的数据存储方式和 AI 相同。

2.6.11　顺控继电器

顺控继电器（S）位用于组织机器操作或者进入等效程序段的步骤。即常常用顺控继电器的一位变量来表示顺序控制中的一步，如 S0.0、S0.1 分别可表示某个顺序控制的两步。S 区数据存储方式和 I 区相同。

2.7　S7-200 SMART PLC 的变量访问与寻址

寻址是高级语言中的概念，寻址分为立即数寻址、直接寻址和间接寻址。

2.7.1　立即数寻址

直接给出常数，这种获取操作数的方式称为立即数寻址。

在 S7-200 SMART PLC 的许多指令中都用到常数，常数有多种表示方法，如二进制、十进制和十六进制等。在表示二进制和十六进制时，要在数据前分别加"2#"或"16#"，例如，二进制常数 2#1100 和十六进制常数 16#234810。

2.7.2　直接寻址

直接给出数据存储器和数据对象的区域符（I、Q、M、V、T、C 等）及器件的序号，这种对数据进行访问的方式称为数据的直接寻址。

对于以字节为基本存储单元的寄存器（I、M、Q、L、V、SM、S）如图 2-19 所示，可以采用位寻址、字节寻址、字寻址和双字寻址，如 I0.0、QB0、MW0、VD100。

（1）位寻址

位寻址也称字节。位寻址，其格式为 Ax.y，由元件名称、字节地址和位地址组成，如图 2-23 所示。I3.4 表示输入继电器（I）的位寻址格式，其中"3"表示字节地址编号，"4"表示位地址编号。

（2）字节、字、双字寻址

字节、字、双字寻址的格式为存储区域标识+数据长度类型+存储区域内的首字节地址。

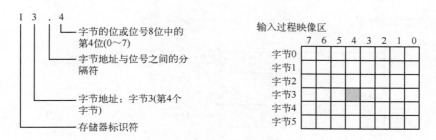

图 2-23　位寻址示意图

例如，输入继电器第 0 字节 IB0、第 1 字节 IB1。下面以变量存储器为例，说明字节、字、双字寻址格式，如图 2-24 所示。

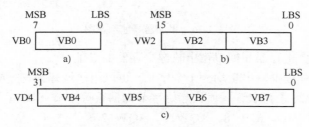

图 2-24　字节、字、双字寻址示意图

如图 2-24a 的 VB0，其中 V 表示存储区域标识符，B 表示访问一个字节，0 表示字节地址。

如图 2-24b 的 VW2，表示由 VB2 和 VB3 组成的 1 个字（16 位），W 表示访问一个字（Word），2 为起始字节的地址（即字数据的高位字节）。

如图 2-24c 的 VD4，表示由 VB4～VB7 组成的双字（32 位），D 表示访问一个双字（Double Word），4 为起始字节的地址（即双字数据的高位字节）。

需要注意的是：

1）寻址时要避免地址的重叠现象，如 VB0、VW0、VD0、V0.0 就出现了地址重叠现象，会引起错误。

2）在 S7-200 SMART PLC 中，一个字或一个双字的数据结构遵从高地址、低字节的规律。

（3）定时器 T、计数器 C 和累加器 AC 的寻址

直接给出数据存储器和数据对象的区域符及器件的序号，如 T3、C0、AC0 等。

一个定时器和一个计数器同时对应一个 16 INT 的当前值和 1 位的状态位，不同的指令存取不同的数据类型，如图 2-25 所示。触点指定的操作数 T3 取的是状态位，字的传送指令取的操作数是当前值，C0 同理。

图 2-25　定时器和计数器寻址示意图

累加器 AC 的可用长度为 32 位，一个累加器可采用字节、字或双字的存取方式。按照字节或值存取时只能存取累加器的低 8 位或低 16 位，双字可以存取累加器的 32 位。累加器寻

址示意图如图 2-26 所示。

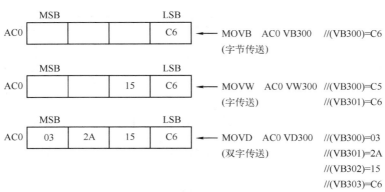

图 2-26　累加器寻址示意图

（4）模拟输入映像寄存器和模拟输出映像寄存器的寻址

因为模拟输入量和模拟输出量均为 1 个字长，可以用区域标识符（AI 或 AQ）、数据长度（W）及字节的起始地址来存取这些值。起始字节为偶数位字节（如 0、2、4），所以必须用偶数字节地址，如 AIW16、AIW18、AQW10、AQW12 等。

2.7.3　间接寻址

间接寻址方式是指存储（数据）单元的地址首先存放在另一存储单元，这个存储地址的单元称为存储数据单元的指针。间接寻址是使用指针来存取存储器中的数据的一种寻址方式。

（1）建立指针

使用间接寻址之前，应创建一个指向该位置的指针。由于存储器的物理地址为 32 位，所以指针的长度应为双字。只能用变量存储器 V、局部存储器 L 或累加器 AC1、AC2 和 AC3 作为指针。

为了生成指针，必须用双字传送指令（MOVD）将要间接寻址的某存储器的地址，装入用作指针的编程元件中，装入的是地址而不是数据本身。

指令的输入操作数开始处使用求地址"&"符号，表示所寻址的操作数是要进行间接寻址的存储器的地址；指令的输出操作数是指针所指向的存储器地址（32 位），其数据长度为双字，如图 2-27 所示。

（2）用指针来存取数据

用指针来存取数据时，在操作数前加"*"号，表示该操作数为一个指针。指针间接寻址方式如图 2-27 所示。在图 2-27 中，*VD100 表示 VD100 是一个指针，*VD100 表示指针 VD100 所指向的存储单元 VB0。指令 MOVB　*VD100 QB0，将 VB0 中的数据传送到 QB0，指令 MOVW　*VD（100+1）AC0，将 VB1 和 VB2 的数据传送到累加器 AC0 的低 16 位。

注意：指针是 32 位的，通过指针所存取的数据可以是 8 位（字节）、16 位（字）和 32 位 C 双字）。

（3）修改指针

在程序中，使用指针的移动，可以对存储单元数据进行连续存取操作。由于指针是 32 位的数据，应使用双字指令来修改指针值，如双字加法或双字加 1 指令。修改指针需要根据所存取的数据长度来正确调整指针。当存取字节数据时，指针调整单位为 1，即可执行 1 次加 1 指令；当存取字数据时，指针调整单位为 2；当存取双字数据时，指针调整单位为 4，移动指针间接寻址如图 2-27 所示。

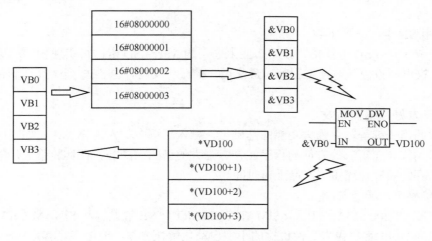

图 2-27　指针操作示意图

2.8　S7-200 SMART PLC 的硬件模块及接线

2.8.1　S7-200 SMART PLC 简介

S7-200 SMART PLC 是西门子公司针对我国小型自动化市场客户要求而设计研发的一款高性价比小型 PLC，是国内广泛使用的 S7-200 PLC 的更新换代产品，继承了 S7-200 PLC 的优点，同时又有很多 S7-200 PLC 无法比拟的亮点。

1．机型丰富，更多选择

提供不同类型、I/O 点数丰富的 CPU 模块，单体 I/O 点数最高可达 60 点，可满足大部分小型自动化设备的控制需求。另外，CPU 模块配备标准型和经济型供用户选择，对于不司的应用需求，产品配置更加灵活，能够最大限度地控制成本。

2．选件扩展，精确定制

新颖的信号板设计可扩展通信端口、数字量通道、模拟量通道。在不额外占用电控柜空间的前提下，信号板扩展能更加贴合用户的实际配置，提升产品的利用率，同时降低用户的扩展成本。

3．高速芯片，性能卓越

配备西门子专用高速处理器芯片，基本指令执行时间可达 0.15μs，在同级别小型 PLC 中置遥领先。一颗强有力的"芯"能让用户在应对烦琐的程序逻辑、复杂的工艺要求时从容不迫。

4．以太互联，经济便捷

CPU 模块本体标配以太网接口，集成了强大的以太网通信功能，用一根普通的网线即可将程序下载到 PLC 中，方便快捷，省去了专用编程电缆。通过以太网接口还可与其他 CPU 模块、触摸屏、计算机进行通信，轻松组网。

5. 三轴脉冲，运动自如

CPU 模块本体最多集成 3 路高速脉冲输出，频率高达 100kHz，支持 PWM/PTO 输出方式及多种运动模式，可自由设置运动包络，配备方便易用的向导设置功能，可快速实现设备调速、定位等。

6. 通用 SD 卡，方便下载

本机集成 Micro SD 卡插槽，使用市面上通用的 Micro SD 卡即可实现程序的更新和 PLC 固件升级，极大地方便了客户工程师对最终用户的服务支持，也省去了因 PLC 固件升级返厂服务的不便。

7. 软件友好，编程高效

在继承西门子编程软件强大功能的基础上，融入了更多的人性化设计，如新颖的带状式菜单、全移动式界面窗口、方便的程序注释、强大的密码保护等。在体验强大功能的同时，大幅提高了开发效率，缩短了产品上市时间。

8. 完美整合，无缝集成

SIMATIC S7-200 SMART PLC、SIMATIC SMART LINE 触摸屏和 SINAMICS V20 变频器完美整合，为 OEM 客户带来高性价比的小型自动化解决方案，能够满足客户对于人机交互、控制、驱动等功能的全方位需求。

2.8.2 S7-200 SMART PLC 的硬件结构

1. S7-200 SMART PLC 的硬件结构

S7-200 SMART CPU 模块面板大同小异，图 2-28 为 ST20 标准型晶体管输出型 CPU 模块，该模块上有输入/输出端子、输入/输出指示灯、运行状态指示灯、通信状态指示灯、RS-485 和以太网通信接口、信号板安装插槽和扩展模块连接插口。

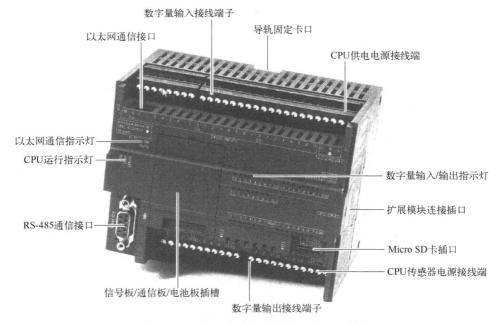

图 2-28　ST20 标准型晶体管输出型 CPU 模块

1）以太网通信接口，用于程序下载、设备组网。这使程序下载更加方便快捷，节省了购买专用通信电缆的费用。

2）通信及运行状态指示灯，显示 PLC 的工作状态，如运行状态、停止状态和强制状态等。

3）导轨固定卡口，用于安装时将 PLC 锁紧在 35mm 的标准导轨上，安装便捷。同时此 PLC 也支持螺钉式安装。

4）接线端子。S7-200 SMART PLC 所有模块的输入、输出端子均可拆卸，而 S7-200 PLC 没有这个优点。

5）扩展模块接口，用于连接扩展模块，插针式连接，模块连接更加紧密。

6）通用 Micro SD 卡插口，支持程序下载和 PLC 固件更新。

7）指示灯。I/O 点接通时，指示灯会亮。

8）信号扩展版安装处。信号板扩展实现精确化配置，同时不占用电控柜空间。

9）RS-485 通信接口，用于串口通信，如自由口通信、USS 通信和 Modbus 通信等。

10）CPU 供电电源及传感器电源接口，用于 PLC 本体供电，并为外部传感器提供 24V 直流电源。

2. S7-200 SMART PLC 的类型及技术指标

按照可否扩展分为以下两种类型。

1）标准型：可扩展 CPU，可以满足对 I/O 点数有较大需求、逻辑较复杂的控制系统。

2）紧凑型：不可扩展 CPU，只能通过本体自带的 I/O 点，完成简单的控制需求。

按照输出类型分为以下两种类型。

1）继电器型：可以负载的电流（2A）和电压（AC 5～250V 或 DC 5～30V）大，但响应速度慢（10ms 左右，不可输出高速脉冲控制步进或伺服系统），触点寿命短（机械寿命为 10000000 次断开/闭合周期，额定负载下触点寿命为 100000 次断开/闭合周期）。

2）晶体管型：响应速度快（断开到接通最长 1.0μs，接通到断开最长 1.0μs，可输出高速脉冲驱动步进电动机和伺服电动机），负载的电流（0.5A）和电压（DC 20.4～28.8V）小，无触点寿命长。

表 2-4 列出了 S7-200 SMART CPU I/O 点数和外形尺寸。

表 2-4　S7-200 SMART CPU I/O 点数和外形尺寸

CPU 类型[①]		供电/I/O	数字量输入（DI）点数量	数字量输出（DO）点数量	外形尺寸 $W \times H \times D$/（mm×mm×mm）
20I/O	CPU SR20	AC/DC/RLY	12	8	90×100×81
	CPU ST20	DC/DC/DC			
	CPU CR20s	AC/DC/RLY			
30I/O	CPU SR30	AC/DC/RLY	18	12	110×100×81
	CPU ST30	DC/DC/DC			
	CPU CR30s	AC/DC/RLY			
40I/O	CPU SR40	AC/DC/RLY	24	16	125×100×81
	CPU ST40	DC/DC/DC			
	CPU CR40s	AC/DC/RLY			

（续）

CPU 类型①		供电/I/O	数字量输入（DI）点数量	数字量输出（DO）点数量	外形尺寸 $W \times H \times D$/（mm×mm×mm）
60I/O	CPU SR60	AC/DC/RLY	36	24	175×100×81
	CPU ST60	DC/DC/DC			
	CPU CR60	AC/DC/RLY			

注：1. AC/DC/RLY：表示 CPU 是交流供电，直流数字量输入，继电器数字量输出。

2. DC/DC/DC：表示 CPU 是直流 24V 供电，直流数字量输入，晶体管数字量输出。

① CPU 类型中，C 表示 Compact（紧凑型），S 表示 Standard（标准型），T 表示 Transistor（晶体管型），R 表示 Relay（继电器型）。

紧凑型 CPU 的用户存储器、过程映像区等技术规范见表 2-5。

表 2-5　紧凑型 CPU 技术规范

技术规范		CR20s/CR30s/CR40s/CR60s
用户存储器大小	程序	12KB
	用户数据	8KB
	保持性	最大 2KB
过程映像区大小	数字量映像区	256 位输入（I）/256 位输出（Q）
	模拟量映像区	—
	位存储器	256 位
	临时（局部）存储器（L）	主程序中 64B 和每个子例程和中断例程中 64B
	顺序控制继电器（S）	256 位
存储器大小或数量	累加器	4 个
	定时器	非保持性（TON、TOF）：192 个；保持性（TONR）：64 个
	计数器	256 个
	扩展模块	0
	信号板	0
功　能	高速计数器	最多 4 个 • 针对单相，4 个 100kHz • 针对 A/B 相，2 个 50kHz
	脉冲输出	—
	PID	8 个回路
脉冲捕捉输入		—
中断事件	循环中断	2 个，分辨率为 1ms
	沿中断	4 个上升沿和 4 个下降沿
存储卡		—
实时时钟		—

标准型 CPU 的用户存储器、过程映像区等技术规范见表 2-6。

表 2-6　标准型 CPU 技术规范

技术规范		SR20/ST20	SR30/ST30	SR40/ST40	SR60/ST60
用户存储器大小	程序	12KB	18KB	24KB	30KB
	用户数据（V）	8KB	12KB	16KB	20KB
	保持性	最大 10KB			
过程映像区大小	数字量映像区	256 位输入（I）/256 位输出（Q）			
	模拟量映像区	56 个字的输入（AI）/56 个字的输出（AQ）			
	位存储器（M）	256 位			
	临时（局部）存储器（L）	主程序中 64B 和每个子例程和中断例程中 64B			
	顺序控制继电器（S）	256 位			
存储器大小或数量	累加器	4 个			
	定时器	非保持性（TON、TOF）：192 个；保持性（TONR）：64 个			
	计数器	256 个			
扩展	信号模块扩展	最多 6 个			
	信号板扩展	最多 1 个			
功能	高速计数器	最多 6 个 除 SR30/ST30 外，其他 CPU • 单相：4 个 200kHz，2 个 30kHz • 双相、A/B 相：2 个 100kHz，2 个 20kHz SR30/ST30 • 单相：5 个 200kHz，1 个 30kHz • 双相、A/B 相：3 个 100kHz，1 个 20kHz			
	脉冲输出	SR20:— ST20:2×100kHz		SR30/SR40/SR60:— ST30/ST40/ST60:3×100kHz	
	PID	8 个回路			
中断事件	循环中断	2 个，分辨率为 1ms			
	沿中断	4 个上升沿和 4 个下降沿（使用可选信号板时，各为 6 个）			
	存储卡	Micro SD HC 卡（可选）			
实时时钟	实时时钟保持时间	通常为 7 天，25℃时最少为 6 天			
	实时时钟精度	±120s/月			

2.8.3　S7-200 SMART PLC 的扩展模块

扩展模块分成两大类：扩展模块（EM）和信号板（SB），只有标准型 CPU 可以连接扩展模块。EM 扩展模块按照类型可分为：数字量模块、模拟量模块、温度采集模块。信号板包括 5 种：数字量输入/输出板、模拟量输入板、模拟量输出板、RS-485/RS-232 通信板以及电池板。

1）扩展模块是安装在 CPU 右侧的扩展模块，用来扩展 CPU 的 I/O 点。其硬件结构如图 2-29 所示。不同类型的扩展模块其信号指示灯和接线端子不同，在使用时务必参考《S7-200 SMART 系统手册》。扩展模块详细型号见表 2-7。

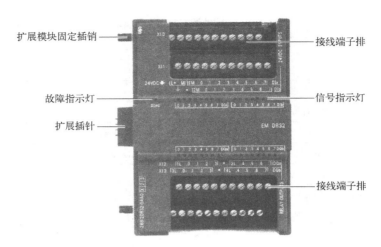

扩展模块固定插销 —— 接线端子排

故障指示灯 —— 信号指示灯

扩展插针

—— 接线端子排

图 2-29　S7-200 SMART PLC 的硬件结构

表 2-7　扩展模块型号

模块型号	详细参数	订货号
EM DE08	数字量输入模块，DC 8×24V 输入	6ES7288-2DE08-OAAO
EM DE16	数字量输入模块，DC 16×24V 输入	6ES7288-2DE16-OAAO
EM DR08	数字量输出模块，8×继电器输出	6ES7288-2DR08-OAAO
EM DT08	数字量输出模块，DC 8×24V 输出	6ES7288-2DT08-OAAO
EM QT16	数字量输出模块，DC 16×24V 输出	6ES7288-2QT16-OAAO
EM QR16	数字量输出模块，16×继电器输出	6ES7288-2QR16-OAAO
EM DR16	数字量输入/输出模块，DC 8×24V 输入/8×继电器输出	6ES7288-2DR16-OAAO
EM DR32	数字量输入/输出模块，DC 16×24V 输入/16×继电器输出	6ES7288-2DR32-OAAO
EM DT16	数字量输入/输出模块，DC 8×24V 输入/DC 8×24V 输出	6ES7288-2DT16-OAAO
EM DT32	数字量输入/输出模块，DC 16×24V 输入/DC 16×24V 输出	6ES7288-2DT32-OAAO
EM AE04	模拟量输入模块，4 输入	6ES7288-3AE04-OAAO
EM AE08	模拟量输入模块，8 输入	6ES7288-3AE08-OAAO
EM AQ02	模拟量输出模块，2 输出	6ES7288-3AQ02-OAAO
EM AQ04	模拟量输出模块，4 输出	6ES7288-3AQ04-OAAO
EM AM03	模拟量输入/输出模块，2 输入/1 输出	6ES7288-3AM03-OAAO
EM AM06	模拟量输入/输出模块，4 输入/2 输出	6ES7288-3AM06-OAAO
EM AR02	热电阻输入模块，2 通道	6ES7288-3AR02-OAAO
EM AR04	热电阻输入模块，4 输入	6ES7288-3AR04-OAAO
EM AT04	热电偶输入模块，4 通道	6ES7288-3AT04-OAAO
EM DP01	PROFIBUS-DP 从站模块	6ES7288-7DP01-OAAO

2）信号板是安装在标准型 CPU 的正面插槽里的，用来扩展少量的 I/O 点、通信接口以及电池接口板。信号板的扩展给用户提供了更多的选择。目前，信号板有 5 个型号，用户可以查阅 S7-200 SMART 的样本以及系统手册。信号板的安装位置如图 2-30 所示。SMART 设计了新颖的信号板扩展，通过信号板可以有效定制 CPU，提供额外的数字 I/O、模拟量 I/O、

电池扩展和通信接口，不会占用额外的空间。信号板硬件结构如图 2-31 所示。

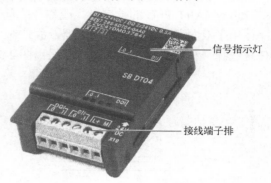

信号指示灯

接线端子排

图 2-30　信号板的安装位置　　　　　　　　　图 2-31　信号板硬件结构

不同型号的信号板其硬件结构不同，可供选择的信号板见表 2-8，在使用时务必参考《S7-200 SMART 系统手册》。

表 2-8　扩展信号板型号

信号板型号	详细参数	订货号
数字量信号板 SB DT04	DC 2×24V 输入/DC 2×24V 输出	6ES7288-5DT04-OAAO
模拟量输出信号板 SB AQ01	1×12bit 模拟量输出	6ES7288-5AQ01-OAAO
电池信号板 SB BA01	支持 CR1025 纽扣电池，保持时钟约 1 年	6ES7288-5BA01-OAAO
RS-485/232 信号板 SB CM01	通信信号板 RS-485/RS-232	6ES7288-5CM01-OAAO
模拟量输入信号板 SB AE01	1×12bit 模拟量输入	6ES7288-5AE01-OAAO

2.8.4　S7-200 SMART PLC 的接线

S7-200 SMART PLC 的 CPU 的工作电源、输入端子电源和输出端子电源一般为 DC/DC/DC 和 AC/DC/RLY。

1. 供电电源的接线方式

S7-200 SMART PLC 的 CPU 有两种供电类型：DC 24V 和 AC 220V。DC/DC/DC 类型的 CPU 供电是 DC 24V；AC/DC/RLY 类型的 CPU 供电是 AC 220V。图 2-32 为 CPU 供电接线，说明了 S7-200 SMART CPU 供电的端子名称和接线方法。凡是标记为 L1/N 的接线端子，都是交流电源端；凡是标记为 L+/M 的接线端子，都是直流电源端。

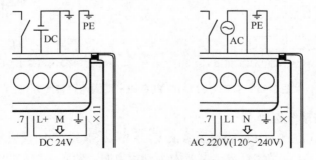

图 2-32　S7-200 SMART PLC 的 CPU 供电接线

2．输入端的接线方式

S7-200 SMART PLC 的数字量（或称开关量）输入采用 DC 24V 电压输入，由于内部输入电路使用了双向发光管的光电耦合器，故外部可采用两种接线方式，如图 2-33 所示。接线时可任意选择一种方式，实际接线时多采用图 2-33a 所示的漏型输入接线方式。

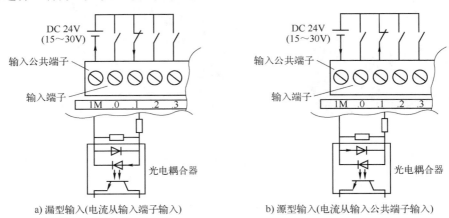

a) 漏型输入(电流从输入端子输入)　　　b) 源型输入(电流从输入公共端子输入)

图 2-33　S7-200 SMART PLC 输入端的两种接线方式

3．输出端的接线方式

S7-200 SMART PLC 的数字量（或称开关量）输出有两种类型：继电器输出型和晶体管输出型。对于继电器输出型 PLC，外部负载电源可以是交流电源（5～250V），也可以是直流电源（5～30V）；对于晶体管输出型 PLC，外部负载电源必须是直流电源（20.4～28.8V），由于晶体管有极性，故电源正极必须接到输出公共端（1L+端，内部接到晶体管的漏极）。S7-200 SMART PLC 的两种类型数字量输出端的接线如图 2-34 所示。

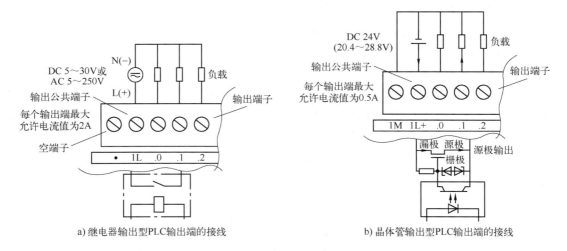

a) 继电器输出型PLC输出端的接线　　　b) 晶体管输出型PLC输出端的接线

图 2-34　S7-200 SMART PLC 输出端的两种接线方式

4．CPU 模块的接线实例

S7-200 SMART PLC 的 CPU 模块型号很多，这里以 SR30 CPU 模块（30 点继电器输出型）和 ST30 CPU 模块（30 点晶体管输出型）为例进行说明，两者接线如图 2-35 所示。

5. 模拟量 I/O 扩展模块的接线

　　S7-200 SMART 系列 PLC 的模拟量模块用于输入输出电流或者电压信号。模拟量输入模块 EM AE04 的接线如图 2-36 所示，通道 0 和 1 不能同时测量电流和电压信号，只能二选其一；通道 2 和 3 也是如此。信号范围：±10V、±5V、±2.5V 和 0～20mA；满量程数据字格式：–27648～+27648，这点与 S7-300/400 PLC 相同，但不同于 S7-200 PLC（–32000～+32000）。

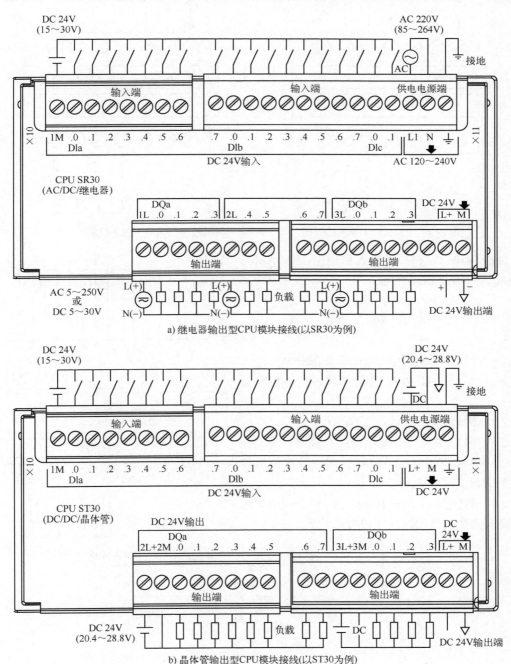

a) 继电器输出型CPU模块接线(以SR30为例)

b) 晶体管输出型CPU模块接线(以ST30为例)

图 2-35　S7-200 SMART CPU 模块的接线

　　模拟量输出模块 EM AQ02 的接线如图 2-37 所示，两个模拟输出电流或电压信号，可以按需要选择。信号范围：±10V 和 0～20mA；满量程数据字格式：–27648～27648，这点与 S7-300/400 PLC 相同，但不同于 S7-200 PLC。

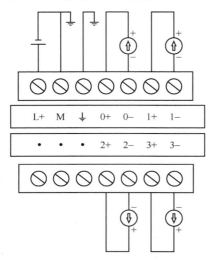

图 2-36　EM AE04 模块接线图

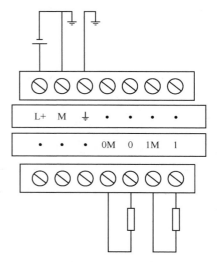

图 2-37　EM AQ02 模块接线图

　　混合模块上有模拟量输入和输出。EM AM06 模块接线图如图 2-38 所示。

思考与练习题

　　2.1　PLC 的系统组成包括哪些部分？

　　2.2　举例说明 PLC 常见的输入设备和输出设备。

　　2.3　简述 PLC 的基本工作原理。

　　2.4　PLC 中常用的编程变量有哪些？

　　2.5　S7-200 SMART PLC 的常用数据类型有哪些？寻址方式有几种？

　　2.6　若变量 QW0=1100H，则 Q0.0～Q0.7 这 8 个输出点是有输出，还是没有输出？

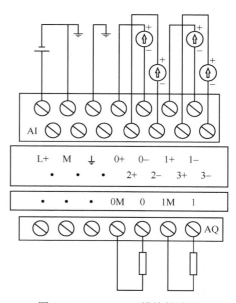

图 2-38　EM AM06 模块接线图

第3章 PLC 的组态技术与组态软件

3.1 PLC 的组态技术

3.1.1 组态的概念

在现代工业控制中，人们经常需要使用组态软件进行项目的组态。简单地讲，组态（Configuration）就是用组态软件中提供的工具、方法，完成工程中某一具体任务的设定和配置。

PLC 是工业控制器，其控制作用就是根据输入信号，决定输出信号。这个过程就是控制的过程。控制器的控制作用是由 PLC 内部的用户程序和组态参数决定的，组态参数和用户程序是由用户定义的。

用户确定组态参数和用户程序的工作是在上位机（编程计算机）里完成的。通过组态软件，完成组态参数的设置和用户程序的编写。PLC 中用户程序的编写可以使用图形化的语言，编程的过程形象而简便，类似于功能块的组装，不需要编写底层代码。这种编程称为程序的组态。

在组态软件中完成的组态（组态参数和用户程序）会以文件的形式保存在编程计算机中，当这些组态下载到 PLC 中后，将起到控制作用。当然，也可以将 PLC 中当前的组态参数和用户程序上载到编程计算机中，还可以通过组态软件监控 PLC 中程序的运行和各种变量值。PLC 的组态过程如图 3-1 所示。

图 3-1 PLC 的组态示意图

STEP 7 是西门子公司为了便于编制 PLC 组态和编程而开发的组态软件。它可以使用通用的个人计算机作为编程计算机，并可实时监控用户程序的执行状态。

3.1.2 组态的技术

使用组态技术进行 PLC 程序的编写，就是将组态软件提供的各种模块（函数或子程序）进行合理组织，其过程与硬件的组装类似。例如，要组装一台计算机，事先提供了各种型号的主板、机箱、电源、CPU、显示器、硬盘、光驱等，人们的工作就是用这些部件拼装成需要的计算机。当然软件中的组态要比硬件的组装有更大的发挥空间，因为它一般要比硬件中的"部件"更多，而且每个"部件"都很灵活。

在组态概念出现之前，要实现某一任务，都是通过编写程序（如 BASIC、C 或 FORTRAN等）来实现的。编写程序不但工作量大、周期长，而且容易犯错误，不能保证工期。组态软件的出现，解决了这个问题。对于过去需要几个月的工作，通过组态几天就可以完成。

组态软件是有专业性的。一种组态软件只能适合某种领域的应用。组态的概念最早出现在工业计算机控制中，如 DCS（集散控制系统）组态和 PLC 梯形图组态等。组态形成的数据只有相应的组态软件或其他专用工具才能识别。

虽然说组态不需要编写程序就能完成特定的应用，但是为了提供一些灵活性，有些组态软件也提供了编程手段，一般都是内置编译系统，提供类 BASIC 语言，有的甚至支持 VB（Visual Basic）和 VC（Visual C）。

西门子公司的上位机监控软件 WinCC 和触摸屏组态软件 WinCC Flexible 也是组态软件，它们用于监控设备的组态。使用组态软件 STEP 7 很方便，不必依靠某种具体的计算机语言，只需通过可视化的组态方式，就可完成编程、监控、测试、维护等设计，降低了控制系统的开发难度。组态软件拥有丰富的工具箱、图库和操作向导，使开发人员避免了在程序设计中许多重复的开发工作，提高了开发效率，减少了开发人员的工作量，缩短了开发周期。

STEP 7-Micro/WIN SMART 是西门子公司专门为 S7-200 SMART PLC 开发的组态、编程和操作软件。目前其最高版本是 V2.3。

3.2　S7-200 SMART PLC 的组态软件

3.2.1　S7-200 SMART PLC 的组态软件的概述

组态软件的安装要求如下。

STEP 7-Micro/WIN SMART 软件容量小巧，V2.3 版本的安装包不到 300MB，对用户计算机没有很高的要求，在大多数主流计算机中都能顺畅运行。

（1）对操作系统的要求

STEP 7-Micro/WIN SMART 软件与下列操作系统兼容：

1）Windows 7（32 位和 64 位）。

2）Windows 10。

（2）对计算机配置的要求

硬件方面，仅需满足下面要求：

1）至少 350MB 的硬盘空间。

2）屏幕分辨率为 1024×768 或者以上，小字体设置。

3）有可用的键盘、鼠标和通信网卡。

（3）对运行环境的要求

在安装和使用 STEP 7-Micro/WIN SMART 软件时，用户必须具有足够的权限，建议使用管理员身份登录。

3.2.2　STEP 7-Micro/WIN SMART 的组态环境介绍

STEP 7-Micro/WIN SMART 软件作为新一代的小型控制器的编程和组态软件，采用的彩色界面令人耳目一新，重新整合了工具菜单的布局，同时允许用户自定义整体界面的布局和窗口大小，给用户一种能灵活控制界面的使用体验。

双击桌面的快捷方式打开该软件，出现如图 3-2 所示的软件初始界面。

STEP 7-Micro/WIN SMART 软件由下面几个重要部分组成：①快速访问工具栏；②项目

树；③导航栏；④菜单栏；⑤程序编辑器；⑥符号信息表；⑦符号表；⑧状态栏；⑨输出窗口；⑩状态图表；⑪变量表；⑫数据块；⑬交叉引用。

需要注意的是，每个编辑窗口均可按用户所选择的方式停放或浮动以及排列在屏幕上。用户可以选择单独显示每个窗口（图 3-2），也可以选择合并多个窗口以从单独选项卡访问各窗口。

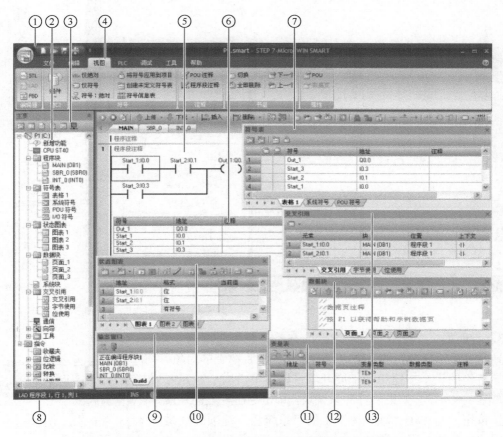

图 3-2　STEP 7-Micro/WIN SMART 编程软件主界面

1. 快速访问工具栏

快速访问工具栏显示在菜单选项卡正上方。通过快速访问文件按钮，可简单快速地访问"文件"菜单的大部分功能以及最近文档。快速访问工具栏上的其他按钮对应于文件功能"新建""打开""保存""打印"。单击"快速访问文件"按钮，弹出如图 3-3 所示的界面。

2. 项目树

单击菜单栏上的"视图"→"组件"→"项目树"，即可打开项目树，如图 3-4 所示。展开后的项目树如图 3-5 所示，项目树中主要有两个项目，一是读者创建的项目，二是指令，这些都是编辑程序最常用的。

在项目树的左上角有一个类似小钉的按钮" ﹣ "，当这个按钮是横放时，项目树会自动隐藏，这样编辑区域会扩大。如果读者希望项目树一直显示，那么只要单击按钮，此时，这个横放的按钮变成竖放" ﹄ "，项目树就被固定了。读者使用西门子公司其他的软件也会碰到这个按钮，作用完全相同。

图 3-3　快速访问文件界面　　　　图 3-4　打开项目树　　图 3-5　展开项目树

3．导航栏

导航栏显示在项目树上方，可快速访问项目树上的对象。单击导航栏的一个按钮相当于展开项目树并单击同一选择内容。如图 3-6 所示，如果要打开系统块，单击导航栏上的"系统块"按钮，与单击"项目树"上的"系统块"选项的效果是相同的。其他的用法类似。

4．菜单栏

菜单栏包括"文件""编辑""PLC""调试""工具""视图"和"帮助"7 个菜单项。用户可以定制"工具"菜单，在该菜单中增加自己的工具。

图 3-6　导航栏

1）"文件"菜单主要包含对项目整体的编辑操作，以及上传/下载、打印、保存和对库文件的操作，如图 3-7 所示。

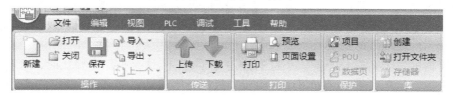

图 3-7　"文件"菜单

2）"编辑"菜单主要包含对项目程序的修改功能，包括剪贴板、插入和删除程序对象以及搜索功能，如图 3-8 所示。

3）"视图"菜单包含的功能有程序编辑语言的切换、不同组件之间的切换显示、符号表和符号寻址优先级的修改、书签的使用，以及打开程序组织单元（POU）和数据页属性的快捷方式，如图 3-9 所示。

图 3-8　"编辑"菜单

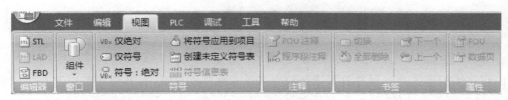

图 3-9　"视图"菜单

4）"PLC"菜单包含的主要功能是对在线连接的 S7-200 SMART CPU 的操作和控制，比如控制 CPU 的运行状态、编译和传送项目文件、清除 CPU 中项目文件、比较离线和在线的项目程序、读取 PLC 信息以及修改 CPU 的实时时钟，如图 3-10 所示。

图 3-10　"PLC"菜单

5）"调试"菜单的主要功能是在线连接 CPU 后，对 CPU 中的数据进行读/写和强制对程序运行状态进行监控。这里的"执行单次"和"执行多次"的扫描功能是指 CPU 从停止状态开始执行一个扫描周期或者多个扫描周期后自动进入停止状态，常用于对程序的单步或多步调试。"调试"菜单如图 3-11 所示。

图 3-11　"调试"菜单

6）"工具"菜单中主要包含向导和相关工具的快捷打开方式以及 STEP 7-Micro/WIN SMART 软件的选项，如图 3-12 所示。

7）"帮助"菜单包含软件自带帮助文件的快捷打开方式和西门子支持网站的超级链接以

及当前的软件版本，如图 3-13 所示。

图 3-12　"工具"菜单

图 3-13　"帮助"菜单

5．程序编辑器

1）程序编辑器的启动程序编辑器是编写和编辑程序的区域,打开程序编辑器有两种方法。

① 单击菜单栏中的"文件"→"新建"（或者"打开"或"导入"按钮）打开 STEP 7-Micro/WIN SMART 项目；

② 在项目树中打开"程序块"文件夹，方法是单击分支展开图标。编辑器的图形界面如图 3-14 所示。

图 3-14　程序编辑器

2）快捷工具栏。编辑器最上方是常用工具快捷按钮。 按钮分别表示将 CPU 工作模式更改为 RUN、STOP 或编译程序； 按钮分别表示上传或下载程序； 按钮分别表示针对当前所选对象的插入和删除功能； 按钮分别表示调试程序时，启动和取消监视； 按钮分别表示强制、取消强制和全部取消强制操作。 按钮分别表示可拖动到程序段的通用编程元素， 按钮分别表示显示符号、显示绝对地址、显示符号和绝对地址、切换符号信息表的显示、显示 POU 注释及显示程序段注释； 按钮分别表示设置 POU 保护和常规属性。

3）POU 选择器。能够实现在主程序块、子例程或中断编程之间进行切换。例如，单击 POU 选择器中"MAIN"，就切换到主程序块；单击 POU 选择器中"INT_O"，就切换到中断程序块。

4）POU 注释。显示在 POU 中第一个程序段上方，提供详细的多行 POU 注释功能。每条 POU 注释最多可以有 4096 个字符。这些字符可以为英语或者汉语，主要对整个 POU 的功能等进行说明。

5）程序段注释。显示在程序段旁边，为每个程序段提供详细的多行注释附加功能。每条程序段注释最多可有 4096 个字符。这些字符可以为英语或者汉语等。

6）程序段编号。每个程序段的数字标识符。编号会自动进行，取值范围为 1～65536。

7）装订线。位于程序编辑器窗口左侧的灰色区域，在该区域内单击可选择单个程序段，也可通过单击并拖动来选择多个程序段。STEP 7-Micro/WIN SMART 还在此显示各种符号，例如，书签和 POU 密码保护锁。

6. 符号信息表

要在程序编辑器窗口中查看或隐藏符号信息表，应使用以下方法之一。

1）在"视图"菜单功能区的"符号"区域单击"符号信息表"按钮。

2）按<Ctrl+T>快捷键组合。

3）在"视图"菜单的"符号"区域单击"将符号应用于项目"按钮。

"应用所有符号"命令使用所有新、旧和修改的符号名更新项目。如果当前未显示"符号信息表"，单击此按钮便会显示。

7. 符号表

符号是可为存储器地址或常量指定的符号名称。符号表是符号和地址对应关系的列表。打开符号表有三种方法，具体如下。

1）在导航栏上，单击"符号表"按钮。

2）在菜单栏上，单击"视图"→"组件"→"符号表"。

3）在项目树中，打开"符号表"文件夹，选择一个表名称，然后按下<Enter>键或者双击表名称。

例 3.1　图 3-15 是一段简单的程序，要求显示其符号信息表和符号表，请写出操作过程。

首先，在项目树中展开"符号表"，双击"表格 1"弹出符号表，如图 3-16 所示，在符号表中，按照图 3-17 填写。符号"START_M"实际就代表地址"I0.0"，符号"STOP_M"实际就代表地址"I0.1"，符号"MOTOR"实际就代表地址"Q0.0"。

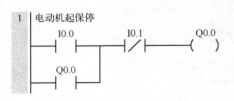

图 3-15　起保停梯形图程序

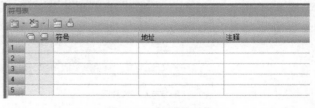

图 3-16　打开符号表

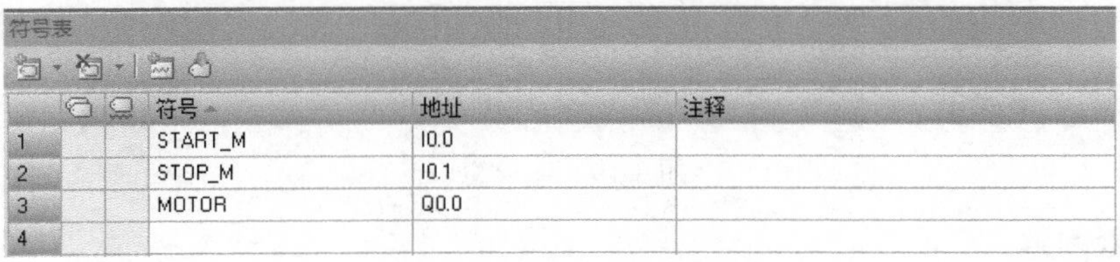

			符号	地址	注释
1			START_M	I0.0	
2			STOP_M	I0.1	
3			MOTOR	Q0.0	
4					

图 3-17　填写符号表

在视图功能区，单击"视图"→"符号"→"符号信息表"→"将符号应用于项目"，此时，符号和地址的对应关系将显示在梯形图中，如图 3-18 所示。

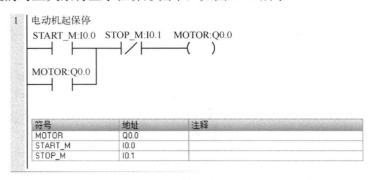

图 3-18　显示符号信息表

8. 状态栏

状态栏位于主窗口底部，状态栏可以提供 STEP 7-Micro/WIN SMART 中执行的操作的相关信息。在编辑模式下工作时，显示编辑器信息。状态栏根据具体情形显示的信息有简要状态说明、当前程序段编号、当前编辑器的光标位置、当前编辑模式和插入或覆盖。

9. 输出窗口

"输出窗口"列出了最近编译的 POU 和在编译期间发生的所有错误。如果已打开"程序编辑器"窗口和"输出窗口"，可在"输出窗口"中双击错误信息使程序自动滚动到错误所在的程序段。纠正程序后，重新编译程序以更新"输出窗口"和删除已纠正程序段的错误参考。

如图 3-19 所示，将地址"I0.0 错误写成 I0.o"，编译后，在输出窗口显示了错误信息以及错误的发生位置。"输出窗口"对于程序调试是比较有用的。

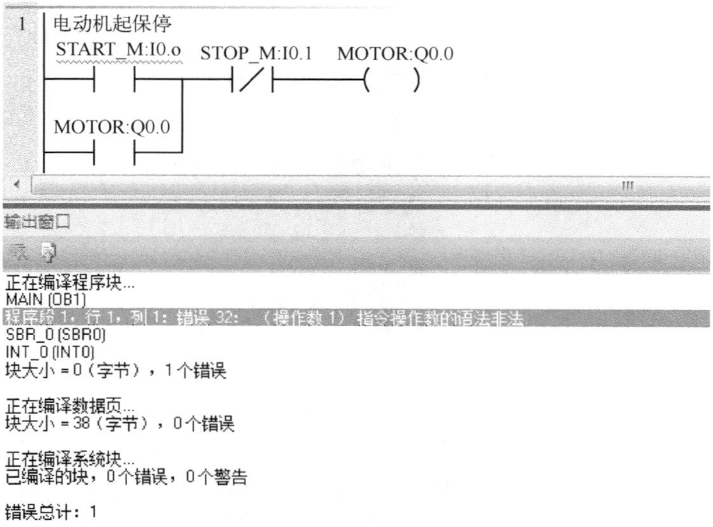

图 3-19　输出窗口

10. 状态图表

状态图表是用于监控、写入或强制指定地址数值的工具表格。用户可以直接右击项目树中状态图表文件夹中的内容，通过快捷菜单选择插入或者重命名状态图表。状态图表的默认在线界面结构如图 3-20 所示，用户只需要键入需要被监控的数据地址，再激活在线功能，即可实现对 CPU 数据的监控和修改。

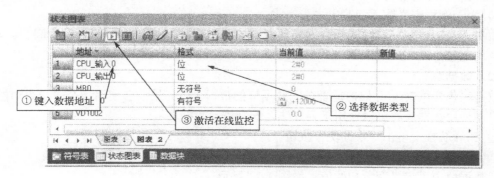

图 3-20　状态图表

状态图表分为地址、格式、当前值和新值 4 列。

① 地址：填写被监控数据的地址或者符号名。

② 格式：选择被监控数据的数据类型。

③ 当前值：被监控数据在 CPU 中的当前数值。

④ 新值：用户准备写入被监控数据地址的数值。

状态图表上方有一排（12 个）快捷按钮，如图 3-21 所示。

图 3-21　状态图表快捷按钮

快捷按钮从左到右的功能依次是：添加一个新的状态图表、删除当前状态图表、开始持续在线监控数据功能、暂停在线监控数据功能、单次读取数据的当前值、将新值写入被监控的数据地址、开始强制数据地址为指定值、暂停强制数据地址为指定值、取消对所有数据地址的强制操作、读取当前所有被强制为指定数值的数据地址、用趋势图的形式显示状态图表中的数据地址的数值变化趋势、选择当前数据寻址方式为仅符号、仅地址或者符号和地址。

用户监控 CPU 数据的操作步骤是：在地址中键入数据地址或符号名→选择正确的数据类型→单击"开始持续在线监控"按钮。

用户修改 CPU 数据的操作步骤是：在地址中键入数据地址或符号名→选择正确的数据类型→在新值中输入准备写入 CPU 的数值→单击"将新值写入被监控的数据地址"按钮。

强制功能是指在每个程序的扫描周期，被强制的数据地址都会被重置为强制数值（每个扫描周期都执行一次重置）。强制 CPU 数据的操作步骤是：在地址中键入数据地址或符号→选择正确的数据类型→在新值中输入准备写入 CPU 的数值→单击"开始强制数据地址为指定值"按钮。

取消强制的方法：单击"读取所有强制"按钮，再单击"取消所有强制"按钮即可。

11．变量表

初学者一般不会用到变量表，通过变量表，可定义对特定 POU 局部有效的变量。在以下情况下使用局部变量：

1）创建不引用绝对地址或全局符号的可移植子例程。

2）使用临时变量（声明为 TEMP 的局部变量）进行计算，以便释放 PLC 存储器。

3）为子例程定义输入和输出。

如果不是上述情况，则无须使用局部变量；可在符号表中定义符号值，从而将其全部设置为全局变量。

12．数据块

数据块包含可向 V 存储器地址分配数据值的数据页。如果读者使用指令向导等功能，系统会自动使用数据块。可以使用下列方法之一来访问数据块。

1）在导航栏上单击"数据块"按钮。

2）在视图功能区，单击"视图"→"组件"→"数据块"，即可打开数据块。

在数据块中可定义变量初始值，如图 3-22 所示。

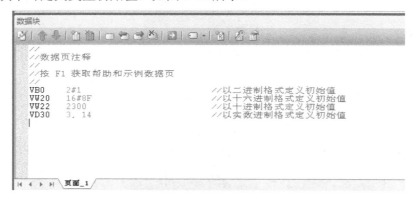

图 3-22　定义初始值

13．交叉引用

使用"交叉引用"窗口查看程序中参数当前的赋值情况，可防止无意间重复赋值。可通过以下方法之一访问交叉引用表。

1）在项目树中打开"交叉引用"文件夹，然后双击"交叉引用""字节使用"或"位使用"。

2）单击导航栏中的"交叉引用"图标。

3）在视图功能区，单击"视图"→"组"→"交叉引用"，即可打开"交叉引用"。

3.2.3　系统块

对于 S7-200 SMART CPU 而言，系统块的设置是必不可少的。S7-200 SMART CPU 提供了多种参数和选项设置以适应具体应用，这些参数和选项在"系统块"对话框内设置。系统块必须下载到 CPU 中才起作用。

1．打开系统块

打开系统块有三种方法，具体如下。

1）单击菜单栏中的"视图"→"组件"→"系统块"，打开"系统块"。

2）单击快速工具栏中的"系统块"按钮，打开"系统块"。

3）展开项目树，双击"系统块"，打开"系统块"，如图 3-23 所示。

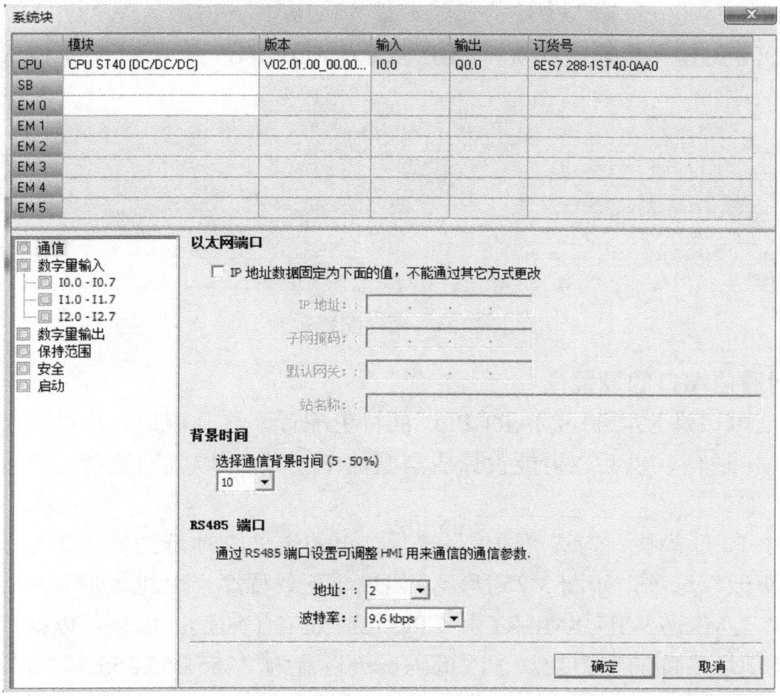

图 3-23　"系统块"对话框

2．硬件配置

"系统块"对话框的顶部显示已经组态的模块，并允许添加或删除模块。使用下拉列表更改、添加或删除 CPU 型号、信号板和扩展模块。添加模块时，输入列和输出列显示已分配的输入地址和输出地址。

如图 3-23 所示，顶部的表格中的第 1 行为要配置的 CPU 的具体型号，单击下拉按钮，可以显示所有 CPU 的型号。读者可以选择合适的型号，本例为 CPU ST 40（DC/DC/DC）。为此，CPU 输入点的起始地址（I0.0）、CPU 输出点的起始地址（Q0.0），这些地址由软件系统自动生成。

顶部的表格中的第 2 行为要配置的扩展板模块，可以是数字量模块、模拟量模块和通信模块。

顶部的表格中的第 3～8 行为要配置的扩展模块，可以是数字量模块、模拟量模块和通信模块。注意扩展模块和扩展板模块不能混淆。

例 3.2　某系统配置了 CPU ST40、SB DT04/2DQ、EM DE08、EM DR08、EM AE04 和 EM AQ02 各一块，如图 3-24 所示，请指出各模块的起始地址和占用的地址。

1）CPU ST40 的 CPU 输入点的起始地址是 I0.0，占用 IB0～IB2 三个字节；CPU 输出点的起始地址是 Q0.0，占用 QB0 和 QB1 两个字节。

2）SB DT04/2DQ 的输入点的起始地址是 I7.0，占用 I7.0 和 I7.1 两个点；模块输出点的起始地址是 Q7.0，占用 Q7.0 和 Q7.1 两个点。

3）EM DE08 输入点的起始地址是 I8.0，占用 IB8 一个字节。

4）EM DR08 输出点的起始地址是 Q12.0，占用 QB12 一个字节。

5）EM AE04 为模拟量输入模块，起始地址为 AIW48，占用 AIW48～AIW54 四个字。

6）EM AQ02 为模拟量输出模块，起始地址为 AQW64，占用 AIW64 和 AIW66 两个字。

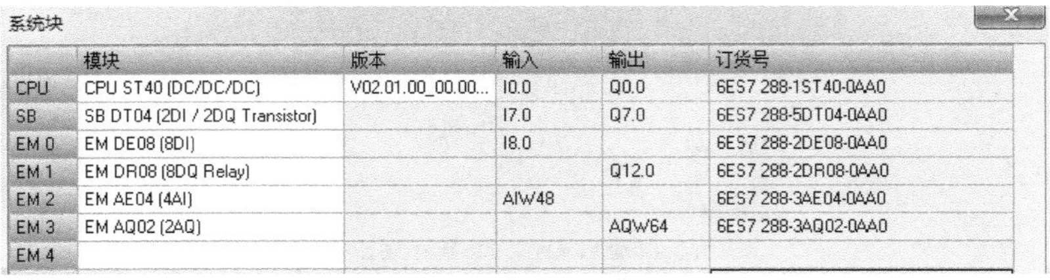
系统块

	模块	版本	输入	输出	订货号
CPU	CPU ST40 (DC/DC/DC)	V02.01.00_00.00...	I0.0	Q0.0	6ES7 288-1ST40-0AA0
SB	SB DT04 (2DI / 2DQ Transistor)		I7.0	Q7.0	6ES7 288-5DT04-0AA0
EM 0	EM DE08 (8DI)		I8.0		6ES7 288-2DE08-0AA0
EM 1	EM DR08 (8DQ Relay)			Q12.0	6ES7 288-2DR08-0AA0
EM 2	EM AE04 (4AI)		AIW48		6ES7 288-3AE04-0AA0
EM 3	EM AQ02 (2AQ)			AQW64	6ES7 288-3AQ02-0AA0
EM 4					

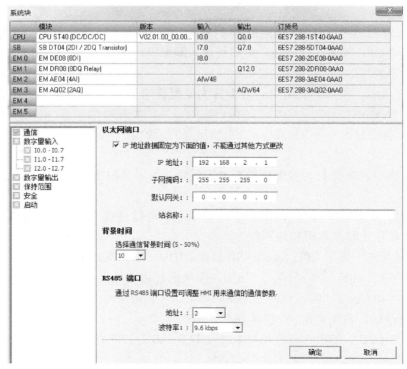

图 3-24 硬件配置实例

3．以太网通信端口的设置

以太网通信端口是 S7-200 SMART PLC 的特色配置，这个端口既可以用于下载程序，也可以用于与 HMI 通信，以后也可能设计成与其他 PLC 进行以太网通信。以太网通信端口的设置如下。

首先，选中 CPU 模块，勾选“通信”选项，再勾选“IP 地址数据固定为下面的值，不能通过其他方式更改”选项，如图 3-25 所示。如果要下载程序，IP 地址应该就是 CPU 的 IP 地址，如果 STEP 7-Micro/WIN SMART 和 CPU 已经建立了通信，那么可以把读者想要设置的 IP 地址输入 IP 地址右侧的空白处。子网掩码一般设置为“255.255.255.0”，最后单击“确定”按钮即可。如果是要修改 CPU 的 IP 地址，则必须把“系统块”下载到 CPU 中，运行后才能生效。

系统块

	模块	版本	输入	输出	订货号
CPU	CPU ST40 (DC/DC/DC)	V02.01.00_00.00...	I0.0	Q0.0	6ES7 288-1ST40-0AA0
SB	SB DT04 (2DI / 2DQ Transistor)		I7.0	Q7.0	6ES7 288-5DT04-0AA0
EM 0	EM DE08 (8DI)		I8.0		6ES7 288-2DE08-0AA0
EM 1	EM DR08 (8DQ Relay)			Q12.0	6ES7 288-2DR08-0AA0
EM 2	EM AE04 (4AI)		AIW48		6ES7 288-3AE04-0AA0
EM 3	EM AQ02 (2AQ)			AQW64	6ES7 288-3AQ02-0AA0
EM 4					
EM 5					

图 3-25 以太网设置

4. 串行通信端口的设置

CPU 模块集成有 RS-485 通信端口，此外扩展板也可以扩展 RS-485 和 RS-232 模块（同一个模块，二者可选）。

（1）集成串口的设置方法

首先，选中 CPU 模块，勾选"通信"选项，再设定 CPU 的地址，"地址"右侧有个下拉"倒三角"按钮，读者可以选择想要设定的地址，默认为"2"（本例设为 3）。通过"波特率"右侧的下拉按钮选择波特率，默认为 9.6kbit/s，这个数值在串行通信中最为常用，如图 3-26 所示。最后单击"确定"按钮即可。如果是要修改 CPU 的串口地址，则必须把"系统块"下载到 CPU 中，运行后才能生效。

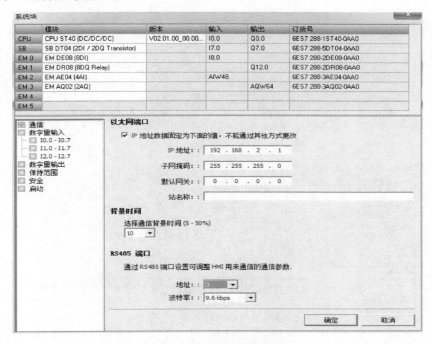

图 3-26　串口通信设置

（2）扩展板串口的设置方法

首先，选中扩展板模块，再选择 RS-232 或者 RS-485 通信模式（本例选择 RS-232），"地址"右侧有个下拉按钮，读者可以选择想要设定的地址，默认为"2"（本例设为 3）。波特率的设置是通过"波特率"右侧的下拉按钮选择的，默认为 9.6kbit/s，这个数值在串行通信中最为常用，如图 3-27 所示。最后单击"确定"按钮即可。如果是要修改 CPU 的串口地址，则必须把"系统块"下载到 CPU 中，运行后才能生效。

5. 集成输入的设置

（1）修改滤波时间

S7-200 SMART CPU 允许为某些或所有数字量输入点选择一个定义时延（可在 0.2～12.8ms 和 0.2～12.8μs 之间选择）的输入滤波器。该延迟可以减少如按钮闭合或者分开瞬间的噪声干扰。设置方法是先选中 CPU，然后勾选"数字量输入"选项，再修改延迟时间，最后单击"确定"按钮，如图 3-28 所示。

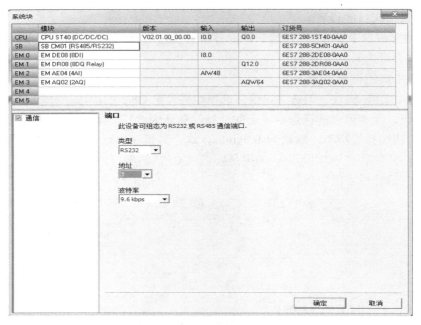

图 3-27　串口通信设置（扩展板）

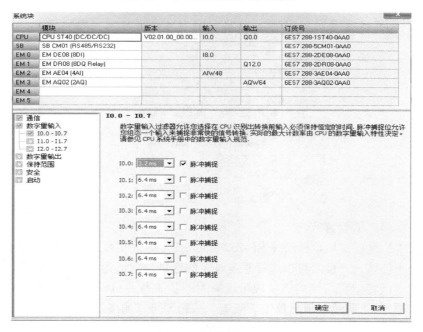

图 3-28　设置滤波时间

（2）脉冲捕捉位

S7-200 SMART CPU 为数字量输入点提供脉冲捕捉功能。通过脉冲捕捉功能可以捕捉高电平脉冲或低电平脉冲。使用"脉冲捕捉位"可以捕捉比扫描周期还短的脉冲。设置"脉冲捕捉位"的使用方法如下。

先选中 CPU，然后勾选"数字量输入"选项，再勾选对应的输入点（本例为 I0.0），最后单击"确定"按钮，如图 3-28 所示。

6. 集成输出的设置

当 CPU 处于 STOP 模式时，可将数字量输出点设置为特定值，或者保持在切换到 STOP 模式之前存在的输出状态。

（1）将输出冻结在最后状态

设置方法：先选中 CPU，勾选"数字量输出"选项，再勾选"将输出冻结在最后状态"复选框，最后单击"确定"按钮。这样便可在 CPU 进行 RUN 到 STOP 转换时将所有数字量输出冻结在其最后的状态，如图 3-29 所示。例如，CPU 最后的状态 Q0.0 是高电平，那么 CPU 从 RUN 到 STOP 转换时，Q0.0 仍然是高电平。

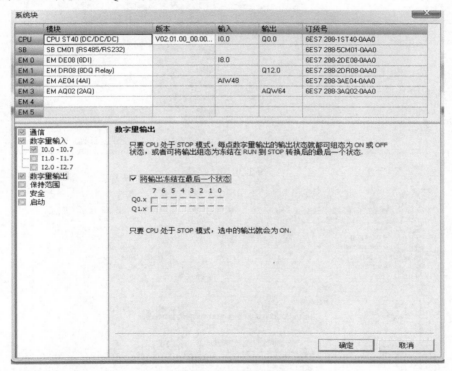

图 3-29　将输出冻结在最后状态

（2）替换值

设置方法：先选中 CPU，勾选"数字量输出"选项，再勾选"要替换的点"复选框（本例的替换值为 Q0.0 和 Q0.1），最后单击"确定"按钮，如图 3-30 所示，当 CPU 从 RUN 到 STOP 转换时，Q0.0 和 Q0.1 将是高电平，不管 Q0.0 和 Q0.1 之前是什么状态。

7. 设置断电数据保持

在"系统块"对话框中，单击"系统块"结点下的"保持范围"，可打开"保持范围"对话框，如图 3-31 所示。

断电时，CPU 将指定的保持性存储器范围保存到永久存储器。

上电时，CPU 先将 V、M、C 和 T 存储器清零，将所有初始值都从数据块复制到 V 存储器，然后将保存的保持值从永久存储器复制到 RAM。

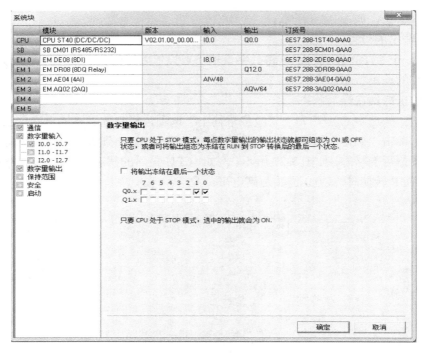

图 3-30　替换值

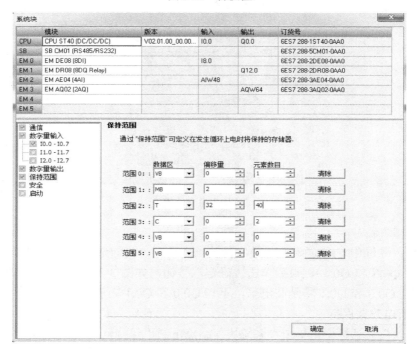

图 3-31　设置断电数据保持

8. 安全

通过设置密码可以限制对 S7-200 SMART CPU 的内容的访问。在"系统块"对话框中，单击"系统块"结点下的"安全"，可打开"安全"选项卡，设置密码保护功能，如图 3-32

所示。密码的保护等级分为 4 个等级，除了"完全权限（1 级）"外，其他的均需要在"密码"和"验证"文本框中输入起保护作用的密码。

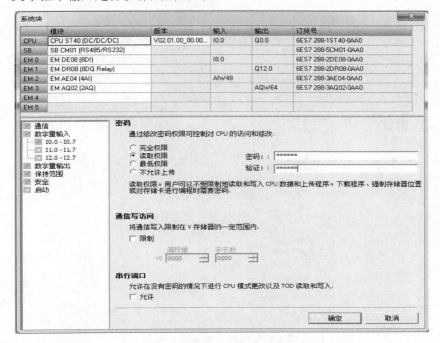

图 3-32　设置密码

9. 启动项的组态

在"系统块"对话框中，单击"系统块"结点下的"启动"，可打开"启动"选项卡，CPU 启动的模式有三种，即 STOP、RUN 和 LAST，可以根据需要选取。

三种模式的含义如下。

1）STOP 模式。CPU 在上电或重启后始终应该进入 STOP 模式，这是默认选项。

2）RUN 模式。CPU 在上电或重启后始终应该进入 RUN 模式。对于多数应用，特别是对于 CPU 独立运行而不连接 STEP 7-Micro/WIN SMART 的应用，RUN 启动模式选项是常用选择。

3）LAST 模式。CPU 应进入上一次上电或重启前存在的工作模式。

10. 模拟量输入模块的组态

熟悉 S7-200 PLC 的读者都知道，S7-200 PLC 的模拟量模块的类型和范围的选择都是靠拨码开关来实现的。而 S7-200 SMART PLC 的模拟量模块的类型和范围是通过硬件组态实现的，以下是硬件组态的说明。

先选中模拟量输入模块，再选中要设置的通道，本例为 0 通道，如图 3-33 所示。对于每条模拟量输入通道，都将类型组态为电压或电流。0 通道和 1 通道的类型相同，2 通道和 3 通道的类型相同，也就是说同为电流或者电压输入。

范围是指电流或者电压信号的范围，每个通道都可以根据实际情况选择。

11. 模拟量输出模块的组态

先选中模拟量输出模块，再选中要设置的通道，本例为 0 通道，如图 3-34 所示。对于每条模拟量输出通道，也都将类型组态为电压或电流。也就是说同为电流或者电压输出。范围也是指电流或者电压信号的范围，每个通道也都可以根据实际情况选择。

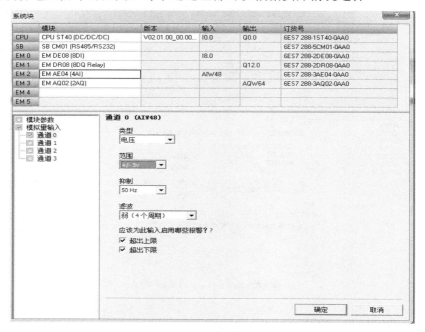

图 3-33　模拟量输入模块组态

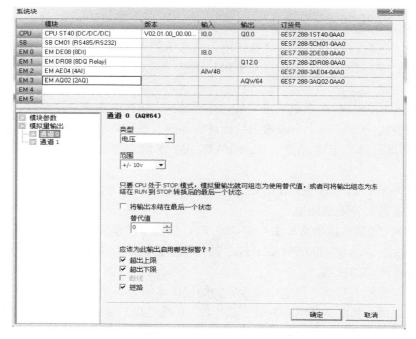

图 3-34　模拟量输出模块组态

STOP 模式下的输出行为，当 CPU 处于 STOP 模式时，可将模拟量输出点设置为特定值，或者保持在切换到 STOP 模式之前存在的输出状态。

3.2.4　用 STEP 7-Micro/WIN SMART 建立一个完整的项目

下面以图 3-35 所示的控制梯形图为例，完整地介绍一个程序从输入到下载、运行、监控和调试的全过程。

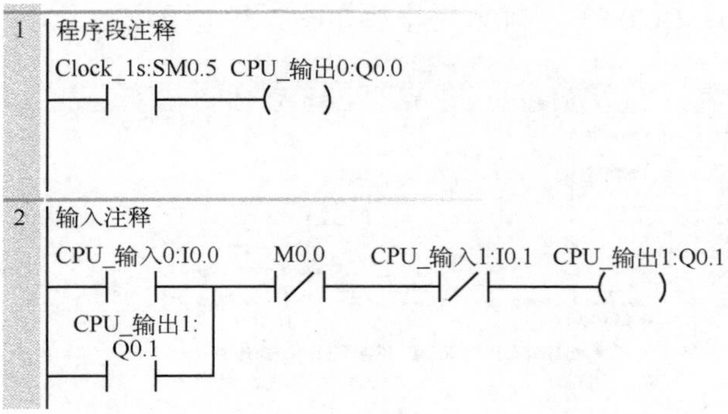

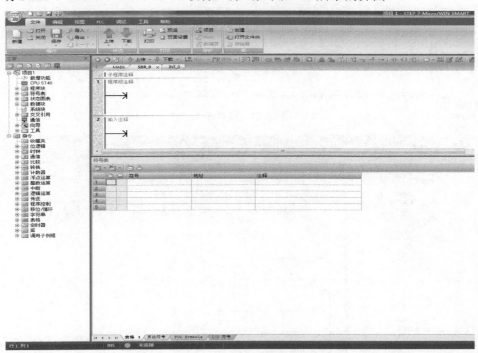

图 3-35　梯形图

1．启动 STEP 7-Micro/WIN SMART 软件

启动 STEP 7-Micro/WIN SMART 软件，弹出如图 3-36 所示的界面。

图 3-36　启动 STEP 7-Micro/WIN SMART 软件

2．硬件配置

展开指令树中的"项目 1"结点，选中并双击"CPU ST40"（也可能是其他型号的 CPU），这时弹出"系统块"界面，单击下拉按钮，在下拉列表框中选定"CPU ST40（DC/DC/DC）"（这是本例的机型），然后单击"确认"按钮，如图 3-37 所示。

3．输入程序

展开指令树中的"指令"结点，依次双击常开触点按钮"╢╟"（或者拖入程序编辑窗口）、常闭触点按钮"╢/╟"、输出线圈按钮"( )"，网络 2 换行后双击常开触点按钮"╢╟"，再单击插入向上垂直线，出现程序输入界面，如图 3-38 所示。接着单击红色的问号，输入寄存器及其地址（本例为 I0.0、Q0.0 等），输入完毕后如图 3-39 所示。

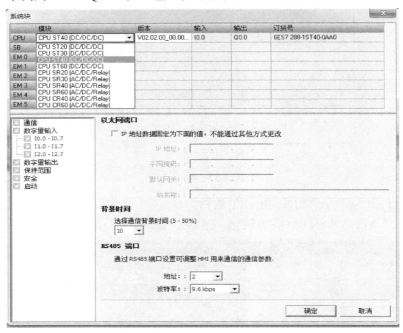

图 3-37　PLC 选型

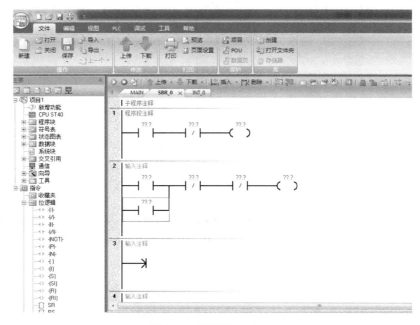

图 3-38　程序输入（1）

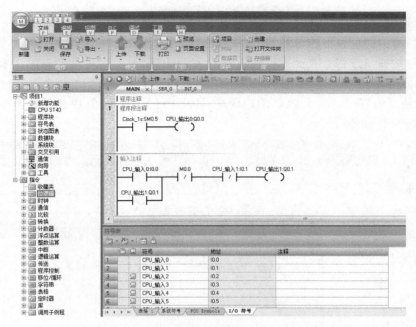

图 3-39　程序输入（2）

4．编译程序

单击标准工具栏的"编译"按钮 进行编译，若程序有错误，则输出窗口会显示错误信息，编译后如果有错误，可在下方的输出窗口查看错误，双击该错误即跳转到程序中该错误的所在处，根据系统手册中的指令要求进行修改，如图 3-40 所示。

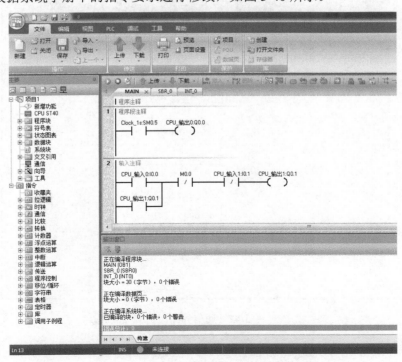

图 3-40　程序编译

5．联机通信

选中项目树中的项目下的"通信"，并双击该项目，弹出"通信"对话框，如图 3-41 所示。单击下拉按钮，选择个人计算机的网卡，这个网卡与计算机的硬件有关（本例的网卡为"Broadcom Netlink（TM）"），如图 3-42 所示。再双击"更新可访问的设备"选项（图 3-43），弹出图 3-44 所示的界面，表明 PLC 的地址是"192.168.2.1"。这个 IP 地址很重要，是设置个人计算机时必须要参考的。

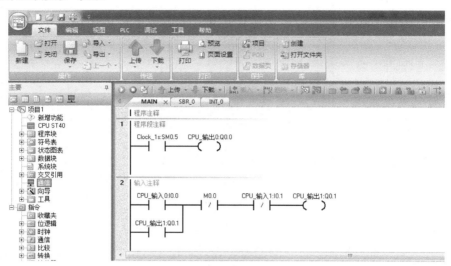

图 3-41　打开通信界面

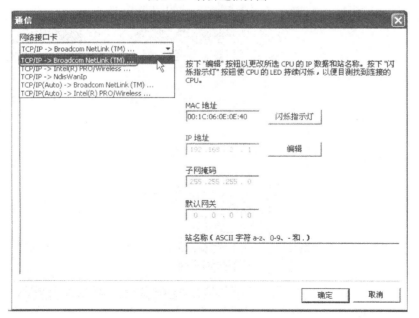

图 3-42　通信界面（1）

6．设置计算机 IP 地址

目前，向 S7-200 SMART 下载程序，只能使用 PLC 集成的 PN 口，因此首先要对计算机的 IP 地址进行设置，这是建立计算机与 PLC 通信首先要完成的步骤，具体如下。

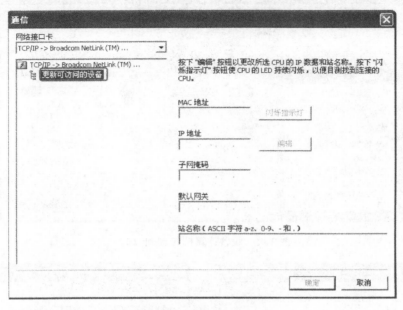

图 3-43　通信界面（2）

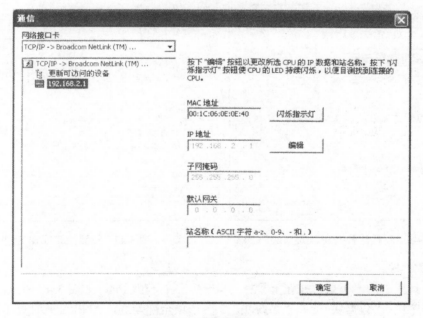

图 3-44　通信界面（3）

首先打开个人计算机的"网络连接"（本例的操作系统为 Windows XP SP3，其他操作系统的步骤可能有所差别），如图 3-45 所示。选中"本地连接"，单击鼠标右键，弹出快捷菜单，单击"属性"选项，弹出图 3-46 所示的界面，选中"Internet 协议（TCP/IP）"选项，单击"属性"按钮，弹出图 3-47 所示的界面，选择"使用下面的 IP 地址"选项，按照图 3-47 所示设置 IP 地址和子网掩码，单击"确定"按钮即可。

图 3-45   设置计算机 IP 地址（1）

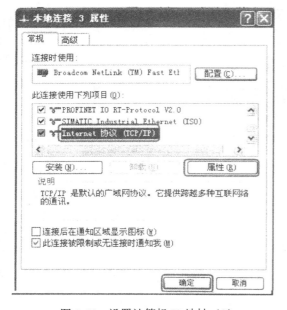

图 3-46   设置计算机 IP 地址（2）

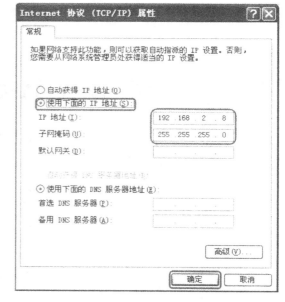

图 3-47   设置计算机 IP 地址（3）

7．下载程序

单击工具栏中的"下载"按钮 ↓下载，弹出"下载"对话框，如图 3-48 所示。将"选项"栏中的"程序块""数据块''和"系统块"3 个选项全部勾选，若 PLC 此时处于"运行"模式，再将 PLC 设置成"停止"模式，如图 3-49 所示。然后，单击"是"按钮，则程序自动下载到 PLC 中。下载成功后，输出窗口中有"下载已成功完成！"的提示，如图 3-50 所示。最后，单击"关闭"按钮。

8．运行和停止运行模式

若要运行下载到 PLC 中的程序，只要单击工具栏中"运行"按钮 ▶ 即可。同理，若要停止运行程序，则单击工具栏中"停止"按钮 ■ 即可。

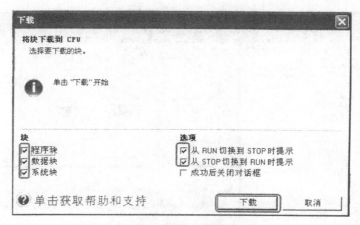

图 3-48　下载程序

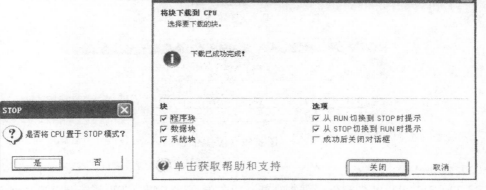

图 3-49　停止运行　　　　　　　　　　图 3-50　下载完成

9. 程序状态监控

在调试程序时，"程序状态监控"功能非常有用。当开启此功能时，闭合的触点中有蓝色的矩形，而断开的触点中没有蓝色的矩形，如图 3-51 所示。要开启"程序状态监控"功能，只需要单击菜单栏上的"调试"→"程序状态"按钮 即可。监控程序之前，程序应处于"运行"状态。

10. 程序状态监控调试

程序调试是工程中的一个重要步骤，因为初步编写完成的程序不一定正确，有时虽然逻辑正确，但需要修改参数，因此程序调试十分重要。STEP 7-Micro/WIN SMART 提供了丰富的程序调试工具供用户使用。

（1）状态图表

使用状态图表可以监控数据，各种参数（如 CPU 的 I/O 开关状态、模拟量的当前数值等）都在状态图表中显示。此外，配合"强制"功能还能将相关数据写入 CPU，改变参数的状态，如可以改变 I/O 开关状态。

打开状态图表有两种简单的方法：一种方法是先选中要调试的"项目"，再双击"图表 1"，弹出状态图表，此时的状态图表是空的，并无变量，需要将要监控的变量手动输入，如图 3-52 所示；另一种方法是单击菜单栏中的"调试"→"状态图表"，即可打开状态图表。

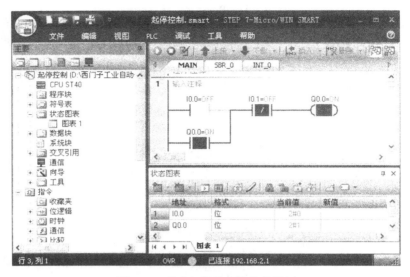

图 3-51　基本起保停程序监控举例

	地址	格式	当前值	新值
1	I0.0	位		
2	M0.0	位		
3	Q0.0	位		
4	Q0.1	位		
5		有符号		

图 3-52　状态图表

（2）强制

S7-200 SMART PLC 提供了强制功能，以方便调试工作。在现场不具备某些外部条件的情况下模拟工艺状态。用户可以对数字量（DI/DO）和模拟量（AI/AO）进行强制。强制时，运行状态指示灯变成黄色，取消强制后指示灯变成绿色。

如果在没有实际的 I/O 连线时，可以利用强制功能调试程序。先打开"状态图表"窗口并使其处于监控状态，在"新值"数值框中写入要强制的数据（本例输入 I0.0 的新值为"2#1"）。然后，单击工具栏中的"强制"按钮 ，此时，被强制的变量数值上有一个 标志，如图 3-53 所示。

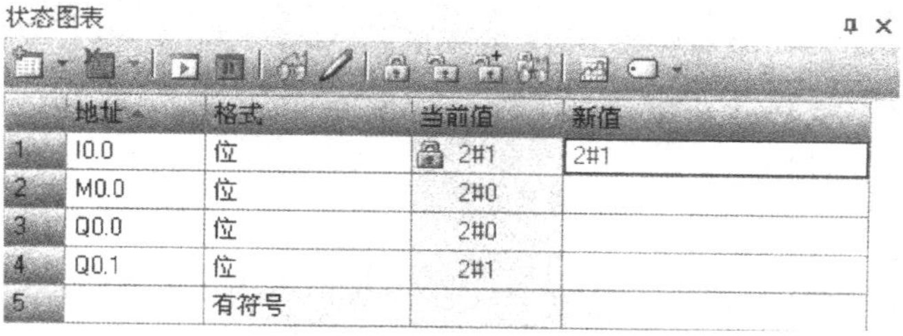

状态图表

	地址	格式	当前值	新值
1	I0.0	位	🔒 2#1	2#1
2	M0.0	位	2#0	
3	Q0.0	位	2#0	
4	Q0.1	位	2#1	
5		有符号		

图 3-53　使用强制功能

单击工具栏中的"取消全部强制"按钮 ，可以取消全部的强制。

（3）写入数据

S7-200 SMART PLC 提供了数据写入功能，以方便调试工作。例如，在"状态图表"窗口中输入 M0.0 的新值"1"，如图 3-54 所示。然后，单击工具栏上的"写入"按钮，或者单击菜单栏中的"调试"→"写入"命令即可更新数据。

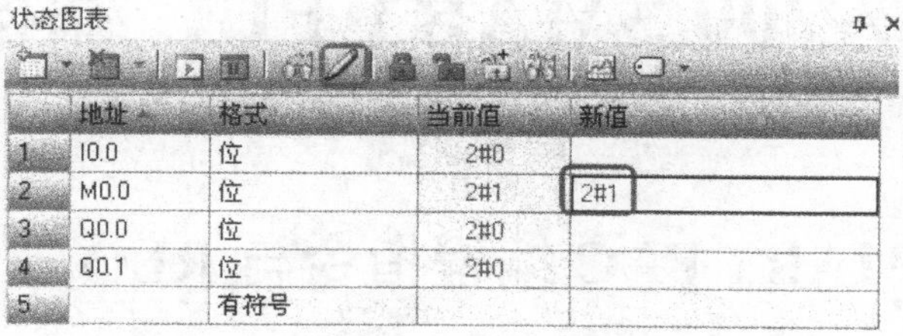

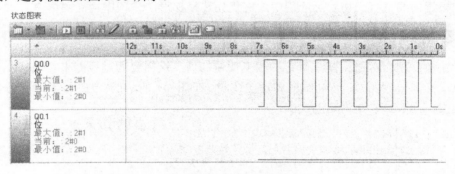

图 3-54　使用写入功能

（4）趋势视图

前面提到的状态图表可以监控数据，趋势视图同样可以监控数据，只不过使用状态图表监控数据时的结果是以表格的形式表示的，而使用趋势视图时则以曲线的形式表达。利用后者能够更加直观地观察数字量信号变化的逻辑时序或者模拟量的变化趋势。

单击调试工具栏上的"切换图表和趋势视图"按钮，可以在状态图表和趋势视图形式之间切换，趋势视图如图 3-55 所示。

图 3-55　使用趋势视图

思考与练习题

3.1　编程使计算机与 PLC 建立通信时，常用的通信方式有哪些？怎样设置？

3.2　当 S7-200 SMART PLC 处于监控状态时，能否用软件设置 PLC 为"停止"模式？

3.3　如何设置 CPU 的密码？怎样清除密码？怎样对整个工程加密？

3.4　状态图表和趋势视图有什么作用？怎样使用？二者有何联系？

3.5　工具中有哪些重要的功能？

3.6　交叉引用有什么作用？

3.7　S7-200 SMART PLC 的程序调试方法是什么？

第4章 S7-200 SMART PLC 编程基本指令

4.1 S7-200 SMART PLC 编程指令与 RLO

4.1.1 西门子 PLC 编程语言

IEC 61131-3 规定了指令表（STL）、梯形图（LAD）、顺序功能图（SFC）、功能块图（FBD）和结构化文本（ST）5 种编程语言。

西门子 PLC 支持梯形图（LAD）、指令表（STL）、顺序功能图（SFC）和功能块图（FBD）4 种编程语言。考虑到 PLC 在国内应用的现状和国内用户的思维习惯，本书只介绍梯形图（LAD）和顺序功能图（SFC）两种编程语言。不同编程语言是对同样的逻辑关系的不同表达形式，应根据需要选择。在实际应用中，应优先选择梯形图和顺序功能图语言。

4.1.2 逻辑操作结果

PLC 中程序执行的结果就是确定和改变变量的值。这需要通过线圈来实现，PLC 程序的线圈可以广义地分为两类：普通线圈和功能线圈。在图 4-1 所示的程序中，线圈 M0.0 和 Q0.0 为普通线圈，而 MOV_B 为功能线圈。

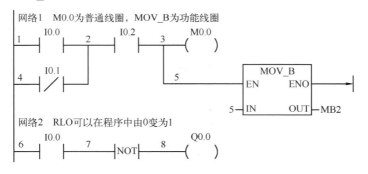

图 4-1　梯形图的线圈与逻辑操作结果

对于普通线圈，只要该线圈左侧的逻辑操作结果（Result of Logic Operation，RLO）为 1，则线圈动作，对应的变量等于 1；否则线圈不动作，对应的变量等于 0。注意，线圈不动作（变量结果等于 0）也是程序执行的结果。任何一个网络中的程序执行完成后，变量均会有结果，无论结果是 1 还是 0。

对于功能线圈，只要该线圈左侧的 RLO 为 1，则实现相应的功能。图 4-1 中的 MOV_B 线圈左侧的 RLO 等于 1 时，则按功能线圈的规则，实现数据传送功能。

线圈的执行是和其左侧的 RLO 密切相关的，实际上 PLC 程序的所有分析和设计均和 RLO 相关。RLO 是西门子 PLC 中的重要概念，它是对传统 PLC 程序分析和设计中电流、能流等概念的高度概括。

在程序中，RLO 永远属于线上面的所有点，而且相连接的线上的所有点的 RLO 是相同的。在最左侧的母线位置，RLO 的值为 1。RLO 的值可能被触点改变，当触点接通时，其两端的 RLO 相同，若触点不通，则其右侧 RLO 为 0；在并联时，只要有一个触点右侧的 RLO 等于 1，则所有触点右侧的 RLO 等于 1。

在图 4-1 所示的程序中，位置 1、4 和 6 的 RLO 的值为 1；位置 2 和 7 的 RLO 的值由 I0.0 和 I0.1 的触点状态决定，若触点接通，则位置 2 和 7 的 RLO 的值为 1；网络 2 中的 NOT 触点会改变 RLO 的值，位置 8 和位置 7 的 RLO 的值相反。

再次强调一下，触点的状态由触点所对应的继电器（变量）的状态决定。当继电器动作（变量为 1）时，常开触点吸合，常闭触点断开；当继电器不动作（变量为 0）时，常开触点断开，常闭触点吸合。该结论对于所有继电器（或位变量）均适用。

4.1.3　S7-200 SMART PLC 指令分类

S7-200 SMART PLC 指令包括位逻辑、定时器（计时器）、计数器、传送（移动）、移位、比较、转换、逻辑操作、中断和通信等 10 多类指令。

本章主要介绍 S7-200 SMART PLC 的基本指令：位逻辑、定时器（计时器）、计数器，传送（移动）、移位和比较等指令，中断、子程序、顺序控制、通信等指令和编程在后续章节中介绍。

4.2　位逻辑操作指令

4.2.1　基本位逻辑指令

基本位逻辑指令包括常开触点、常闭触点和普通线圈等指令，见表 4-1。触点和触点之间可以形成与、或和非的基本逻辑关系，也可以组合形成复杂的逻辑关系，从而决定线圈左侧的 RLO。线圈的动作状态由线圈左侧的 RLO 决定。

表 4-1　基本位逻辑指令

指令名称	梯形图	说　明	操作对象	举　例
常开触点	⊣ ⊢ bit	以触点为起始引出一行新程序，或者串并在程序中；位值为 1 时，常开触点闭合，常闭触点断开；位值为 0 时，常开触点断开，常闭触点闭合；当触点接通时，若左边的 RLO 为 1，则右边的 RLO 也为 1；若触点不通，则右边的 RLO 为 0	位变量，如 I、Q、M、SM、T、C、V、S 和 L 等存储区的位操作位	I0.0 常开—A；I0.0 常闭—B。当 I0.0 位值为 1 时，A 点 RLO 为 1，B 点 RLO 为 0；当 I0.0 位值为 0 时，A 点 RLO 为 0，B 点 RLO 为 1
常闭触点	⊣/⊢ bit			
普通线圈	⊣( )⊢ bit	若普通线圈左侧的 RLO 为 1，则线圈动作（bit 位为 1），否则不动作（bit 位为 0）	位变量，如 Q、M、SM、V、S 和 L 等存储区的位操作	Q0.0—A。当 A 点状态位为 1 时，线圈 Q0.0 得电为 1，A 点状态位为 0 时，线圈失电 Q0.0 位为 0

（续）

指令名称	梯形图	说　明	操作对象	举　例
取反触点	─|NOT|─	对触点左边的 RLO 结果进行取反	无操作对象	当 I0.0 常开触点接通时，A 点 RLO 为 1，取反后 B 点 RLO 为 0；反之，A 点 RLO 为 0，B 点 RLO 为 1
空操作	N NOP	执行 N 步空操作	N 取 0～255	当 M0.0 常闭触点闭合时，NOP 指令执行 100 次

例 4.1　自保持电路 1。

自保持电路如图 4-2 所示，I0.0 有输入（只要保持有一个扫描周期），同时 I0.1 没有输入，则 Q0.0 有输出，即便此后 I0.0 不再有输入，Q0.0 也一直保持有输出，直到 I0.1 有输入为止。

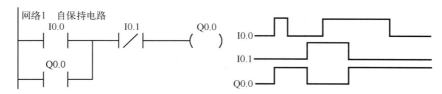

图 4-2　自保持电路和时序图

自保持电路中的 I0.0 起激发作用，Q0.0 的常开触点起保持作用，而 I0.1 起切断保持的作用。需要注意的是，程序中的 I0.0、I0.1 和 Q0.0 可以换成其他的继电器或位变量。

自保持电路是常用的控制程序，是从很多程序中抽象出来的电路，其应用特别广泛。例如，电动机起停 PLC 控制中，起动按钮接 I0.0，停止按钮接 I0.1，Q0.0 的输出控制电动机的接触器，则用自保持电路可以实现电动机起停控制。

例 4.2　互锁电路。

互锁电路如图 4-3 所示，它们是由两行自保持电路组成的，Q0.0 和 Q0.1 不能同时为 1，称为互锁。I0.0 激发 Q0.0，I0.1 激发 Q0.1；I0.2 可以使两行程序中的线圈均停止动作。

根据互锁的实现方法不同，又分为线圈互锁和触点互锁两种。线圈互锁电路如图 4-3a 所示，将线圈对应的常闭触点串联在对方线圈的前面，一旦某一个线圈动作，则另一个线圈将不再能够动作，直到 I0.2 有输入为止。线圈互锁电路具有"先输入优先"的特点。触点互锁电路如图 4-3b 所示，将一个网络中起激发作用的触点对应的常闭触点串联在对方线圈的前面，一旦该触点对应的继电器动作或有输入，则断开另一个线圈，并激发自己网络中对应的继电器，直到 I0.2 有输入或被断开为止。触点互锁电路具有"后输入优先"的特点。

触点互锁电路分析中一定需要注意，I0.0 和 I0.1 的输入是按钮输入，输入会持续 1/20s 以上的时间，PLC 将运行若干个周期，完全可以做到断开对方线圈，同时再激发自己对应的线圈。

互锁电路有时将线圈互锁和触点互锁结合起来应用，但总体上还是呈现"后输入优先"的特点。有时触点还可以在其他位置，分析和设计方法同上。

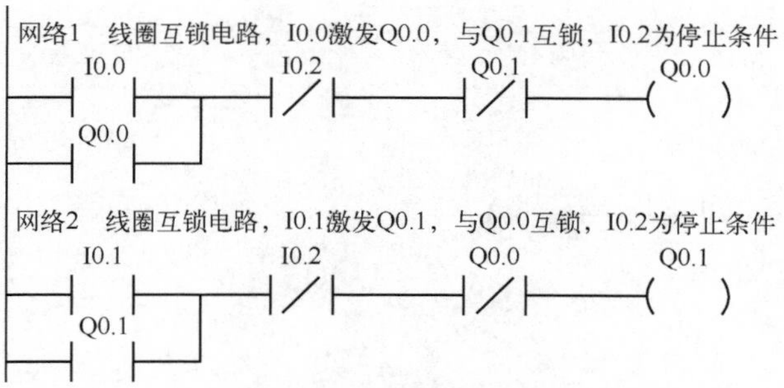
网络1　线圈互锁电路，I0.0激发Q0.0，与Q0.1互锁，I0.2为停止条件
I0.0
I0.2
Q0.1
Q0.0
Q0.0
网络2　线圈互锁电路，I0.1激发Q0.1，与Q0.0互锁，I0.2为停止条件
I0.1
I0.2
Q0.0
Q0.1
Q0.1

a) 线圈互锁电路

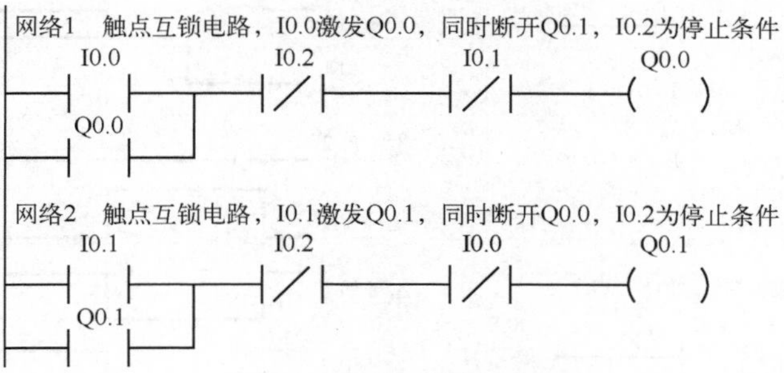
网络1　触点互锁电路，I0.0激发Q0.0，同时断开Q0.1，I0.2为停止条件
I0.0
I0.2
I0.1
Q0.0
Q0.0
网络2　触点互锁电路，I0.1激发Q0.1，同时断开Q0.0，I0.2为停止条件
I0.1
I0.2
I0.0
Q0.1
Q0.1

b) 触点互锁电路

图 4-3　线圈互锁电路和触点互锁电路

例 4.3　多输入电路。

多输入电路是表达多个输入与一个输出之间关系的程序。

图 4-4 所示程序中，网络 1、2 和 3 为单输入的情况。网络 1 中，M0.0=I0.0，表达的是相等的逻辑关系；网络 2 和网络 3 中，M0.1 和 M0.2 的状态与 I0.0 相反，网络 2 通过 NOT 触点实现，而网络 3 通过常闭触点实现。

网络 4、5 和 6 为两输入的情况。网络 4 中，M0.3 的状态由 I0.0 和 I0.1 串联的结果决定，当 I0.0 和 I0.1 同时有输入时，M0.3 动作；网络 5 中，M0.4 的状态由 I0.0 和 I0.1 并联的结果决定，当 I0.0 和 I0.1 任意一个或至少有一个有输入时，M0.4 动作；网络 6 中，M0.5 的状态由 I0.0 和 I0.1 异或的结果决定，当 I0.0 和 I0.1 有且只有一个有输入时，M0.5 动作。

网络 7 为 3 输入的情况。网络 7 中，M0.6 的状态由 I0.0、I0.1 和 I0.2 串并联的结果决定，当 3 个输入至少有两个有输入时，M0.6 动作。

由表 4-1 中给出的触点，可以按照与、或、非的逻辑关系组合成更加复杂的逻辑块，见表 4-2。

表 4-2　复杂逻辑关系梯形图

梯形图	说明	操作对象
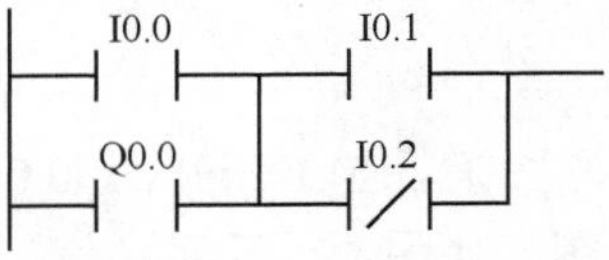I0.0 I0.1 Q0.0 I0.2	由常开、常闭等触点构成的复杂逻辑关系的逻辑块，这 4 个触点的逻辑操作结果称为 RLO	位变量，如 I、Q、M、SM、T、C、V、S、L 等的位变量

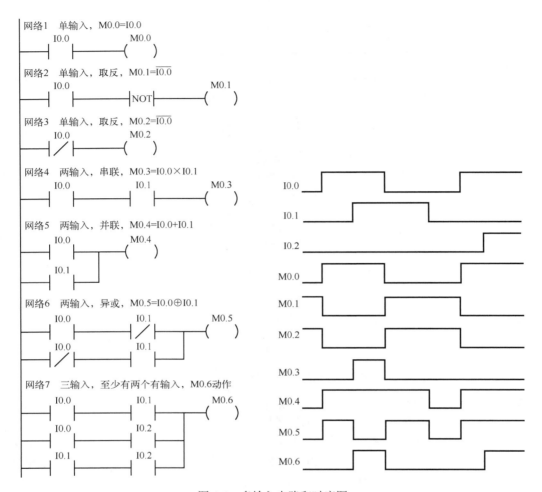

图 4-4　多输入电路和时序图

4.2.2　置位与复位指令

置位与复位指令包括 S 指令、R 指令、SR 指令和 RS 指令。

置位指令是特殊的线圈状态控制指令，使用时需要指定一个位变量作为存储位。只要其左边的 RLO 为 1，存储位就被置为 1，即使其左边的 RLO 变为 0，该存储位始终保持为 1，只有使用复位指令对其复位，该存储位才会被清为 0。

复位指令也是特殊的线圈状态控制指令，使用时同样需指定一个位变量作为存储位，即复位的对象。它的主要功能是对置位后的地址进行复位，经常与置位指令配合使用。

置位与复位指令见表 4-3。

在 S7-200 SMART PLC 中，置位 S 和复位 R 指令可以同时对多位进行操作；SR 和 RS 指令中，在 S7-200 SMART PLC 中端子名称上带 1 的优先。

例 4.4　自保持电路 2。

按下起动按钮后 I0.0 闭合，Q0.0 置位接通并保持；按下复位按钮后 I0.1 断开，Q0.0 复位断电。根据 I0.0、I0.1 和 Q0.0 的状态变化，可得到相应的时序图，如图 4-5 所示。

表 4-3　置位与复位指令

指令名称	梯形图	说明	操作对象
置位 S	Q0.0 —(S) 4	线圈左侧的 RLO 等于 1，使 Q0.0 开始的 4 个位地址置 1 并保持，直到被复位为止	位变量，如 Q、M、SM、V、S、L 和 D 等存储区的位变量
复位 R	Q0.0 —(R) 4	线圈左侧的 RLO 等于 1，使 Q0.0 开始的 4 个位地址复位为 0 并保持，直到被置位为止	
SR	Q0.0 S1 OUT SR R	置位和复位的组合，置位优先：输出端子 OUT 的 RLO 与线圈的状态一致	
RS	Q0.0 S OUT RS R1	置位和复位的组合，复位优先：输出端子 OUT 的 RLO 与线圈的状态一致	

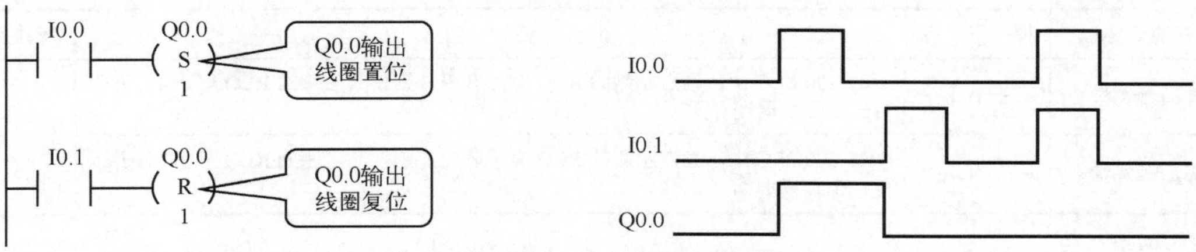

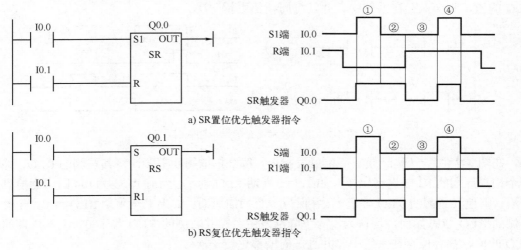

图 4-5　用置位、复位指令实现自保持电路

例 4.5　RS 触发器指令应用。

图 4-6a 使用了 SR 置位优先触发器指令，从右方的时序图可以看出：

a) SR置位优先触发器指令

b) RS复位优先触发器指令

图 4-6　触发器指令应用

① 当 I0.0 触点闭合（S1=1）、I0.1 触点断开（R=0）时，Q0.0 被置位为 1；

② 当 I0.0 触点由闭合转断开（S1=0）、I0.1 触点仍处于断开（R=0）时，Q0.0 仍保持为 1；

③ 当 I0.0 触点断开（S1=0）、I0.1 触点闭合（R=1）时，Q0.0 被复位为 0；

④ 当 I0.0、I0.1 触点均闭（S1=1、R=1）时，Q0.0 被置位为 1。

图 4-6b 使用了 RS 复位优先触发器指令，第①～③种输入、输出情况与 SR 置位优先触发器指令相同，两者的区别在于第④种情况。对于 SR 置位优先触发器指令，当 S1、R 端同时输入 1 时，Q0.0=1；对于 RS 复位优先触发器指令，当 S、R1 端同时输入 1 时，Q0.1=0。

用复位优先的置位、复位组合线圈也可以实现自保持电路。当输入 I0.0 和 I0.1 的波形和图 4-5 一样时，输出 Q0.0 的波形是怎样的？请读者自行分析。

4.2.3　边沿触发指令

边沿触发指令包括 RLO 上升沿触发指令和 RLO 下降沿触发指令。

边沿触发指令的功能主要是通过比较相邻两个扫描周期间流过该指令输入位置 RLO 的状态，决定自身导通与否以及导通时间是多长。根据检测的对象可以分为两种边沿触发指令，见表 4-4。

表 4-4　边沿触发指令

指令名称	梯　形　图	说　　　明	操作对象
上升沿触发指令	┤ P ├	S7-200 PLC 中，触点左侧的 RLO 有上升沿，则使其右侧的 RLO 等于 1，并保持一个扫描周期	
下降沿触发指令	┤ N ├	S7-200 PLC 中，触点左侧的 RLO 有下降沿，则使其右侧的 RLO 等于 1，并保持一个扫描周期	

在图 4-7 中，┤ P ├是上升沿触发指令，每个扫描周期都会计算其左侧的 RLO，并与上一个扫描周期的 RLO 进行比较。如果上一周期 RLO 为 0，当前 RLO 为 1，则认为检测到上升沿，则使其右侧的 RLO 等于 1，并保持一个扫描周期；如果上一周期 RLO 为 1，无论当前左侧的 RLO 状态如何，均认为没有上升沿发生，则其右侧的 RLO 等于 0。上一周期的左侧 RLO 的值，都会保存在系统中，并且每周期都更新一次。

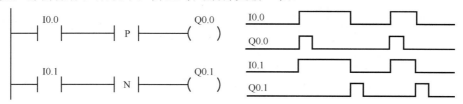

图 4-7　边沿触发指令的梯形图和时序图

在图 4-7 中，┤ N ├是下降沿触发指令，每个扫描周期都要计算其左侧的 RLO，并与上一个扫描周期的 RLO 进行比较。如果上一周期 RLO 为 1，当前 RLO 为 0，则认为检测到下降沿，则使其右侧的 RLO 等于 1，并保持一个扫描周期；如果上一周期 RLO 为 0，无论当前左侧的 RLO 状态如何，均认为没有下降沿发生，则其右侧的 RLO 等于 0。上一周期的左侧 RLO 的值，都会保存在系统中，并且每周期都更新一次。

由于在相连的两个周期中，不可能连续出现上升沿或下降沿，因此出现边沿后，该触点后的 RLO 等于 1，只能保持一个扫描周期。

例 4.6　单按钮起停一台电动机。

当第一次按下按钮使 I0.0 闭合时，其上升沿脉冲使继电器 M0.0 接通一个扫描周期，Q0.0

输出线圈接通并保持。当第二次按下该按钮使 I0.0 闭合时，M0.0 再次接通一个扫描周期并与已闭合的 Q0.0 辅助触点共同触发继电器 M0.1，使其接通一个扫描周期，而其辅助常闭触点 M0.1 断开使 Q0.0 输出线圈断电复位。第三次按下该按钮时，电动机再次起动，如此循环。根据 I0.0 和 Q0.0 的状态变化，可以得到相应的时序图，如图 4-8 所示。

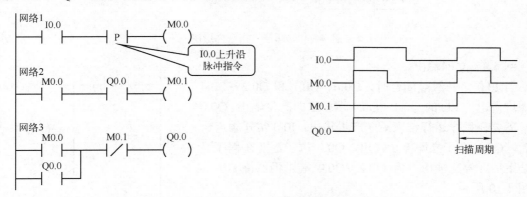

图 4-8　单按钮起停一台电动机的梯形图和时序图

4.2.4　立即读/写、立即置位和立即复位指令

立即读/写、立即置位和立即复位指令是对 PLC 的 I/O 直接进行操作的指令。该类指令与一般读写和置复位指令是不同的。立即读写指令 I（Immediate）可以加快系统的响应速度，它们允许系统对输入/输出端口（变量 I 或 Q）进行直接快速的读写。

立即读/写指令会延长 PLC 的扫描周期，应谨慎使用。

立即读/写、立即置位和立即复位指令见表 4-5。

表 4-5　S7-200 SMART PLC 立即读/写、立即置位和立即复位指令

指 令 名 称	梯 形 图	说　明	操 作 数
立即读常开指令	┤ bit / I ├	立即读取物理输入点的值，不改变输入映像寄存器的值	I 的存储位
立即读常闭指令	┤ bit / /I ├		I 的存储位
立即写指令	(bit / I)	立即刷新物理输出点状态，且立即改变输出映像寄存器的值	Q 的存储位
立即置位指令	(bit / SI / N)	从指定的 Q 位（bit）开始，立即对连续的 N 个输出物理端子置 1	Q 的存储位
立即复位指令	(bit / RI / N)	从指定的 Q 位（bit）开始，立即对连续的 N 个输出物理端子复位清 0	Q 的存储位

例 4.7　立即输入。

当 PLC 的 I0.0 端子输入为 ON（如该端子外接开关闭合）时，I0.0 常开触点立即闭合，Q0.0 线圈随之得电；如果 PLC 的 I0.1 端子输入为 ON，I0.1 常开触点并不马上闭合，而是要等到 PLC 运行完后续程序并再次执行程序时才闭合。

同样，PLC 的 I0.2 端子输入为 ON 时，可以较 PLC 的 I0.3 端子输入为 ON 时更快使 Q0.0

线圈失电，如图 4-9 所示。

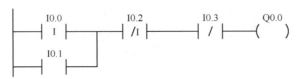

图 4-9   立即输入指令梯形图

例 4.8   立即输出。

当 I0.0 常开触点闭合时，Q0.0、Q0.1 和 Q0.2～Q0.4 线圈均得电，PLC 的 Q0.1～Q0.4 端子立即产生输出，Q0.0 端子需要在程序运行结束后才产生输出；I0.0 常开触点断开后，Q0.1 端子立即停止输出，Q0.0 端子需要在程序运行结束后才停止输出，而 Q0.2～Q0.4 端子仍保持输出，如图 4-10 所示。

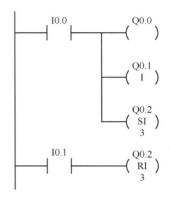

图 4-10   立即输出指令梯形图

4.3   定时器指令

4.3.1   定时器概述

定时器类似于电气控制电路里的时间继电器，基本功能是通过一段时间的定时对某个操作做延时响应。现在定时器的功能越来越强大，用途也越来越广，经过组合使用，定时器可以产生宽度可调的脉冲序列，实现振荡器功能；也可以对某个系统进行定时，防止出现死循环，实现软看门狗等功能。

S7-200 SMART PLC 可以提供 256 个定时器（T0～T255），分为以下 3 类：

1）接通延时定时器（TON），用于单一时间间隔的定时。

2）保持型接通延时定时器（TONR），用于累计多个时间间隔。

3）断开延时定时器（TOF），用于关断、故障事件后的延时。

每个定时器都具有定时时基、定时时间当前值、定时器状态位和设定值等几个参数。

接通延时定时器、保持型接通延时定时器、断开延时定时器的梯形图符号如图 4-11 所示。

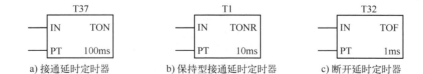

图 4-11   三种定时器的梯形图符号

4.3.2   定时器的设定值、当前值和状态值

1. 定时器的设定值

定时器的时基是引起定时器当前时间值发生变化的最小时间单位，也称为定时器分辨率。本质上讲，它是 PLC 内部标准脉冲序列的周期值，PLC 正是对这些固定周期的标准脉冲进行

累加，从而得到定时的时间。

S7-200 SMART PLC 所提供的定时器（T0～T255）均规定好了定时分辨率，如表 4-6 中的 T32，它的定时分辨率是 1ms。换句话说，每隔 1ms，T32 的当前值就会发生变化。若当前值大于或等于预设值，则定时器的状态位就会变化。S7-200 系列 PLC 的定时时基有三种：1ms、10ms 和 100ms。每个定时器的定时时基、类型、最大预设定时值见表 4-6。

表 4-6　定时器的类型

定时器类型	时基（分辨率）/ms	定时长度（最大值）/s	定时器输出（定时器编号）	
TONR	1	32.767	T0	T64
	10	327.67	T1～T4	T65～T68
	100	3276.7	T5～T31	T69～T95
TON 或 TOF	1	32.767	T32	T96
	10	327.67	T33～T36	T97～T100
	100	3276.7	T37～T63	T101～T255

对于 S7-200 SMART PLC 的定时器，其设定值乘以其对应的时基，就可以得到设定的时间值了。例如，T33 的设定值为 100，就表示设定的时间值为 1s。S7-200 PLC 定时器的设定值是一个 16bit 有符号数，最大设定值为 32 767。另外，表 4-6 中的 TON 或 TOF 定时器，一旦确定了类型，在整个程序中再也不能改变。例如，T33 若定义为 TON 类型的定时器，则再也不能定义成 TOF 类型。

2. 定时器的当前值和状态值

定时器除了有设定值之外，还有当前值和状态值，如图 4-12 所示。分析状态值是人们分析定时器的最终目的。定时器的状态值为 1 或 0，是一个布尔量，长度为 1 位（bit）。也可以将定时器看成继电器，其状态分为动作与不动作两种。

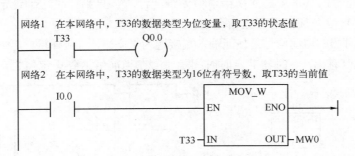

图 4-12　定时器的当前值和状态值

定时器的当前值是定时器的过程值，在满足一定的条件下，定时器的当前值随着时间的变化而变化。定时器的当前值表征了已经过去的时间。而在数据上来说，表面上是表示已经过去的时间值，在 PLC 内部是时基的脉冲数，这两者之间是等效的，在分析时一般不特别强调两者的区别。但是将定时器看成 16 位的有符号数时，是指相应时基的脉冲数。

定时器的当前值和状态值在 PLC 中使用同样的变量名，应根据实际程序进行判断。在图 4-12 所示的程序中，网络 1 的 T33 为状态值，而网络 2 的 T33 为当前值。

4.3.3 接通延时定时器

接通延时定时器（TON）的特点是在主输入端 RLO 有效的条件下，延时设定时间后动作。

接通延时定时器指令和时序图如图 4-13 所示。当 I0.0 接通后并保持，则启动 T37 开始定时，T37 的时基是 100ms；每隔 100ms，当前值自动加 1。按 100ms 定时器的刷新方式，当定时达到设定值时，T37 定时器动作，其常开触点闭合，常闭触点断开，故 Q0.0 导通；T37 继续计数，当 I0.0 断开时，T37 随即复位，常开触点断开，Q0.0 也断电。

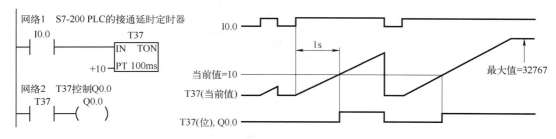

图 4-13　接通延时定时器指令和时序图

4.3.4 保持型接通延时定时器

保持型接通延时定时器（TONR）用于多个时间间隔的累计定时。使用说明如下：

1）当使能输入端 IN 接通为 1 时，TONR 开始计时。当定时器当前值大于或等于设定值 PT 时，定时器动作，定时器被置位，常开触点闭合，常闭触点断开。只要 IN 端保持为 1，则定时器继续计时直到最大值 32767。

2）在定时器当前值小于设定值时，若使能输入端断电，则 TONR 的当前值保存，直到使能输入端再次接通时，TONR 从当前值继续计时，如果使能输入端再断电，当前值继续保存。使能输入端再接通时，TONR 再次从当前值处继续计时，直到计时达到设定值。

3）TONR 的复位必须使用复位指令 R。

4）TONR 定时器的启动信号是使能输入端接通为 1 电平，且应保持，定时器才能继续计时。

从图 4-14 可以看出，定时器的定时时间是 1s。在当前值达到设定值之前，使能输入端 IN

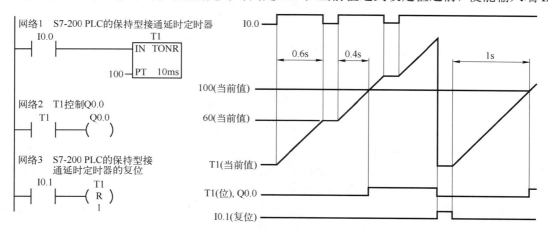

图 4-14　保持型接通延时定时器指令和时序图

断电，但是当前值（60）未被复位，当使能输入端再次接通后，定时器从当前值（60）开始计时，定时时间（1s）到了后，定时器置位，常开触点闭合，T1 的当前值继续计时到最大值。定时器 T1 动作后使 I0.0 断电，但不复位，只能由复位指令来复位。

4.3.5　断开延时定时器

断开延时定时器（TOF）用于使能输入端断开后使定时器继续保持动作一段时间。

PLC 系统上电或首次扫描时，断开延时定时器（TOF）的状态位为 OFF，当前值为 0，如图 4-15 所示。使用说明如下：

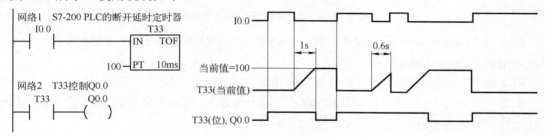

图 4-15　断开延时定时器指令和时序图

1）当使能输入端 IN 接通时，TOF 的状态位为 ON（被置位），其常开触点闭合，常闭触点断开，定时器的当前值仍为 0。

2）当使能输入端 IN 断开时，TOF 开始计时。当定时器当前值大于或等于设定值 PT 时，定时器被复位，常开触点断开，常闭触点闭合，定时器停止计时。如果使能输入端的断开时间小于设定值，则定时器的状态位始终为 ON，而当前值为 0（处于被置位状态）。

3）从 TOF 指令的用法来看，TOF 在定时时间到了之后会自动地复位。

4）TOF 定时器的启动信号是使能输入端为下降沿。

4.3.6　不同时基的定时器的刷新方式

1. 1ms 定时器的刷新方式

1ms 定时器采用中断的方式刷新当前值。每隔 1ms 系统自动刷新一次定时器位和当前值，与扫描周期无关。也就是说，定时器位和当前值的更新不与扫描周期同步，当一个扫描周期大于 1ms 时，定时器位和当前值将被刷新多次。

2. 10ms 定时器的刷新方式

对于 10ms 的定时器，定时器位和当前值总是在每个扫描周期的开始时被刷新，之后在整个扫描周期内定时器位和当前值保持不变。扫描周期开始后定时器继续对 10ms 计数，当下一个扫描周期到来时将定时器位和当前值按前一个扫描周期内的计数值刷新。

3. 100ms 定时器的刷新方式

100ms 定时器的刷新与上面两种不同，是在该定时器指令被执行时刷新。当该定时器的使能输入端通电后定时器被启动，则应保证在每个扫描周期内只执行一次 100ms 定时器指令。因为 100ms 定时器在每个扫描周期内的计时累计数只能保持一个扫描周期，如果有的扫描周期 1 次都不执行定时器指令，则会丢失时基脉冲；如果多次执行，则会多次累计时基脉冲，使定时器提前动作。

例 4.9　使某个输出保持一定时间，如图 4-16 所示。

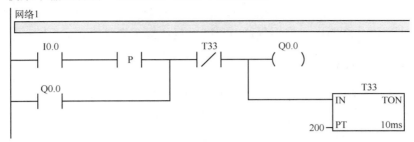

图 4-16　保持一定时间输出的梯形图

程序说明：按下 I0.0 后，Q0.0 导通，并自锁，当定时器 T33 定时时间为 2s 时，T33 动作，常闭触点断开，Q0.0 断开。

例 4.10　产生延时接通/延时断开信号的控制，如图 4-17 所示。

在输入信号有效时，经过一段时间输出信号才为 ON；而输入信号为 OFF 后，输出信号延时一段时间才为 OFF，其控制时序图如图 4-17 所示。

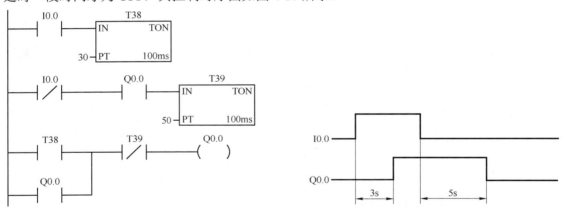

图 4-17　延时接通/延时断开信号的梯形图和时序图

例 4.11　脉冲发生器。

脉冲发生器的程序及时序图如图 4-18 所示。程序说明：按下 I0.0 后，T33 开始计时，1s

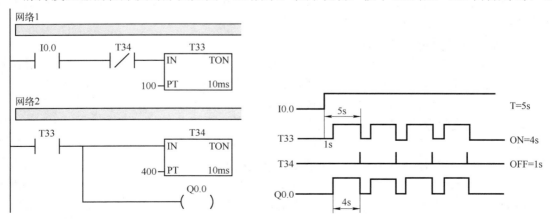

图 4-18　脉冲发生器的编程及其时序图

后定时时间到，触点动作，T33 常开触点闭合，Q0.0 接通，T34 开始计时；到了 4s 后，T34 的触点动作，T34 常闭触点断开，T33 断电复位，Q0.0 断开，T34 断电复位；T34 的常闭触点重新闭合，开始循环计时。这样，T33 就输出 4s 的高电平，1s 的低电平，周期为 5s 的连续脉冲。若要改变占空比或脉冲周期，只要将 T33 和 T34 的设定值改变即可。

4.4　计数器指令

4.4.1　计数器指令概述

计数器用来计算输入脉冲的数量。在 S7-200 PLC 中，普通计数器有三种类型：递增计数器（CTU）、递减计数器（CTD）和增减计数器（CTUD），共计 256 个。可根据实际编程需要，对某个计数器的类型进行定义，编号为 C0～C255。每个计数器有一个 16 位的当前值寄存器和状态位，最大计数值为 32 767。

4.4.2　递增计数器指令

递增计数器（CTU）指令形式见表 4-7。

表 4-7　递增计数器指令形式

指 令 名 称	梯 形 图	说 明	操 作 数
递增计数器	CXXX CU　CTU R PV	CU 为计数脉冲输入端 R 为复位脉冲输入端 PV 为计数器的设定值输入端	PV：VW、T、C、IW、QW、MW、SMW、AC、AIW、常数

指令使用说明如下：

1）CTU 在首次扫描时，其状态位初始状态为 OFF，当前值为 0。

2）当计数输入端（CU）有上升沿输入时，计数器当前值加 1。

3）当复位输入端（R）接通时，计数器复位（当前值清 0，输出标志位清 0）。

4）最大设定值（PV）为 32767。

5）在当前值大于或等于设定值 PV 时，计数器状态位被置位为 1；当前值大于 32767 时，停止计数。

6）CTU 可以使用 C0～C255 中任一个线圈来编号。某个编号一旦被使用，该编号不能再被定义，即每个计数器的线圈编号只能使用一次（其输出标志位可多次使用）。

递增计数器的使用如图 4-19 所示。

说明：SM0.5 是周期为 1s，占空比为 1:2

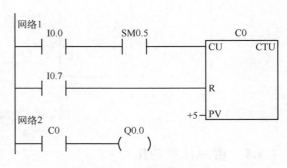

图 4-19　递增计数器的使用

的方波脉冲发生器。这个程序的功能是每隔 1s，CU 输入端出现一个上升沿，C0 计数一次，计数器当前值加 1。当计数器 C0 的当前值计数达到 PV 值（5）时，计数器动作，其状态位置 1，常开触点闭合，常闭触点断开。可以由 I0.7 对其进行复位，当前值清 0，状态位复位。

4.4.3　递减计数器指令

递减计数器（CTD）指令形式见表 4-8。

表 4-8　递减计数器指令形式

指　令　名　称	梯　形　图	说　　　明	操　作　数
递减计数器	CXXX CD　CTD LD PV	CD 为计数脉冲输入端 LD 为设定值装载输入端 PV 为计数器的设定值输入端	PV：VW、T、C、IW、QW、MW、SMW、AC、AIW、常数 CXXX=C0～C255

指令使用说明如下：

1）当计数输入端（CD）有上升沿输入时，计数器当前值减 1。

2）当装载输入端（LD）接通时，计数器输出标志位清 0，并把设定值（PV）装入当前计数寄存器。

3）最大设定值（PV）为 32767。

4）当前计数值为 0 时，计数器输出标志位被置为 1。

5）递减计数器（CTD）中无 R 端，但也可以使用单独的复位指令（R）对计数器进行复位（当前计数值清 0，计数器输出标志位清 0）。

6）LD 端无论何时有效，计数器均执行将设定值装载入当前值寄存器，且输出标志位（状态位）为 OFF。

7）首次扫描的情况比较复杂，与计数器当前值的初始值和 CD 端的接通状况有关。

递减计数器的使用如图 4-20 所示。

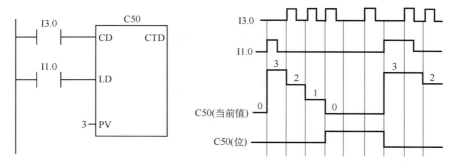

图 4-20　递减计数器的使用

4.4.4　增减计数器指令

增减计数器（CTUD）指令形式见表 4-9。

表 4-9　增减计数器指令形式

指令名称	梯形图	说　明	操作数
增减计数器	CXXX CU　CTUD CD R PV	CD 为计数脉冲输入端 CU 为计数脉冲输入端 R 为复位脉冲输入端 PV 为计数器的设定值输入端	PV：VW、T、C、IW、QW、MW、SMW、AC、AIW、常数 CXXX=C0～C255

指令使用说明如下：

1）首次扫描时，其状态位为 OFF，当前值为 0。

2）当计数输入端（CU）有上升沿输入时，计数器当前计数值加 1。

3）当计数输入端（CD）有上升沿输入时，计数器当前计数值减 1。

4）当复位输入端（R）接通时，计数器复位（当前计数值清 0，输出标志位清 0）。

5）若当前计数值大于或等于设定值 PV，计数器输出标志位被置为 1。

6）若当前计数值大于或等于 32767，以及小于或等于 -32768，计数器停止计数。

增减计数器的使用如图 4-21 所示。

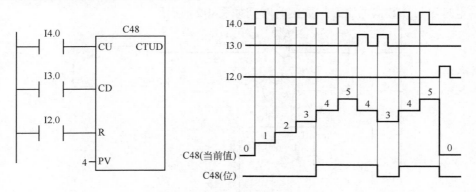

图 4-21　增减计数器的使用

例 4.12　利用计数器实现单按钮控制信号灯通断。

通过计数器，利用一个按钮来控制指示灯的通断，第一次按下指示灯点亮，第二次按下指示灯熄灭。第一次按下按钮 SB，输入信号 I0.0 有效即 I0.0 为 ON，M0.0 导通一个扫描周期，C0 计数器计数加"1"，计数器的当前值为"1"，其当前值等于预设值，计数器 C0 的工作状态位为 ON，控制输出信号 Q0.0 为 ON，指示灯 HL 点亮；第二次按下按钮 SB，输入信号 I0.0 再次有效即 I0.0 为 ON，使 M0.1 导通一个扫描周期，将计数器复位，计数器 C0 的工作状态位为 OFF，输出信号 Q0.0 复位，指示灯熄灭。

用计数器实现单按钮控制信号灯的梯形图如图 4-22 所示。

例 4.13　定时器/计数器扩展应用。

（1）定时时间的扩展

1）两个定时器的组合扩展定时时间如图 4-23 所示。

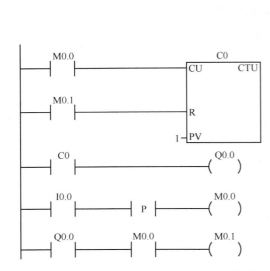

图 4-22　用计数器实现单按钮控制信号灯的梯形图

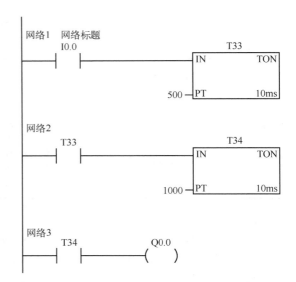

图 4-23　两个定时器的组合扩展定时时间

2）实现定时总时间 $T=T_1+T_2=5s+10s=15s$。

图 4-24 中，I0.0 导通后要经过 15s，Q0.0 才有输出。可以再串入 n 个定时器，实现 $T=T_1+T_2+T_3+T_4+\cdots+T_n$。

3）定时器与计数器的组合扩展定时时间如图 4-24 所示。

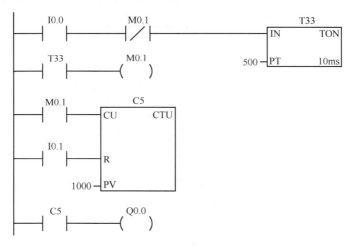

图 4-24　定时器与计数器的组合扩展定时时间

实现定时总时间 $T=T_i n$。

图 4-24 中，每隔 5s，C5 将获得一个计数脉冲，当 C5 计满 1000 个脉冲（即当 I0.0 导通 5000s）后，Q0.0 才有输出。

（2）计数次数的扩展

在 S7-200 SMART PLC 中，单个计数器的计数寄存器是 16 位的，最大计数范围是 32767，若要求的计数值超过 32767，可用计数器组合的方法来增加计算范围。

计数范围的扩展如图 4-25 所示，其中 SM0.5 为 C5 提供周期为 1s 的脉冲。计数器 C5 计数 5 次后，状态位 C5 闭合，M0.0 闭合，一方面 M0.0 使 C5 复位，使 C5 重新计数；另一方面给 C6 提供计数脉冲，使 C6 当前值加 1。若 C6 计数 20 次，则 Q0.0 有输出。整个程序的功能是，当 I0.0 导通后计数器要计 100 个脉冲，Q0.0 才导通。该程序也可以通过手动按钮输入 I0.1 提供计数脉冲。

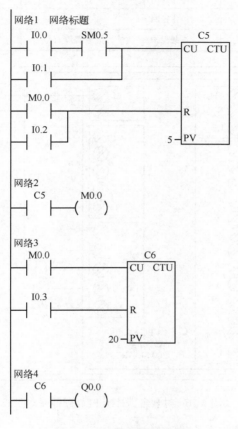

图 4-25　计数范围的扩展

4.5　基本指令的应用实例

4.5.1　过载告警控制电路与梯形图

1．明确系统控制要求

当电动机出现过载故障后，告警铃 HA 通电发生，告警灯 HL 点亮，5s 后告警铃失电停止，告警灯熄灭。

2．确定输入/输出设备并为其分配合适的端口

确定输入输出设备，并为其分配合适的 I/O 端口。过载告警控制的 PLC I/O 地址分配见表 4-10。

3．绘制过载告警控制硬件原理图

根据表 4-10 和控制要求，设计 PLC 的硬件原理图，如图 4-26 所示。

表 4-10   过载告警控制的 PLC I/O 地址分配

输　入			输　出		
输 入 设 备	地　址	功 能 说 明	输 出 设 备	地　址	功 能 说 明
控制按钮 SB1	I0.1	起动控制	告警灯 HL	Q0.0	灯光告警
控制按钮 SB2	I0.2	停止控制	KM 线圈	Q0.1	控制电动机
热继电器 FR	I0.0	过载保护	告警铃 HA	Q0.2	声音告警

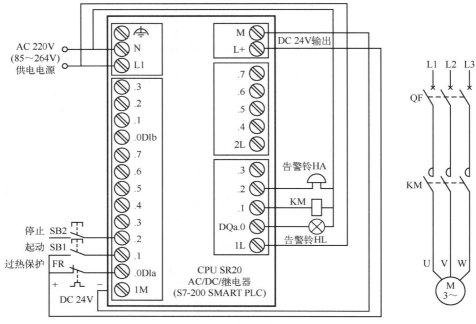

图 4-26   过载告警控制 PLC 硬件原理图

4．编写 PLC 控制程序

梯形图说明如下：

（1）起动控制

按下起动按钮 SB1，I0.1 常开触点闭合，置位指令执行，Q0.1 线圈被置位，且 Q0.1 线圈得电，Q0.1 端子内硬触点闭合，接触器 KM 线圈得电，KM 主触点闭合，电动机得电运转。

（2）停止控制

按下停止按钮 SB2，I0.2 常开触点闭合，复位指令执行，Q0.1 线圈被复位（置 0）即 Q0.1 线圈失电，Q0.1 端子内硬触点断开，接触器 KM 线圈失电，KM 主触点断开。电动机失电停转。

（3）过热保护及告警控制

在正常工作时，FR 过热保护触点闭合，当电动机过载运行时，热继电器 FR 发热元件动作，过热保护触点断开，采用上升沿和下降沿指令，分别驱动 M0.0 和 M0.1 接通一个扫描周期，对 Q0.0 和 Q0.2 置 1，开始告警。10s 后，定时器 T50 置 1，告警停止。

过载告警控制程序如图 4-27 所示。

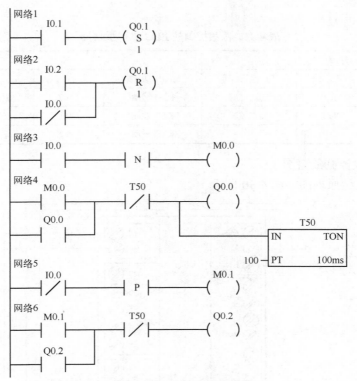

图 4-27　过载告警控制程序

4.5.2　喷泉的 PLC 控制电路与梯形图

1. 明确系统控制要求

系统要求用两个按钮来控制 A、B、C 三组喷头工作（通过控制三组喷头的泵电动机来实现），三组喷头排列如图 4-28 所示。系统控制要求具体如下：

当按下起动按钮后，A 组喷头先喷 5s 后停止，然后 B、C 组喷头同时喷 5s 后，B 组喷头停止，C 组喷头继续喷 5s 再停止；而后 A、B 组喷头喷 7s，C 组喷头在这 7s 的前 2s 内停止，后 5s 内喷水；接着 A、B、C 三组喷头同时停止 3s，以后重复前述过程。按下停止按钮后，三组喷头同时停止喷水。图 4-29 所示为 A、B、C 三组喷头工作时序图。

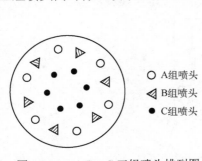

图 4-28　A、B、C 三组喷头排列图

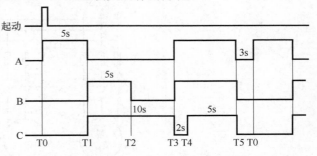

图 4-29　A、B、C 三组喷头工作时序

2. 确定输入/输出设备并为其分配合适的端子

确定输入/输出设备，并为其分配合适的 I/O 端子。喷泉控制采用的输入/输出设备和对应

的 PLC 端子见表 4-11。

表 4-11 喷泉控制的 PLC I/O 地址分配

输　入			输　出		
输 入 设 备	地　　址	功 能 说 明	输 出 设 备	地　　址	功 能 说 明
控制按钮 SB1	I0.0	起动控制	KM1 线圈	Q0.0	驱动 A 组电动机工作
控制按钮 SB2	I0.1	停止控制	KM2 线圈	Q0.1	驱动 B 组电动机工作
			KM3 线圈	Q0.2	驱动 C 组电动机工作

3. 绘制喷泉控制线路图

喷泉控制 PLC 原理图如图 4-30 所示。

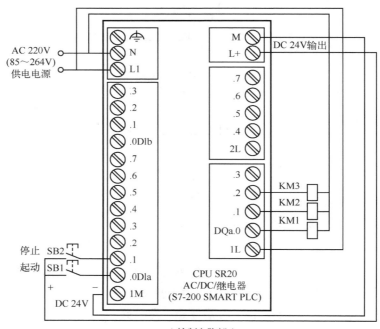

a) 控制电路部分

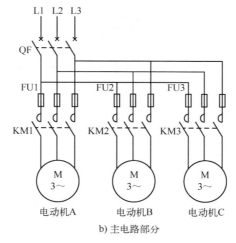

b) 主电路部分

图 4-30 喷泉控制 PLC 原理图

4. 编写 PLC 控制程序

启动编程软件，编写满足控制要求的梯形图程序，编写完成的梯形图如图 4-31 所示。

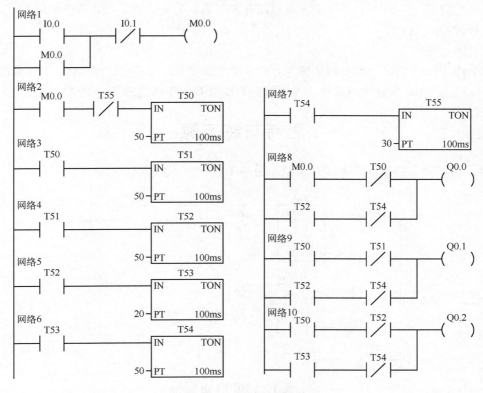

图 4-31　　喷泉控制程序

梯形图说明如下：

（1）起动控制

按下起动按钮 SB1，M0.0 得电自锁，网络 2 中定时器 T50 开始定时 5s，网络 8 中 Q0.0 线圈得电，驱动 A 组喷头工作。

5s 后定时器 T50 动作，网络 3 中定时器 T51 开始定时 5s，网络 9 中 Q0.1 线圈得电，网络 10 中 Q0.2 线圈得电，B 组喷头和 C 组喷头开始工作，同时网络 8 中线圈 Q0.0 断电，A 组喷头停止工作。

5s 后定时器 T51 动作，网络 4 中定时器 T52 开始定时 5s，网络 9 中 T51 常闭触点断开，Q0.1 线圈断电，B 组喷头停止工作。

5s 后定时器 T52 动作，网络 5 中定时器 T53 开始定时 2s，网络 8 中 Q0.0 线圈得电，网络 9 中 Q0.1 线圈得电，A 组喷头和 B 组喷头开始工作，同时网络 10 中线圈 Q0.2 断电，C 组喷头停止工作。

2s 后定时器 T53 动作，网络 6 中定时器 T54 开始定时 5s，网络 10 中线圈 Q0.2 通电，C 组喷头开始工作。

5s 后定时器 T54 动作，网络 7 中定时器 T55 开始定时 3s，网络 8 中 Q0.0 线圈断电，网络 9 中 Q0.1 线圈断电，网络 10 中 Q0.2 线圈断电，A 组喷头、B 组喷头和 C 组喷头全部停止工作。

3s 后定时器 T55 动作，使 T50～T54 全部复位，同时也会使 T55 本身复位，T55 只能导通 1 个扫描周期。网络 2 中 T55 常闭触点断开瞬间后又开始接通，T50 重新定时 5s，重复前面的工作过程。

（2）停止控制

按下停止按钮 SB2，M0.0 线圈断电，定时器 T50 复位，继而定时器 T51～T55 全部复位，Q0.0、Q0.1 和 Q0.2 线圈全部断电，A 组喷头、B 组喷头和 C 组喷头全部停止工作。

思考与练习题

4.1 根据梯形图程序，完成时序图，如图 4-32～图 4-35 所示。

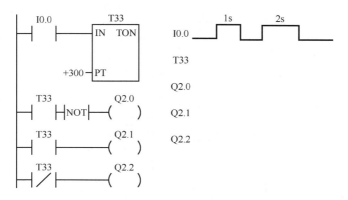

图 4-32 题 4.1 图 1

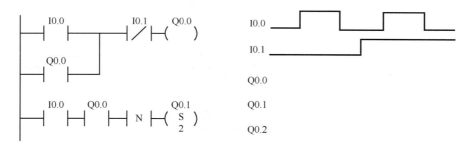

图 4-33 题 4.1 图 2

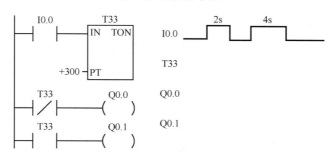

图 4-34 题 4.1 图 3

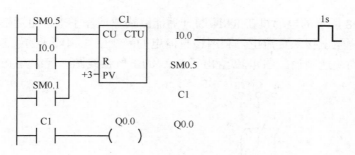

图 4-35　题 4.1 图 4

4.2　有 I0.0、I0.1 和 I0.2 三个开关量输入，当三个输入量有且只有一个有输入时，Q0.0 有输出；当三个输入量至少有一个有输入时，Q0.1 有输出；当三个输入量全部有输入时，Q0.2 有输出。按要求编写梯形图程序。

4.3　有一台电动机，可以在三个不同的控制点进行控制，每个控制点都有正转、反转、停止三个按钮。要求在任何一个控制点都可以起动正转、反转和停止。请进行 PLC 控制系统设计。

4.4　某锅炉的鼓风机和引风机的控制时序图如图 4-36 所示，要求鼓风机比引风机晚 10s 起动，引风机比鼓风机晚 18s 停机。按要求编写梯形图程序。

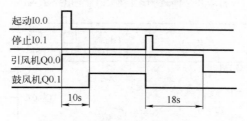

图 4-36　题 4.4 图

4.5　用 S7-200 PLC 指令系统编程，满足图 4-37 所示的时序图。

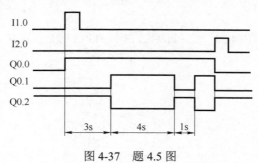

图 4-37　题 4.5 图

4.6　I0.0 接按钮，Q0.0 接信号灯；当 I0.0 有输入时，Q0.0 周期性闪烁，周期为 1s，占空比为 1:1；当 I0.0 没有输入时，Q0.0 周期性闪烁，周期为 5s，占空比为 2:3。按要求编写梯形图程序。

4.7　按要求设计一个 PLC 控制系统，实现三相异步电动机的能耗制动控制。能耗制动是在电动机脱离三相交流电源之后，在定子绕组上加一个直流电压（3s），利用转子感应电流与静止磁场的作用达到制动的目的。

　　为了使图 4-38 所示的电动机在 KM1 断开后能够快速地停下来，可通过闭合触点 KM2，在电动机的定子绕组上接入直流电，利用该直流电的静止磁场和转子的感应电动势的相互作用，实现电动机的快速制动。图 4-39 给出了 PLC 的电气接线图，请编写 PLC 控制程序。

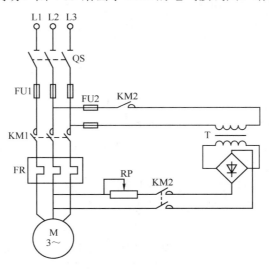

图 4-38　能耗制动控制系统主电路示意图

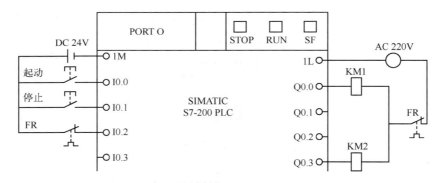

图 4-39　能耗制动控制系统的 PLC 接线示意图

第5章 S7-200 SMART PLC 编程功能指令

基本指令是 PLC 常用的指令，为了适应现代工业控制的需要，20 世纪 80 年代开始，众多 PLC 生产厂家就在小型机上加入了功能指令（或称应用指令）。这些功能指令的出现，大大拓宽了 PLC 的应用范围。S7-200 SMART PLC 的功能指令极其丰富，主要包括算术运算、数据处理、逻辑运算、高速处理、PID、中断、实时时钟和通信指令。

5.1 传送指令

传送指令的功能是在编程元件之间传送数据。传送指令可分为单一数据传送指令、字立即传送指令和数据块传送指令。

5.1.1 单一数据传送指令

单一数据传送指令用于传送一个数据，根据传送数据的字长不同，可分为字节、字、字和实数传送指令。单一数据传送指令的功能是在 EN 端有输入（即 EN=1）时，将 IN 端指定单元中的数据送入 OUT 端指定的单元中，见表 5-1。

表 5-1 传送指令

指令名称	梯形图及功能说明	操 作 数	举 例
字节传送	MOV_B EN ENO IN OUT EN 端 RLO 为 1 时，将 IN 端指定字节单元中的数据送入 OUT 端指定的字节单元	输入 IN: IB、QB、VB、MB、SMB、SB、LB、AC、*VD、*LD、常数 输出 OUT: IB、QB、VB、MB、SMB、SB、LB、AC、*VD、*LD、*AC	I0.1 MOV_B EN ENO IB0 IN OUT QB0 当 I0.1 触点闭合时，将 IB0（I0.0～I0.7）单元中的数据送入 QB0（Q0.0～Q0.7）单元中
字传送	MOV_W EN ENO IN OUT EN 端状态为 1 时，将 IN 端指定字单元中的数据送入 OUT 端指定的字单元	输入 IN: IW、QW、VW、MW、SMW、SW、T、C、LW、AC、AIW 输出 OUT: IW、QW、VW、MW、SMW、SW、T、C、LW、AC、AQW	I0.2 MOV_W EN ENO IW0 IN OUT QW0 当 I0.2 触点闭合时，将 IW0（I0.0～I1.7）单元中的数据送入 QW0（Q0.0～Q1.7）单元中
双字传送	MOV_DW EN ENO IN OUT EN 端状态为 1 时，将 IN 端指定双字单元中的数据送入 OUT 端指定的双字单元	输入 IN: ID、QD、VD、MD、SMD、SD、LD、HC、&VB、&IB、&QB、&MB、&SB、&T、&C、&SMV、*AIW、&AQW、AC 输出 OUT: AC、*VD、*LD、*AC	I0.3 MOV_DW EN ENO ID0 IN OUT QD0 当 I0.3 触点闭合时，将 ID0（I0.0～I3.7）单元中的数据送入 QD0（Q0.0～Q3.7）单元中

（续）

指令 名称	梯 形 图 及 功 能 说 明	操 作 数	举 例
实数 传送	MOV_R EN ENO IN OUT EN 端状态为 1 时，将 IN 端指定双字单元中的实数送入 OUT 端指定的双字单元	输入 IN：ID、QD、VD、MD、SMD、SD、LD、AC、*VD、*LD、*AC、常数 输出 OUT：ID、QD、VD、MD、SMD、SD、LD、AC、VD、*LD、*AC	I0.4　MOV_R EN ENO 0.1 IN OUT AC0 当 I0.4 触点闭合时，将实数"0.1"送入 AC0（32 位）中

需要特别注意的是，EN 端的 RLO 的值在每个周期可能不同。以上所有的指令能否执行，就看每个周期的 RLO 的值是否为 1。若 RLO 一直等于 1，则每个周期都重复执行一次传送操作。若在一定条件下，只想执行一次，一般需要用边沿触发指令进行控制。

例 5.1 改变定时器 TIM 设定值。

使用 MOV 指令改变 TIM 的设定值。当开关 SA1 按下时，TIM 被设定为 10s 定时，HL1 指示灯亮；当开关 SA2 按下时，定时器设定为 20s，HL2 指示灯亮。如果 SA1 和 SA2 同时按下时，则 TIM 不工作，如图 5-1 所示。

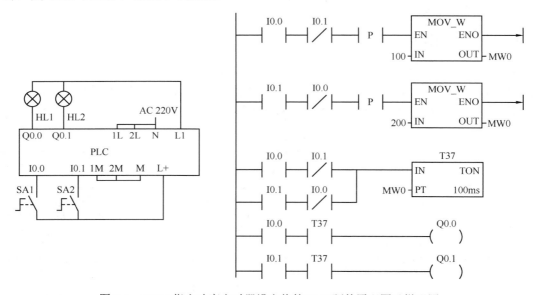

图 5-1　MOV 指定改变定时器设定值的 PLC 硬件原理图及梯形图

当 SA1 接通时，输入信号 I0.0 有效，通过字传送指令将"100"存入寄存器 MW0 中，而寄存器 IW0 中内容为定时器 T37 预设值，即将 T37 预设值设定为 10s；当 SA2 接通时，输入信号 I0.1 有效，通过字传送指令将"200"存入寄存器 MW0 中，即将 T37 预设值设定为 20s。

当 SA1 接通时，输入信号 I0.0 有效，经过 10s 之后，输出 Q0.0 变为 ON，控制指示灯 HL1 点亮；当 SA2 接通时，输入信号 I0.1 有效，经过 20s 之后，输出 Q0.1 变为 ON，控制指示灯 HL2 点亮。

例 5.2 电动机 丫-△ 起动。

为了降低电动机的起动电流，采用 丫-△ 减压起动控制电路，使接触器 KM2 得电，丫联结的电路接通，然后使三相电源接触器 KM1 得电，接通总电源，等电动机转速上升接近额定转速时，将定子绕组的丫联结的电路断开，接通△联结的电路，即电源接触器 KM1 继续得电，丫联结的接触器 KM2 失电，△联结的接触器 KM3 得电，电动机进入正常运行的工作状态，如图 5-2 所示。

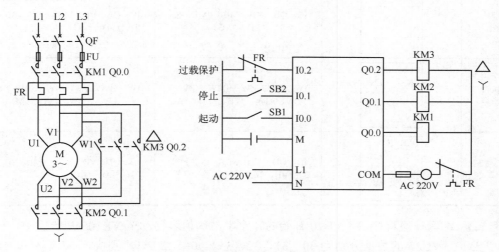

图 5-2　主电路及控制电路接线图

丫-△起动的程序图如图 5-3 所示。I0.0 对应起动按钮 SB1，I0.1 对应停止按钮 SB2，I0.2 对应热继电器触点，KM1、KM2、KM3 分别对应总电源、丫联结和△联结的接触器触点。

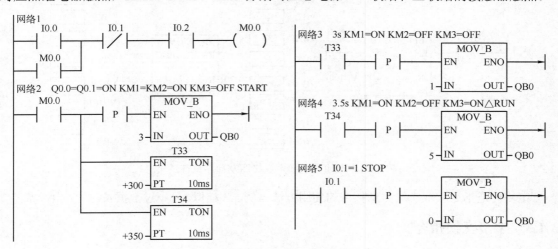

图 5-3　丫-△起动的梯形程序图

5.1.2　块传送指令

块传送指令见表 5-2。这种指令一次可传送多个数据，最多可达 255 个数据，组成 1 个数据块。数据块的类型可以是字节块、字块和双字块。

指令说明：当允许输入端 EN 有效时，从输入端 IN 指定的地址开始，将 N 个字节（字、双字）型数据传送到 OUT 端指定地址开始的 N 个字节（字、双字）存储单元内。

表 5-2　块传送指令

指令名称	梯形图	操作对象	
		输入 IN	输出 OUT
字节块传送指令	BLKMOV_B EN　ENO IN　OUT N	IB、QB、VB、MB、SMB、SB、LB、*VD、*LD、*AC	IB、QB、VB、MB、SMB、SB、LB、*VD、*LD、*AC
字块传送指令	BLKMOV_W EN　ENO IN　OUT N	IW、QW、VW、SMW、SW、T、C、LW、AIW、*VD、*LD、*AC	IW、QW、VW、MW、SMW、SW、T、C、LW、AQW、*VD、*LD、*AC
双字块传送指令	BLKMOV_D EN　ENO IN　OUT N	ID、QD、VD、MD、SMD、SD、LD、*VD、*LD、*AC	ID、QD、VD、MD、SMD、SD、LD、*VD、*LD、*AC

例 5.3　编写一段程序，将 VB20 开始的 4 个字节的内容移动至 VB100 开始的 4B 存储单元中，VB20～VB23 的数据分别为 30、31、32、33。如果 I2.1=1，则执行 BLKMOV_B，以便将源数据值传送到目标地址。

字节块传送梯形程序图及程序执行结果如图 5-4 所示。

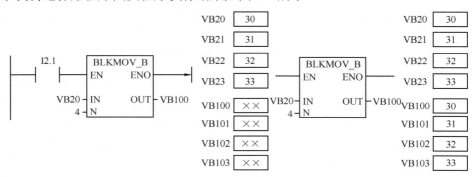

图 5-4　字节块传送梯形程序图及程序执行结果

字块传送指令和双字块传送指令的使用方法与例 5.3 相似，只不过数据长度大小不同而已。

5.1.3　字节交换指令

字节交换指令用来实现字中高、低字节内容的交换。当使能端（EN）输入有效时，将输入字 IN 中的高、低字节内容交换，结果仍放回字 IN 中。其指令格式见表 5-3。

表 5-3　字节交换指令

指令名称	梯形图	操作对象
字节交换指令	SWAP EN　ENO IN	输入 IN：IW、QW、VW、MW、SMW、SW、LW、T、C、AC、*VD、*LD、*AC

例 5.4　图 5-5 所示的程序，若 QB0=00，QB1=FF，在接通 I0.0 的前后，PLC 的输出端的指示灯有何变化？

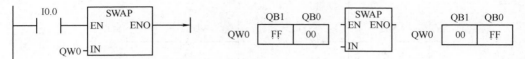

图 5-5　交换字节指令梯形图及程序执行结果

执行程序后，QB1=00，QB0=FF。因此，运行程序前 PLC 的输出端的 QB1.0～QB1.7 指示灯亮，执行程序后，QB1.0～QB1.7 指示灯灭，而 QB0.0～QB0.7 指示灯亮。

5.2　比较指令

比较指令又称触点比较指令，其功能是将两个数据按指定条件进行比较，条件成立时触点闭合，否则触点断开。根据比较数据类型的不同，可分为字节比较、整数比较、双字整数比较、实数比较和字符串比较；根据比较运算关系的不同，数值比较可分为=（等于）、>（大于）、>=（大于或等于）、<（小于）、<=（小于或等于）和<>（不等于）共 6 件，见表 5-4。

表 5-4　比较指令

运算符号	等于	不等于	大于或等于	小于或等于	大于	小于
字节比较触点	???? —∥==B∥— ????	???? —∥<>B∥— ????	???? —∥>=B∥— ????	???? —∥<=B∥— ????	???? —∥>B∥— ????	???? —∥<B∥— ????
整数比较触点	???? —∥==I∥— ????	???? —∥<>I∥— ????	???? —∥>=I∥— ????	???? —∥<=I∥— ????	???? —∥>I∥— ????	???? —∥<I∥— ????
双整数比较触点	???? —∥==D∥— ????	???? —∥<>D∥— ????	???? —∥>=D∥— ????	???? —∥<=D∥— ????	???? —∥>D∥— ????	???? —∥<D∥— ????
实数比较触点	???? —∥==R∥— ????	???? —∥<>R∥— ????	???? —∥>=R∥— ????	???? —∥<=R∥— ????	???? —∥>R∥— ????	???? —∥<R∥— ????

比较指令在程序中作为条件来使用，用来比较两个数据大小。比较结果成立，表达式结果为 1，触点导通；比较结果不成立，表达式结果为 0，触点断开。

图 5-6a 给出了字节比较指令使用练习，当 SMB28 大于或等于 128 时，输出 Q0.0 接通；图 5-6b 是整数比较指令使用练习，当 MW20 不等于 258 时，V1.2 接通；图 5-6c 是双整数比较指令使用练习，当 MD20 大于 128 时，输出 Q0.7 接通；图 5-6d 是实数比较指令使用练习，当 VD200 小于或等于 3.14 时，M0.0 接通。

例 5.5　图 5-7 给出了比较指令在程序中的使用方法。预先通过传送指令将要比较的值存放在指定的存储区内，如 MW10，然后在比较时使用直接寻址的方式来访问。例如，执行传送指令后，MW10 的值为 1001，而不是 1000，所以该比较指令将闭合，在 I0.1 导通情况下，Q0.1 将导通。该例子中的程序在执行时应先导通 I1.0，给各个操作数赋值，然后再执行其他程序段。

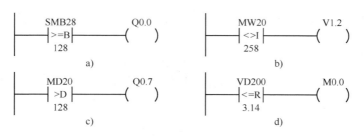

图 5-6　比较指令使用说明

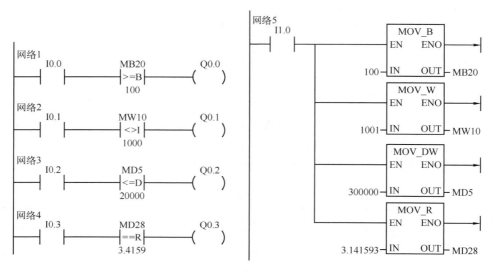

图 5-7　比较指令的使用梯形图

例 5.6 采用比较指令实现顺序控制。

根据按钮按下次数，依次点亮指示灯。当起动按钮 SB1 被按下 4 次时，4 个指示灯顺序点亮；当按钮 SB2 被按下时，4 个指示灯同时熄灭。SB1 接入 I0.0，SB2 接入 I0.1。4 个指示灯分别由 Q0.0～Q0.3 输出驱动，如图 5-8 所示。

第一次按下按钮 SB1 时，输入信号 I0.0 有效，加计数器 C0 的当前计数值加 "1"，再利用大于或等于字比较指令，当计数器的当前值大于或等于 "1" 时，输出信号 Q0.0 为 ON，第一个指示灯点亮。再次按下按钮 SB1 时，输入信号 I0.0 有效，加计数器 C0 的当前计数值再加 "1"，计数器从当前值 "1" 变为 "2"，利用大于或等于字比较指令，当计数器的当前值大于或等于 "2" 时，输出信号 Q0.1 为 ON，控制第二个指示灯点

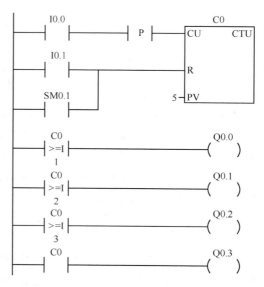

图 5-8　比较指令实现顺序控制的梯形图

亮。以此类推，当按钮 SB1 依次按下时，第三个信号灯、第四个信号灯被依次点亮。

当按下按钮 SB2 时，输入信号 I0.1 有效，计数器 C0 被复位，其当前值变为 0，大于或

等于字比较指令的条件不再满足，输出信号全部复位变为 OFF，使指示灯全部熄灭。

例 5.7　采用比较指令实现占空比可调的脉冲发生器。

由比较指令和定时器组成脉冲发生器，比较指令用来产生脉冲宽度可调的方波，脉宽的调整由比较指令的第二个操作数实现，如图5-9所示。

当起动按钮 SB1 接通时，输入信号 I0.0 有效，内部辅助继电器 M0.0 接通，控制定时器 T37 工作。通过字比较指令判断 T37 当前值的变化，当 T37 的当前值大于 5 时，即定时器 T37 定时 0.5s，Q0.0 脉冲输出；再经过 0.5s，定时器 T37 动作，使辅助继电器 I0.1 为 ON，控制 T37 复位，T37 当前值复位为 0。字比较指令条件不满足输出，Q0.0 断开，并重复上述过程循环。改变字比较指令的比较数据的数值就可以改变脉冲输出的宽度，即实现占空比可调的脉冲发生器。

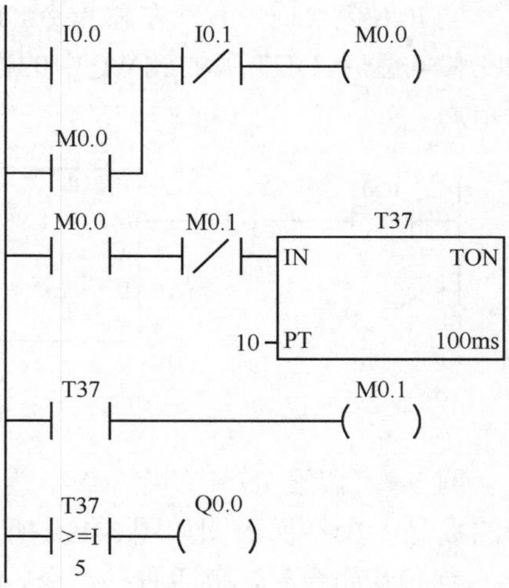

图 5-9　比较指令实现脉冲发生器的梯形图

5.3　移位指令

移位指令主要分为普通移位指令和循环移位指令。

1. 普通移位指令

普通移位（Shift）指令根据移位方向可以分为左移位指令和右移位指令。根据操作数的类型可以分为字节型、字型和双字型移位。表 5-5 列出了普通移位指令。

表 5-5　普通移位指令

指令名称	梯　形　图		操　作　对　象
字节左/右移	SHL_B（左移）	SHR_B（右移）	IN：字节型数据（可以为常数） OUT：字节型数据（可以为常数，最好不用输入变量I） N：1～255，可以以变量给出，字节型数据
字左/右移	SHL_W（左移）	SHR_W（右移）	IN：字型数据（可以为常数） OUT：字型数据（不可以为常数，最好不用输入变量I） N：1～255，可以以变量给出，字节型数据
双字左/右移	SHL_DW（左移）	SHR_DW（右移）	IN：双字型数据（可以为常数） OUT：双字型数据（不可以为常数，最好不用输入变量I） N：1～255，可以以变量给出，字节型数据

指令使用说明如下：

只要使能端 EN 的 RLO 为 1，由 IN 端指定的操作对象中的内容每个扫描周期将左（右）

移 N 位，空出的位依次用 0 填充，每次移位的结果送到 OUT 端指定的地址内。

例 5.8　假设 IN 中的字 MW0 为 2#1001 1101 1111 1011，当 I0.0 闭合时，OUT 端的 MW0 中的数是多少？梯形图如图 5-10a 所示。

当 I0.0 闭合时，激活左移指令，IN 中的字存储在 MW0 中的数为 2#1001 1101 1111 1011，向左移 4 位后，OUT 端的 MW0 中的数是 2#1101 1111 1011 0000，字左移指令示意图如图 5-10b 所示。

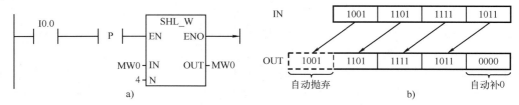

图 5-10　字左移指令使用举例

例 5.9　假设 IN 中的字 MW0 为 2#1001 1101 1111 1011，当 I0.0 闭合时，OUT 端的 MW0 中的数是多少？梯形图如图 5-11a 所示。

当 I0.0 闭合时，激活右移指令，IN 中的字存储在 MW0 中的数为 2#1001 1101 1111 1011，向右移 4 位后，OUT 端的 MW0 中的数是 2#0000 1001 1101 1111，字右移指令示意图如图 5-11b 所示。

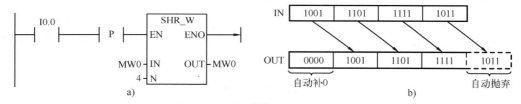

图 5-11　字右移指令使用举例

2. 循环移位指令

循环移位（Rotate）指令有循环右移位指令和循环左移位指令，表 5-6 为循环左移位指令。

表 5-6　循环移位指令

指令名称	梯　形　图		操　作　对　象
字节循环左/右移	ROL_B —EN　ENO— ????—IN　OUT—???? ????—N	ROR_B —EN　ENO— ????—IN　OUT—???? ????—N	IN：字节型数据（可以为常数） OUT：字节型数据（可以为常数，最好不用输入变量 I） N：1~255，可以以变量给出，字节型数据
字循环左/右移	ROL_W —EN　ENO— ????—IN　OUT—???? ????—N	ROR_W —EN　ENO— ????—IN　OUT—???? ????—N	IN：字型数据（可以为常数） OUT：字型数据（不可以为常数，最好不用输入变量 I） N：1~255，可以以变量给出，字型数据
双字循环左/右移	ROL_DW —EN　ENO— ????—IN　OUT—???? ????—N	ROR_DW —EN　ENO— ????—IN　OUT—???? ????—N	IN：双字型数据（可以为常数） OUT：双字型数据（不可以为常数，最好不用输入变量 I） N：1~255，可以以变量给出，字型数据

循环移位（Rotate）指令和普通移位（Shift）指令不同，只要使能端 EN 的 RLO 为 1，由 IN 端指定的操作对象中的内容将循环左（右）移 N 位，并把结果送到 OUT 端。移出的数据不会自动抛弃，而是循环补位。

例 5.10　假设 IN 中的字 MD0 为 2#1001 1101 1111 1011 1001 1101 1111 1011，当 I0.0 闭合时，OUT 端的 MD0 中的数是多少？梯形图如图 5-12a 所示。

当 I0.0 闭合时，激活双字循环左移指令，IN 中的双字存储在 MD0 中，除最高 4 位外，其余各位向左移 4 位后，双字的最高 4 位，循环到双字的最低 4 位，结果是 OUT 端的 MD0 中的数是 2#1101 1111 1011 1001 1101 1111 1011 1001，其示意图如图 5-12b 所示。

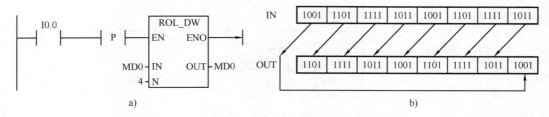

图 5-12　双字循环左移指令使用举例

例 5.11　假设 IN 中的字 MD0 为 2#1001 1101 1111 1011 1001 1101 1111 1011，当 I0.0 闭合时，OUT 端的 MD0 中的数是多少？梯形图如图 5-13a 所示。

当 I0.0 闭合时，激活双字循环右移指令，IN 中的双字存储在 MD0 中，这个数为 2#1001 1101 1111 1011 1001 1101 1111 1011，除最低 4 位外，其余各位向右移 4 位后，双字的最低 4 位，循环到双字的最高 4 位，结果是 OUT 端的 MD0 中的数是 2#1011 1001 1101 1111 1011 1001 1101 1111，其示意图如图 5-13b 所示。

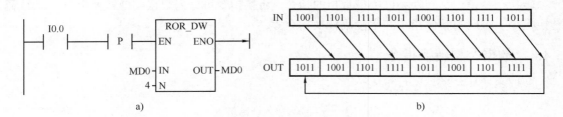

图 5-13　双字循环右移指令使用举例

例 5.12　8 只彩灯循环点亮程序，如图 5-14 所示。

要求：8 只彩灯每隔 1s 不间断循环依次点亮。

提示：循环间隔时间可由 SM0.5 提供，另外要注意，在程序执行中，每个扫描周期都会检测移位指令 EN 的 RLO 是否等于 1。若等于 1，则进行移位操作。

另外，移位指令的操作数有字节型（8bit）、字型（16bit）和双字型（32bit）。对于 8 只、16 只、32 只的彩灯可以简单地使用移位指令，但对于其他数量的彩灯（如 10 只），为了保证彩灯不间断地依次点亮，应该在一个点亮周期后重新赋值给操作数，请读者自行编写程序。

为了设计出花样各异的彩灯点亮方案，赋初值和每次移位的个数和移位方向都是设计者应该考虑的问题。

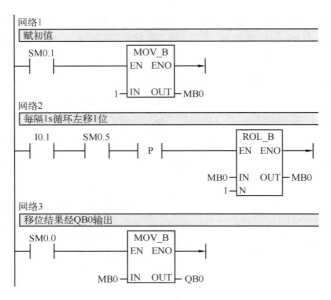

图 5-14　8 只彩灯循环点亮程序

5.4　数据转换指令

PLC 的主要数据类型有字节型、整数型、双整数型和实数型，数据的编码类型主要有二进制、十进制、十六进制、BCD 码和 ASCII 码等。在编程时，指令对操作数类型有一定的要求，如字节型与字型数据不能直接进行相加运算。为了让指令能对不同类型数据进行处理，要先对数据的类型进行转换。

转换指令是一种转换不同类型数据的指令。转换指令可分为数据类型转换指令、BCD 码转换指令、编码与解码指令和七段码转换指令等。

5.4.1　数据类型转换指令

数据类型的转换指令见表 5-7。

表 5-7　数据类型转换指令

指令名称	梯形图	功　能	操 作 对 象
字节数向整数转换	B_I EN　ENO IN　OUT	将属于 0～255 内的无符号数转换成 16bit 有符号整数	IN：字节型数据 OUT：字型整数
整数到字节数转换	I_B EN　ENO IN　OUT	将 8bit 属于 0～255 内的整数转换成 8bit 无符号数，其余的值不改变	IN：字型整数 OUT：字节型数据
整数到双整数转换	I_DI EN　ENO IN　OUT	16bit 整数扩展成 32bit 后，多出的位扩展	IN：字型整数 OUT：双字型整数

（续）

指 令 名 称	梯 形 图	功　　能	操 作 对 象
双整数到整数转换	DI_I EN　ENO IN　OUT	将 32bit 的属于−32 768～32 767 内的整数转换成 16bit 整数，其余的值不能转换	IN：双字型整数 OUT：字型整数
双整数向实数转换	DI_R EN　ENO IN　OUT	32bit 双整型数转换成 32bit 实型浮点数	IN：双字型整数 OUT：实数（双字型数据）
取整指令	ROUND EN　ENO IN　OUT	四舍五入后取整数	IN：实数（双字型数据） OUT：双字型整数
	TRUNC EN　ENO IN　OUT	直接舍去小数部分取整数	

例 5.13　IN 中的整数存储在 MW0 中（用十六进制表示为 16#0016），当 I0.0 闭合时，转换完成后 OUT 端的 MD2 中的双精度整数是多少？梯形图如图 5-15 所示。

当 I0.0 闭合时，激活整数转换成双精度整数指令，IN 中的整数存储在 MW0 中（用十六进制表示为 16#0016），转换完成后 OUT 端的 MD2 中的双精度整数是 16#00000016。但要注意，MW2=16#0000，而 MW4=16#0016。

例 5.14　IN 中的双精度整数存储在 MD0 中（用十进制表示为 16），转换完成后 OUT 端的 MD4 中的实数是多少？梯形图如图 5-16 所示。

当 I0.0 闭合时，激活双精度整数转换成实数指令，IN 中的双精度整数存储在 MD0 中（用十进制表示为 16），转换完成后 OUT 端的 MD4 中的实数是 16.00，一个实数使用了 4B 存储。

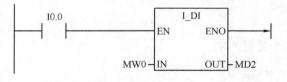

图 5-15　整数转换成双整数梯形图

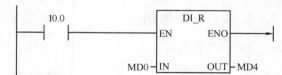

图 5-16　双整数转换成实数梯形图

例 5.15　将实数取整转换成双整数的指令有两条，ROUND 四舍五入取整和 TRUNC 截取取整。IN 中为实数型常数 7.7，转换后 VD10 和 VD20 中的双整数是多少？梯形图如图 5-17 所示。

SM0.0 始终为 1，在每一个扫描周期都要激活两个取整指令，转换后 VD10 中双整数是 8（十进制），VD20 中双整数是 7（十进制）。

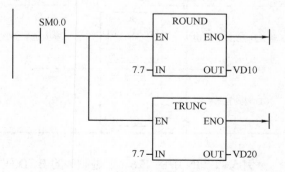

图 5-17　取整指令梯形图

例 5.16　将长度单位英寸转换成厘米，已知单位为英寸的长度保存在 VW0 中，数据类型为整数，英寸和厘米的转换单位为 2.54，保存在 VD12 中，数据类型为实数，要将最终单位厘米的结果保存在 VD20 中，且结果为整数。编写程序实现这一功能。

要将单位为英寸的长度转化成单位为厘米的长度，必须要用到实数乘法，因此乘数必须为实数，而已知的英寸长度是整数，所以先要将整数转换成双整数，再将双整数转换成实数，最后将乘积取整就得到结果。梯形图如图 5-18 所示。

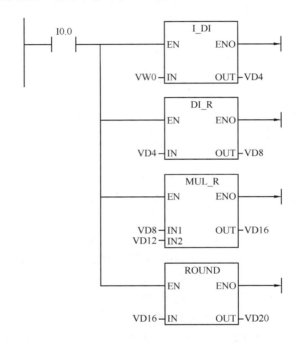

图 5-18　长度单位英寸转换成厘米的梯形图

5.4.2　BCD 转换指令

BCD 码和整数数据之间可以相互转换，指令见表 5-8。

表 5-8　BCD 转换指令

指 令 名 称	梯 形 图	功　能	操 作 对 象
整数到 BCD 码转换	I_BCD EN　ENO IN　OUT	输入是字型数据，输出是 0～9999 的 BCD 码数	IN：字型整数 OUT：字型 BCD 码数
BCD 码到整数转换	BCD_I EN　ENO IN　OUT	输入是 0～9999 的 BCD 码数，输出字型数据	IN：字型 BCD 码数 OUT：字型整数

例 5.17　IN 中的 126（十进制）的 BCD 码存储在累加器 AC0 中，转换完成后 OUT 端的 AC0 的整数数据是多少？梯形图如图 5-19 所示。

当 I0.1 触点闭合时，激活 BCD_I 指令，将 AC0 中的 BCD 码转换成整数。例如，指令执行前 AC0 中的 BCD 码为 0000 0001 0010 0110（即 126），BCD_I 指令执行后，AC0 中的 BCD 码被转换成整数 0000 0000 0111 1110。

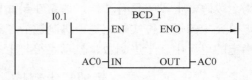

图 5-19　BCD 码转换成整数的梯形图

5.4.3　编码、解码转换指令

编码解码指令见表 5-9。

表 5-9　编码、解码转换指令

指令名称	梯形图	功能	操作对象
编码转换指令	ENCO EN　ENO IN　OUT	将 IN 输入的字型数据的最低有效位（值为 1 的位）所在的位置输出到 OUT 指定的字节单元的低 4 位	IN：字型整数 OUT：字节型数据
解码转换指令	DECO EN　ENO IN　OUT	根据 IN 输入的字节型数据的低 4 位值，将 OUT 指定的字型数据对应位设为 1，其他位为 0	IN：字节型数据 OUT：字型整数

例 5.18　编码与解码指令使用如图 5-20 所示，当 I0.0 触点闭合时，执行 ENCO 和 DECO 指令。在执行 ENCO（编码）指令时，将 AC3 中最低有效位 1 的位号 "9" 写入 VB50 单元的低 4 位；在执行 DECO（解码）指令时，根据 AC2 中低半字节表示的位号 "3"，将 VW40 中的第 3 位置 1，其他位全部清 0。

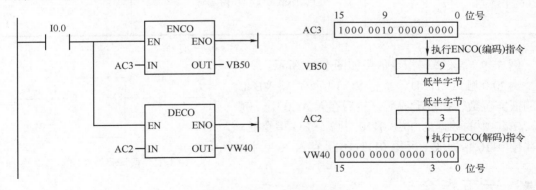

图 5-20　编码与解码指令使用

5.4.4　七段码转换指令

段译码指令的功能是将 IN 端指定单元中的低 4 位数转换成能驱动七段数码显示器显示相应字符的七段码。

1.　七段数码显示器与七段码

七段数码显示器是一种采用 7 段发光体来显示十进制数 0～9 的显示装置。当某段加有高电平 "1" 时，该段发光。例如，要显示十进制数 "5"，可让 gfedcba=1101101，这里的 1101101

为七段码，七段码只有 7 位，通常在最高位补 0 组成 8 位（一个字节）。段译码指令 IN 端指定单元中的低 4 位实际上是十进制数的二进制编码值，经指令转换后变成七段码存入 OUT 端指定的单元中。十进制数、显示字符与七段码的对应关系见表 5-10。

表 5-10　十进制数、显示字符与七段码的对应关系

十进制数	显示字符	七段码		十进制数	显示字符	七段码	
		- g f e	d c b a			- g f e	d c b a
0	0	0 0 1 1	1 1 1 1	8	8	0 1 1 1	1 1 1 1
1	1	0 0 0 0	0 1 1 0	9	9	0 1 1 0	0 1 1 1
2	2	0 1 0 1	1 0 1 1	—	A	0 1 1 1	0 1 1 1
3	3	0 1 0 0	1 1 1 1	—	b	0 1 1 1	1 1 0 0
4	4	0 1 1 0	0 1 1 0	—	C	0 0 1 1	1 0 0 1
5	5	0 1 1 0	1 1 0 1	—	d	0 1 0 1	1 1 1 0
6	6	0 1 1 1	1 1 0 1	—	E	0 1 1 1	1 0 0 1
7	7	0 0 0 0	0 1 1 1	—	F	0 1 1 1	0 0 0 1

2．七段码转换指令

七段码转换指令见表 5-11。

表 5-11　七段码转换指令

指 令 名 称	梯 形 图		操 作 对 象
七段码转换指令	SEG EN　ENO IN　OUT	生成输入数据低 4 位的字型码	IN：字节型数据 OUT：字节型数据

例 5.19　段译码指令使用如图 5-21 所示。

当 I0.0 触点闭合时，执行 SEG 指令，将 VB40 中的低 4 位数转换成七段码，然后存入 AC0 中。例如，VB40 中的数据为 0000 0110，执行 SEG 指令后，低 4 位 0110 转换成七段码 01111101，存入 AC0 中。

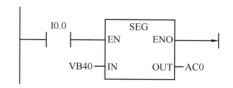

图 5-21　段译码指令的梯形图

5.5　运算指令

运算指令包括算术运算和逻辑运算两大类指令。算术运算指令有加法、减法、乘法、除法和数学函数，数据类型为 INT、DINT 和 REAL。逻辑运算指令有逻辑与、或、非、异或和数据比较，数据类型为 BYTE、WORD 和 DWORD。

5.5.1　算术运算指令

S7-200 SMART PLC 算术运算指令的运算参数只能是整数、双整数和实数的格式，指令的名称和形式见表 5-12～表 5-16。

1. 加运算指令

加运算指令见表 5-12。

表 5-12　加运算指令

指令名称	梯形图	操作对象	举例说明
整数加法指令	ADD_I EN　ENO IN1　OUT IN2	IN1：字型整数 IN2：字型整数 OUT：字型整数	两个 16 位的整数相加，得到一个 16 位的整数
双整数加法指令	ADD_DI EN　ENO IN1　OUT IN2	IN1：双字型整数 IN2：双字型整数 OUT：双字型整数	两个 32 位的整数相加，得到一个 32 位的整数
实数加法指令	ADD_R EN　ENO IN1　OUT IN2	IN1：实数 IN2：实数 OUT：实数	两个 32 位的实数相加，得到一个 32 位的实数

例 5.20　VW0 中的整数为 10，VW2 中的整数为 21，则当 I0.0 闭合时，整数相加，结果 VW4 中的数是多少？VD8 中的实数为 10.1，ADD_R 指令的 IN2 输入常数 21.1，则当 I0.0 闭合时，实数相加，结果 VD12 中的数是多少？梯形图如图 5-22 所示。

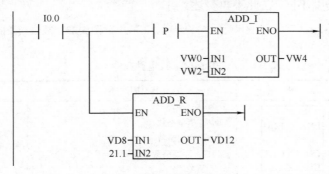

图 5-22　加法指令的梯形图

当 I0.0 闭合时，上升沿检测触点导通一个扫描周期，整数加指令被激活，执行一次操作，IN1 中的整数存储在 VW0 中，这个数为 10，IN2 中的整数存储在 VW2 中，这个数为 21，整数相加的结果存储在 OUT 端的 VW4 中的数是 31。当 I0.0 闭合时，每个扫描周期都激活实数加指令，IN1 中的实数存储在 VD8 中，这个数为 10.1，IN2 中的实数是常数 21.1，实数相加的结果存储在 OUT 端的 VD12 中，结果是 31.2。

2. 减运算指令

减运算指令见表 5-13。

例 5.21　IN1 中的双整数存储在 VD0 中，数值为 22，IN2 中的双整数存储在 VD4 中，数值为 11，当 I0.0 闭合时，双整数相减的结果存储在 OUT 端的 VD4 中，其结果是多少？梯形图如图 5-23 所示。

表 5-13　减运算指令

指令名称	梯形图	操作对象	举例说明
整数减法指令	SUB_I EN　ENO IN1　OUT IN2	IN1：字型整数 IN2：字型整数 OUT：字型整数	两个 16 位的有符号整数相减，得到一个 16 位的整数
双整数减法指令	SUB_DI EN　ENO IN1　OUT IN2	IN1：双字型整数 IN2：双字型整数 OUT：双字型整数	两个 32 位的整数相减，得到一个 32 位的整数
实数减法指令	SUB_R EN　ENO IN1　OUT IN2	IN1：实数 IN2：实数 OUT：实数	两个 32 位的实数相减，得到一个 32 位的实数

　　当 I0.0 闭合时，激活双整数减指令，IN1 中的双整数存储在 VD0 中，假设这个数为 22，IN2 中的双精度整数存储在 VD4 中，假设这个数为 11，双精度整数相减的结果存储在 OUT 端的 VD4 中的数是 11。

　　整数减法指令（SUB_I）和实数减法指令（SUB_R）与双整数减法指令（SUB_DI）类似，只不过数据类型不同，在此不再赘述。

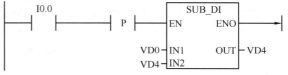

图 5-23　减法指令的梯形图

3. 乘运算指令

乘运算指令见表 5-14。

表 5-14　乘运算指令

指令名称	梯形图	操作对象	举例说明
整数乘法指令	MUL_I EN　ENO IN1　OUT IN2	IN1：字型整数 IN2：字型整数 OUT：字型整数	两个 16 位的有符号整数相乘，得到一个 16 位的整数
双整数乘法指令	MUL_DI EN　ENO IN1　OUT IN2	IN1：双字型整数 IN2：双字型整数 OUT：双字型整数	两个 32 位的双整数相乘，得到一个 32 位的双整数
扩展乘法指令	MUL EN　ENO IN1　OUT IN2	IN1：字型整数 IN2：字型整数 OUT：双字型整数	两个 16 位的有符号整数相乘，得到一个 32 位的整数
实数乘法指令	MUL_R EN　ENO IN1　OUT IN2	IN1：实数 IN2：实数 OUT：实数	两个 32 位的实数相乘，得到一个 32 位的实数

例 5.22　IN1 中的整数存储在 MW0 中，数值为 11，IN2 中的整数存储在 MW2 中，数值为 11，当 I0.0 闭合时，整数相乘的结果存储在 OUT 端的 MW4 中，其结果是多少？梯形图如图 5-24 所示。

当 I0.0 闭合时，激活乘整数指令，OUT=IN1×IN2，整数相乘的结果存储在 OUT 端的 MW4 中，结果是 121。

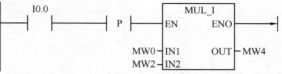

图 5-24　乘法指令的梯形图

4. 除运算指令

除运算指令见表 5-15。

表 5-15　除运算指令

指 令 名 称	梯 形 图	操 作 对 象	举 例 说 明
整数除法指令	DIV_I EN　ENO IN1　OUT IN2	IN1：字型整数 IN2：字型整数 OUT：字型整数	两个 16 位的整数相除，得到一个 16 位的整数
双整数除法指令	DIV_DI EN　ENO IN1　OUT IN2	IN1：双字型整数 IN2：双字型整数 OUT：双字型整数	两个 32 位的有符号整数相除，得到一个 32 位的整数
实数除法	DIV_R EN　ENO IN1　OUT IN2	IN1：实数 IN2：实数 OUT：实数	两个 32 位的有符号实数相除，得到一个 32 位的实数
扩展除法指令	DIV EN　ENO IN1　OUT IN2	IN1：字型整数 IN2：字型整数 OUT：双字型整数	两个 16 位的有符号实数相除，得到一个 32 位的实数

例 5.23　IN1 中的双整数存储在 VD0 中，数值为 11，IN2 中的双整数存储在 VD4 中，数值为 2，当 I0.0 闭合时，双整数相除的结果存储在 OUT 端的 VD8 中，其结果是多少？梯形图如图 5-25 所示。

当 I0.0 闭合时，激活除双精度整数指令，IN1 中的双精度整数存储在 VD0 中，数值为 11，IN2 中的双精度整数存储在 VD4 中，数值为 2，双精度整数相除的结果存储在 OUT 端的 VD8 中的数是 5，不产生余数。

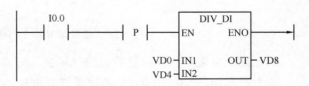

图 5-25　除法指令的梯形图

5. 递增/递减指令

递增/递减指令见表 5-16。

例 5.24　递增/递减运算程序如图 5-26 所示。初始时 AC0 中的内容为 125，VD100 中的内容为 128000，试分析运算结果。

表 5-16　递增/递减指令

指 令 名 称	梯 形 图	功 能 说 明	操 作 对 象
加 1 指令			
字节加 1 指令	INC_B EN　　ENO IN　　OUT	只要 EN 端有效，则每个扫描周期执行一次加 1 指令，因此在实际应用中大多与边沿检测指令组合使用	字节型数据
字加 1 指令	INC_W EN　　ENO IN　　OUT		字型数据
双字加 1 指令	INC_DW EN　　ENO IN　　OUT		双字型数据
减 1 指令			
字节减 1 指令	DEC_B EN　　ENO IN　　OUT	只要 EN 端有效，则每个扫描周期执行一次减 1 指令，因此在实际应用中大多与边沿检测指令组合使用	字节型数据
字减 1 指令	DEC_W EN　　ENO IN　　OUT		字型数据
双字减 1 指令	DEC_DW EN　　ENO IN　　OUT		双字型数据

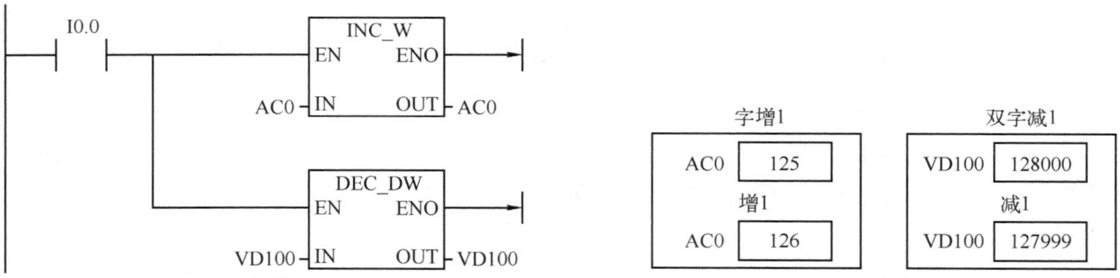

图 5-26　递增/递减指令的梯形图和运算结果

例 5.25　将采集的模拟量数值进行转换，变成相应的工程值，这个过程称为标度变换。

在工业现场，将 0～100℃ 的温度通过温度传感器和变送电路转换为 2～10V 的电压信号，送到模拟量输入端，PLC 将其转换为一个 16 位的数字量，存入 AI 区。要求将 AIW0 中的数据转换成温度值。

分析：在 S7-200 SMART CPU 内部，0～10V 的电压信号对应的数值范围为 0～3200；对于 2～10V 的电压信号，对应的数值范围为 6400～32000，在此例题中，对应温度范围为 0～100℃。因此，转换公式为

$$T = \frac{AIW0 - 6400}{32000 - 6400} \times (100 - 0) + 0$$

简化为　　　$T = \frac{AIW0 - 6400}{25600} \times 100$

为保证转换精度，编程时先乘后除，转换梯形图程序如图 5-27 所示。

SM0.0 始终为"1"，在每个扫描周期，程序从上到下执行，将转换结果，即实际温度值存入 VD8 中。

5.5.2　逻辑运算指令

逻辑与、逻辑或、逻辑异或、取反等逻辑操作均属于逻辑运算指令。操作数的数据长度可以是字节（BYTE）、字（WORD）、双字（DWORD）。表 5-17 中列出了字节逻辑运算指令。

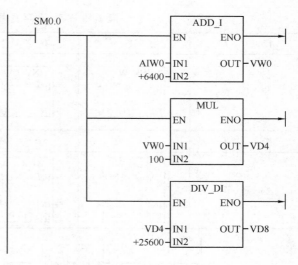

图 5-27　标度变换的梯形图

表 5-17　字节逻辑运算指令汇总表

指令名称	梯形图	说明	操作对象
字节逻辑与指令	WAND_B EN　ENO IN1　OUT IN2	当输入端 EN 有效时，IN1 和 IN2 按位相与，结果存入 OUT	字节型数据
字节逻辑或指令	WOR_B EN　ENO IN1　OUT IN2	当输入端 EN 有效时，IN1 和 IN2 按位相或，结果存入 OUT	字节型数据
字节逻辑异或指令	WXOR_B EN　ENO IN1　OUT IN2	当输入端 EN 有效时，IN1 和 IN2 按位异或，结果存入 OUT	字节型数据
取反指令	INV_B EN　ENO IN　OUT	当输入端 EN 有效时，IN 端按位取反，结果存入 OUT	字节型数据

字型、双字型数据的逻辑运算与字节型的操作类似，这里仅将框图指令列在表 5-18。

例 5.26　逻辑运算指令使用举例。

取反指令使用如图 5-28 所示。当 I1.0 触点闭合时，执行 INV_W 指令，将 AC0 中的数据逐位取反。

与指令使用如图 5-29 所示。当 I1.0 触点闭合时，执行 WAND_W 指令，将 AC1、AC0 中的数据按位相与，结果存入 AC0。

表 5-18　字、双字逻辑运算指令汇总

指令名称	字取反	双字取反	字与	双字与
梯形图	INV_W EN ENO IN OUT	INV_DW EN ENO IN OUT	WAND_W EN ENO IN1 OUT IN2	WAND_DW EN ENO IN1 OUT IN2
指令名称	字或	双字或	字异或	双字异或
梯形图	WOR_W EN ENO IN1 OUT IN2	WOR_DW EN ENO IN1 OUT IN2	WXOR_W EN ENO IN1 OUT IN2	WXOR_DW EN ENO IN1 OUT IN2

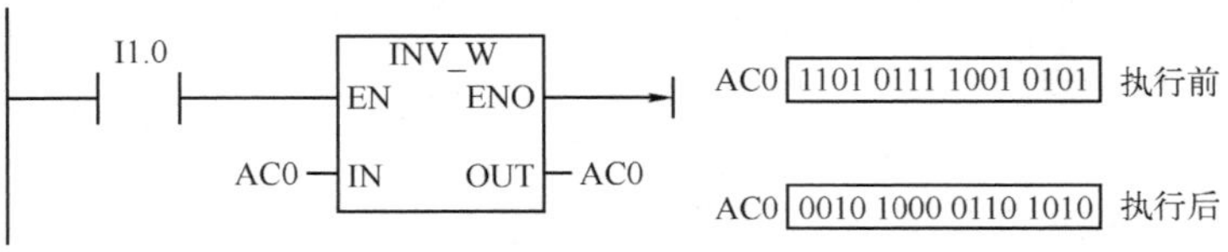

I1.0
INV_W
EN
ENO
AC0
IN
OUT
AC0
AC0 1101 0111 1001 0101 执行前
AC0 0010 1000 0110 1010 执行后

图 5-28　取反指令使用

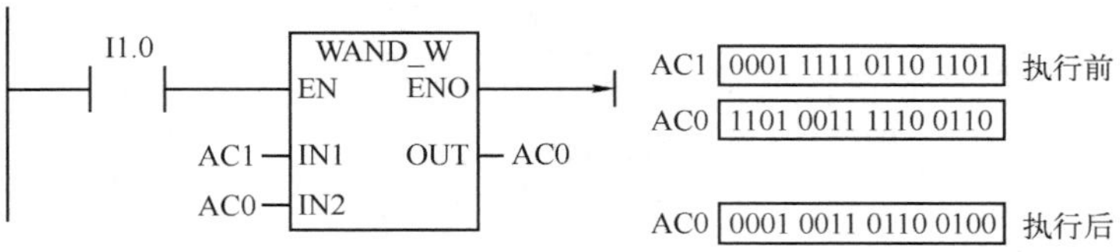

I1.0
WAND_W
EN
ENO
AC1
IN1
OUT
AC0
AC0
IN2
AC1 0001 1111 0110 1101 执行前
AC0 1101 0011 1110 0110
AC0 0001 0011 0110 0100 执行后

图 5-29　与指令使用

或指令使用如图 5-30 所示。当 I1.0 触点闭合时，执行 WOR_W 指令，将 AC1、VW100 中的数据按位相或，结果存入 VW100。

I1.0
WOR_W
EN
ENO
AC1
IN1
OUT
VW100
VW100
IN2
AC1 0001 1111 0110 1101 执行前
VW100 1101 0011 1010 0000
VW100 1101 1111 1110 1101 执行后

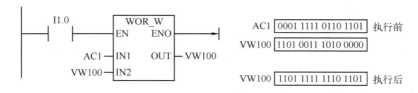

图 5-30　或指令使用

异或指令使用如图 5-31 所示。当 I1.0 触点闭合时，执行 WXOR_W 指令，将 AC1、AC0 中的数据按位相异或，结果存入 AC0。

I1.0
WXOR_W
EN
ENO
AC1
IN1
OUT
AC0
AC0
IN2
AC1 0001 1111 0110 1101 执行前
AC0 0001 0011 0110 0100
AC0 0000 1100 0000 1001 执行后

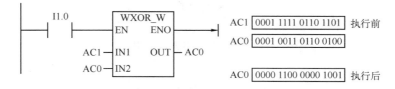

图 5-31　异或指令使用

例 5.27　通过逻辑运算指令，可以对变量的某一位进行置位或复位操作。

已知 VW300、VB302 变量，当 M0.0 通电时，通过逻辑运算指令对 V300.6 进行复位操作，当 M0.1 通电时对 V302.2 进行置位操作。梯形图如图 5-32 所示。

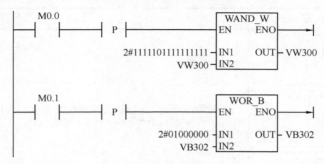

图 5-32　逻辑运算指令的应用

5.5.3　数学功能指令

除了算术运算指令，S7-200 SMART PLC 的指令系统还包括二次方根运算、指数运算、对数运算、正弦函数、余弦函数和正切函数等，这些指令被归入到浮点数运算指令。

1. 二次方根指令

二次方根指令见表 5-19。

表 5-19　二次方根指令

指令名称	梯形图	说明	操作对象
二次方根指令	SQRT EN　ENO IN　OUT	32 位的 REAL 数据执行 IN 端开二次方，结果存入 OUT	双字型实数

2. 自然对数指令

自然对数指令见表 5-20。

表 5-20　自然对数指令

指令名称	梯形图	说明	操作对象
自然对数指令	LN EN　ENO IN　OUT	该指令对一个 32 位的双字数据 IN 求以 e 为底的自然对数，得到的仍是一个 32 位的双字数据	双字型实数

3. 指数函数指令

指数函数指令见表 5-21。

表 5-21　指数函数指令

指令名称	梯形图	说明	操作对象
指数函数指令	EXP EN　ENO IN　OUT	对一个 32 位的实数 IN 取以 e 为底的指数，得到 32 位的结果，并存入 OUT	双字型实数

4．正弦、余弦和正切指令

三角函数指令见表 5-22。

表 5-22　三角函数指令

指 令 名 称	梯 形 图	说　　明	操 作 对 象
正弦指令	SIN EN　ENO IN　OUT	IN 端所给的数据应该是弧度值，如果 IN 是角度值，则应先作转换，公式为 IN×π/180，对这一结果再求正弦或者余弦	双字型实数
余弦指令	COS EN　ENO IN　OUT		
正切指令	TAN EN　ENO IN　OUT		

例 5.28　求 45°正弦值。

三角函数输入时以弧度为单位。计算时应先将角度转换为弧度（乘以 π/180），再计算三角函数。梯形图如图 5-33 所示。

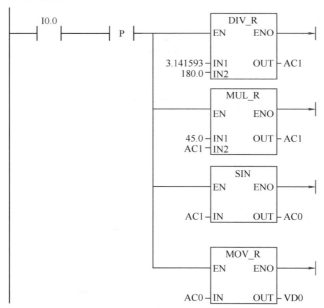

图 5-33　正弦函数的计算梯形图

5.6　表功能指令

5.6.1　填充指令

填充（FILL）指令的形式、用法以及操作数见表 5-23。

表 5-23　填充指令

指 令 名 称	梯 形 图	说　　明	操 作 对 象
填充指令	FILL_N EN　ENO IN　OUT N	N：填充区的大小 IN：要填入的数据 OUT：填充区的起始地址	N：字节型 IN：字型 OUT：字型

指令使用说明如下：

1）当 EN 端的 RLO 为 1 时，将从 OUT 端指定的地址开始的存储区中，依次填充 N 个 IN 端所包含的数据。

2）IN 端的数据为字型数据，从 OUT 端开始的存储区按字长存储。

3）该指令可以用于一段存储区的清 0 操作。

例 5.29　填充指令的使用举例。

填充指令的实现过程如图 5-34 所示。

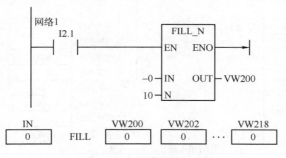

图 5-34　填充指令的实现过程

执行后，从 VW200 开始到 VW218 结束，每个单元均为 0。

5.6.2　填表指令

填表指令见表 5-24。

表 5-24　填表指令

指 令 名 称	梯 形 图	说　　明
填表指令	AD_T_TBL EN　ENO DATA TBL	DATA：整型数据地址 TBL：字型表头地址，其数据指定表的大小（字型单元存储个数）

指令使用说明如下：

1）当 EN 端 RLO 为 1 时，将 DATA 包含的字型数据写入到 TBL 指定的表格中。

2）表格从 TBL 所指定的地址开始，其中的数据表明了该表格所能容纳的最大数据量，紧随 TBL 后的地址存有当前表格中实际存储的数据个数，用 EC 表示。

3）新数据总是被写入到表格最后一个数据的后面，且每写入一个，EC 的值加 1。

4）TBL 指定的地址与 EC 不占表格的大小。

例 5.30　假设 VW100 内的数据为 1234 表的起始地址为 VW200。填表指令的实现过程如图 5-35 所示。

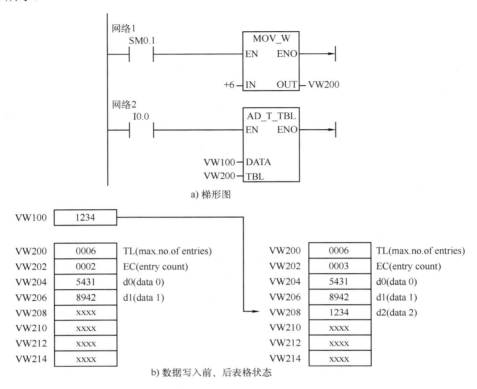

a) 梯形图

b) 数据写入前、后表格状态

图 5-35　填表指令的实现过程

5.6.3　表中取数指令

表中取数指令有先入先出（FIFO）取数和后入先出（LIFO）取数两种形式。

1. 先入先出取数指令

先入先出（FIFO）取数指令的形式及用法见表 5-25。

表 5-25　先入先出取数指令

指令名称	梯形图	说明
先入先出取数指令	FIFO EN　ENO TBL　DATA	DATA：整型数据地址 TBL：表头字型地址

指令使用说明如下：

1）当 EN 端有效时，从 TBL 指定的表中，将最先存入的数据取出送入由 DATA 指定的存储单元中，其余的数据则依次向上移。

2）若表空，则 SM1.5 置 1。

例 5.31　FIFO 取数指令的应用与执行结果如图 5-36 所示。

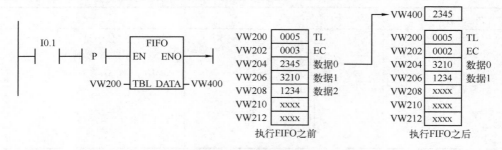

图 5-36　FIFO 取数指令的应用与执行结果

在图 5-36 中，最先进入的数据是 5431。因此，执行 FIFO 后，5431 被取出并存入到 VW400 中。

2．后入先出取数指令

后入先出（LIFO）取数指令的形式及用法见表 5-26。

表 5-26　后入先出取数指令

指令名称	梯形图	说　明
后入先出取数指令	LIFO EN　ENO TBL　DATA	DATA：字型数据地址 TBL：表头地址

指令使用说明如下：

1）当 EN 端有效时，从 TBL 指定的表中，将最后存入的数据取出送入由 DATA 指定的存储单元中。

2）若表空，则 SM1.5 置 1。

LIFO 指令是将后填入的数据先取出，如图 5-37 所示。在执行 LIFO 指令后，数据 1234 被先取出存入到 VW400 中。

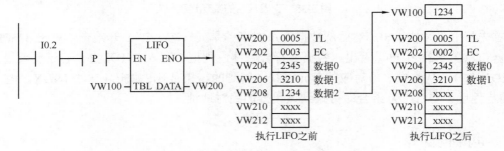

图 5-37　LIFO 取数指令的应用与执行结果

5.6.4　查表指令

查表（FIND）指令的功能是从首地址为 TBL 的字型数据中，找到符合 PTN 与 CMD 条件的数据在表中的编号，编号的范围为 0～99，并将结果存放到 INDX 中。

查表指令的形式及用法见表 5-27。

表 5-27　查表指令

指令名称	梯形图	说明
查表指令	TBL_FIND EN　ENO TBL PTN INDX CMD	TBL：表的起始地址 PTN：用于比较的数据 CMD：比较运算符的编码 1：=等于 2：<>不等于 3：<小于 4：>大于

指令使用说明如下：

1）查找前，必须对 INDX 指定的内存单元清 0。

2）查找时，从 INDX 的值所对应的单元开始，按照指令所指定的条件 PTN 和 CMD 搜索表，若找到符合条件的数据，则将该数据在表中的相对地址（数据编号）存入到 INDX 中；若没有找到，则将表的 EC 值存入到 INDX 中。

3）若表中存在多个符合条件的数据，且还要继续查找，必须先将 INDX 值加 1，以便重新查找。

4）若数据表是由 ATT、FIFO 等指令建立的，则 TBL 指定的表首地址内容是表容纳的最大数据个数；若不是，则 TBL 指定的表首地址内容为表的当前所存的数据个数。

例 5.32　查表指令的实现过程如图 5-38 所示。

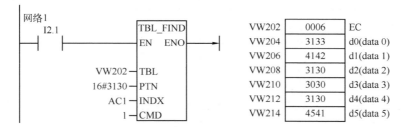

图 5-38　查表指令的实现过程

首先将 INDX 内清 0，然后从数据 0 所对应的单元（VW204）开始查找等于 3130HEX 的数据，从图 5-38 中可以看出，数据 2 符合条件，则把 2 存入 INDX 内。若还要查找，则将 INDX 加 1，从数据 3 所对应的单元查找，得到的结果是 4，则把 4 送给 INDX。由 TBL（表的首地址）与 INDX 组合即可找到该数据的绝对地址。

5.7　时钟指令

S7-200 SMART PLC 的时钟指令见表 5-28。

所有日期和时间值必须采用 BCD 格式编码（例如，16#19 代表 2019 年），见表 5-29。

S7-200 PLC SMART 的 CPU 不会根据日期核实星期几是否正确。无效日期，如 2 月 30 日，可能被接收；使用时，应当确保输入了正确的日期。

读取实时时钟指令（TODR）从硬件时钟中读当前时间和日期，并把它装载到一个 8B，起始地址为 T 的时间缓冲区中。设置实时时钟指令（TODW），将当前时间和日期写入硬件时钟，当前时钟存储在以地址 T 开始的 8B 时间缓冲区中。

表 5-28　S7-200 SMART PLC 的时钟指令

指令名称	梯形图	说　明
读时钟	READ_RTC EN　ENO T	从硬件时钟读取当前时间和日期，并将其载入以地址 T 起始的 8B 的时间缓冲器中
设定时钟	SET_RTC EN　ENO T	将当前时间和日期写入用 T 指定的在 8B 的时间缓冲器开始的硬件时钟

表 5-29　8B 时间缓冲器格式（T）

T 字节	字节数据的说明
0	年（0～99），当前年份（BCD 值）
1	月（1～12），当前月份（BCD 值）
2	日期（1～31），当前日期（BCD 值）
3	小时（0～23），当前小时（BCD 值）
4	分钟（0～59），当前分钟（BCD 值）
5	秒（0～59），当前秒（BCD 值）
6	00，保留，始终设置为 00
7	星期几（1～7），当前是星期几，1=星期日（BCD 值）

例 5.33　读时钟指令应用举例。

梯形图如图 5-39a 所示。如果 PLC 系统的时间是 2019 年 4 月 8 日 8 时 6 分 5 秒，星期一，则运行的结果如图 5-39b 所示。年份存入 VB0 存储单元，月份存入 VB1 单元，日存入 VB2 单元，小时存入 VB3 单元，分钟存入 VB4 单元，秒存入 VB5 单元，VB6 单元为 00，星期存入 VB7 单元，可见共占用 8 个存储单元。

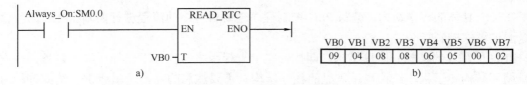

图 5-39　读取时钟指令的梯形图和运行结果

设置实时时钟（TODW）指令将当前时间和日期写入用 T 指定的 8B 的时间缓冲区开始的硬件时钟。

例 5.34　设置时钟指令应用举例。

假设要把 2019 年 1 月 18 日 8 时 6 分 28 秒设置成 PLC 的当前时间，先要做这样的设置：VB0=16#19，VB1=16#01，VB2=16#18，VB3=16#08，VB4=16#06，VB5=16#28，VB6=16#00，VB7=16#06，梯形图如图 5-40 所示。

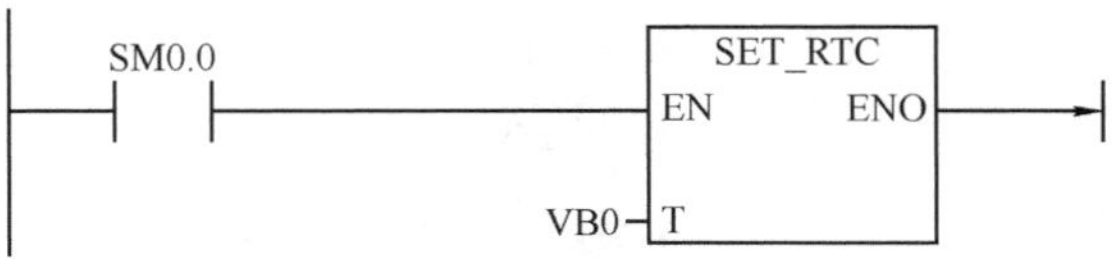

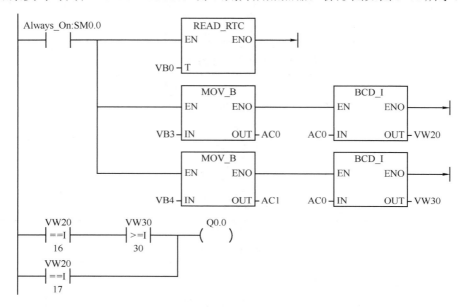

图 5-40　设置实时时钟指令梯形图

例 5.35　某实验室的一个房间，要求每天 16:30～18:00 开启一个加热器，请用 PLC 实现此功能。

先用 PLC 读取实时时间，因为读取的时间是 BCD 码格式，所以之后要将 BCD 码转化成整数，如果实时时间在 16:30～18:00，那么则开启加热器，梯形图如图 5-41 所示。

图 5-41　时钟控制输出的梯形图

5.8　程序控制指令

在某一具体的程序块内，编写 PLC 控制程序也要对程序的流程进行控制。PLC 的程序控制是通过程序控制指令完成的。

PLC 最基本的结构是顺序结构，即执行完上一行程序再执行下一行。除此之外，分支结构、循环结构和子程序结构也是常见的程序结构。需要注意的是，这里所讲的结构是相对于一个 PLC 扫描周期而言的。

5.8.1　跳转指令

跳转指令见表 5-30。

分支结构又称为选择分支结构。如果在不同条件下，需要执行不同的程序段时，就需要用分支结构。例如，机电设备控制中，经常存在手动和自动两种模式，这两种模式下的控制程序是不同的，这时就可以用分支结构实现有选择的控制。

表 5-30　程序控制指令

指令名称	梯　形　图	S7-200 PLC	操作数（n）
跳转指令	n —(JMP)	n 是标号地址，其范围为 0～255	常数 0～255
标号指令	n LBL	与 JMP n 共同实现程序的跳转	

　　分支结构中是由判定条件来控制程序运行方向的，如图 5-42 所示。当条件成立时，执行程序段 2；当条件不成立时，执行程序段 1。分支结构一般通过跳转指令来实现，在图 5-43 中，根据 I0.0 的状态决定执行程序段 1 还是程序段 2。若 I0.0 有输入，则执行程序段 2；否则，执行程序段 1。程序段 1 和程序段 2 也可以写成子程序形式。

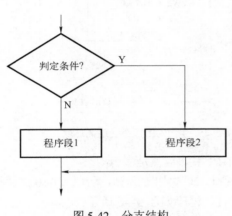

图 5-42　分支结构

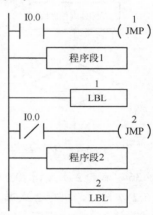

图 5-43　用 JMP 指令实现分支结构

5.8.2　循环指令

　　循环控制指令用于一段程序的重复循环执行，由 FOR 指令和 NEXT 指令构成程序的循环体，FOR 标记循环的开始，NEXT 为循环体的结束指令。FOR 指令的主要参数有使能输入 EN，当前值计数器 INDX，循环次数初始值 INIT，循环计数终值 FINAL。循环控制指令见表 5-31。

表 5-31　循环控制指令

指令名称	梯　形　图	S7-200 PLC
循环指令	FOR EN　ENO INDX INIT FINAL	标记程序循环开始 INDX 指定存储当前计数值对象；INIT 用于置循环初始值；FINAL 指定循环终止值
循环结束指令	—(NEXT)	标记循环体结束

　　FOR 指令和 NEXT 指令必须成对使用，循环可以嵌套，最多为 8 层。

循环结构如图 5-44 所示，循环变量是循环的控制变量，每次循环中循环变量的值都会改变。循环结构中有一个分支结构，用于判断是否结束循环。图 5-45 为用 FOR 指令实现循环结构的例子，当 I2.0=1 时，外循环执行 100 次；当 I2.1=1 时，外循环每执行 1 次，内循环执行 2 次。

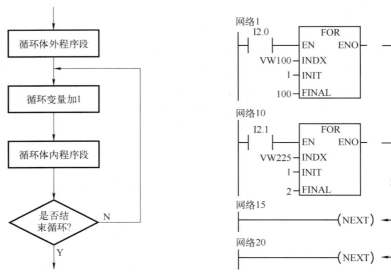

图 5-44　循环结构　　　　　　　　图 5-45　用 FOR 指令实现循环结构

例 5.36　单击 2 次接钮 I0.0 后，VW0 和 VB10 中的数值是多少？

单击 2 次按钮，执行 2 次循环程序，VB10 执行 20 次加 1 运算，所以 VB10 结果为 200。执行 1 次或者 2 次循环程序，VW0 中的值都为 11。程序如图 5-46 所示。

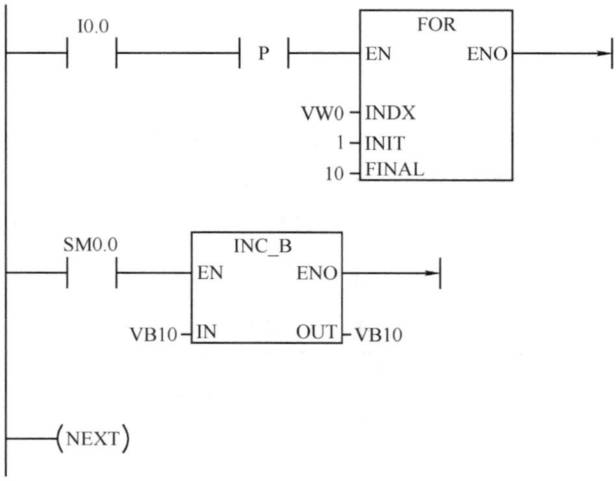

图 5-46　循环指令应用梯形图

5.9　子程序与子程序指令

在控制任务简单时，经常将一个工程的全部控制任务都按照工程控制的顺序写在一个程序中，如写在主程序中。程序执行过程中，CPU 不断地扫描主程序，按照事先准备好的顺序去执行工作。一般情况下，只要任务稍微复杂一些，就要把一个复杂的过程分解成多个简单的过程，从而写在不同的程序块中。分为多个不同程序块后，整个程序结构清晰简单，易于编写和调试、查找错误和维护。

从总体上看，分块程序的优势是十分明显的。尤其是在编程时经常会遇到相同的程序段需要多次执行的情况，如图 5-47 所示。程序段 A 要执行两次，编程时要写两段相同的程序段，这样比较麻烦。解决这个问题的方法是将需要多次执行的程序段从主程序中分离出来，单独写成一个程序，这个程序称为子程序，然后在主程序相应的位置进行子程序调用即可。

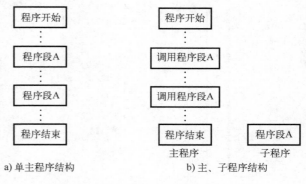

图 5-47　两种程序结构

5.9.1　子程序指令

1. 子程序指令说明

子程序指令有两条：子程序调用指令（CALL）和子程序条件返回指令（CRET），见表 5-32。

表 5-32　程序控制指令

指令名称	梯 形 图	S7-200 PLC	S7-300/400 PLC
子程序调用	SBR_n EN	n 是标号地址，其范围为 0～63	调用 FB、FC、SFB 和 SFC
返回指令	—(RET)	子程序返回	块返回

子程序指令使用要点如下。

1）CRET 指令多用于子程序内部，该指令是否执行取决于它前面的条件，该指令执行的结果是结束当前的子程序返回调用程序。

2）子程序允许嵌套使用，即在一个子程序内部可以调用另一个子程序，但子程序的嵌套深度最多为 9 级。

3）当子程序在一个扫描周期内被多次调用时，在子程序中不能使用上升沿、下降沿、定时器和计数器指令。

4）在子程序中不能使用 END（结束）指令。

2. 子程序的建立

编写子程序要在编程软件中进行。打开 STEP 7-Micro/WIN SMART 编程软件，在程序编辑区上方有"主程序""SBR_O""INT_O"三个标签。单击"SBR_O"标签即可切换到子程序编辑页面，如图 5-47 所示。在该页面就可以编写名称为"SBR_O"的子程序。

如果需要编写第二个或更多的子程序，可以在选择菜单中的"编辑"→"对象"→"子程序"命令增加一个子程序，子程序的编号 n 从 0 开始自动向上生成。建立子程序最简单的方法是在编程编辑器空白处单击鼠标右键，再选择"插入"→"子程序"命令即可，如图 5-48 所示。

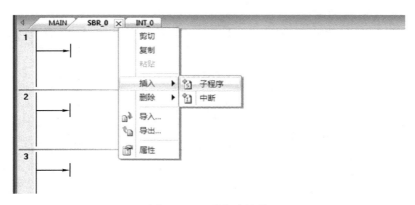

图 5-48　两种程序结构

例 5.37　子程序指令使用举例。

子程序指令使用如图 5-49 所示，其中图 5-49a 为主程序的梯形图，图 5-49b 为子程序 0 的梯形图，图 5-49c 为子程序 1 的梯形图。

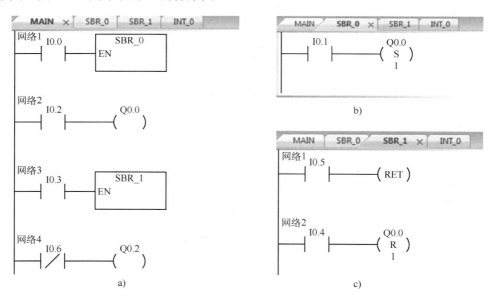

图 5-49　子程序调用举例

主、子程序执行的过程如下：当 I0.0 触点闭合时，调用子程序 0 指令执行，转入执行子程序 0；在子程序 0 中，如果 I0.1 触点闭合，则将 Q0.0 线圈置位，然后又返回到主程序，开始执行调用子程序 0 指令的下一条指令（即网络 2）；当程序运行到网络 3 时，如果 I0.3 触点闭合，调用子程序 1 指令执行，转入执行子程序 1；如果 I0.3 触点断开，则执行网络 4 指令，不会执行子程序 1；若 I0.3 触点闭合，转入执行子程序 1 后，如果 I0.5 触点处于闭合状态，条件返回指令执行，提前从子程序 1 返回到主程序，子程序 1 中的网络 2 指令无法执行。

5.9.2　带参数的子程序的使用

子程序调用指令可以带参数，使用带参数的子程序调用指令可以扩大子程序的使用范围。在子程序调用时，如果存在数据传递，通常要求子程序调用指令带有相应的参数。

1. 参数的定义

子程序调用指令最多可以设置 16 个参数，每个参数包括变量名（又称符号）、变量类型、数据类型和注释四部分，注释部分不是必需的。

（1）变量名

变量名在局部变量表中称作符号，它需要直接输入，变量名最多可用 23 个字符表示，并且第一个字符不能为数字。

（2）变量类型

变量类型是根据参数传递方向来划分的，它可分为 4 种类型：IN（传入子程序）、IN_OUT（传入和传出子程序）、OUT（传出子程序）和 TEMP（暂时变量）。参数的 4 种变量类型详细说明见表 5-33。

表 5-33　参数的四种变量类型

变量类型	说　明
IN	将参数传入子程序。该参数可以是直接寻址（如 VB10）、间接寻址（如*AC1）、常数（如 16#1234），也可以是一个地址（如 &VB100）
IN_OUT	调用子程序时，该参数指定位置的值被传入子程序，子程序返回的结果值被传到同样位置。该参数可采用直接或间接寻址，常数和地址不允许作为 IN_OUT 型参数
OUT	子程序执行得到的结果值被返回到该参数位置。该参数可采用直接或间接寻址，常数和地址不允许作为输出参数
TEMP	在子程序内部用来暂存数据，任何不用于传递数据的局部存储器都可以在子程序中作为临时存储器使用

（3）数据类型

参数的数据类型有布尔型（BOOL）、字节型（BYTE）、字型（WORD）、双字型（DWORD）、整数型（INT）、双整数型（DINT）、实数型（REAL）和字符型（STRING）。

2. 参数的输入

子程序调用指令默认是不带参数的，也无法在指令梯形图符号上直接输入参数，使用子程序编辑器下方的变量表可给子程序调用指令设置参数。

子程序调用指令参数的设置方法是：打开 STEP 7-Micro/WIN SMART 编程软件，单击程序编辑器上方的"SBR_O"标签，切换到 SBR_O 子程序编辑器，在编辑器下方有一个空变量表，如图 5-50 所示；如果变量表被关闭，可执行菜单命令"视图"→"组件"→"变量表"打开变量表。

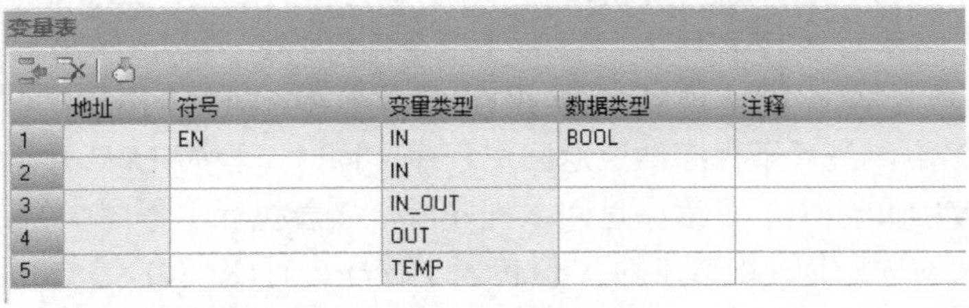

	地址	符号	变量类型	数据类型	注释
1		EN	IN	BOOL	
2			IN		
3			IN_OUT		
4			OUT		
5			TEMP		

图 5-50　变量表

在变量表内填写输入、输出参数的符号并选择数据类型。输入型参数要填写在变量类型为 IN 的行内，输入/输出型参数要填写在变量类型型为 IN_OUT 类型的行内，输出型参数要填写在变量类型为 OUT 的行内，表中参数的地址 LB0、LB1、…是自动生成的。在变量表的左上角有"插入行"和"删除行"两个工具，可以对变量表进行插入行和删除行操作，如图 5-51a 所示。变量表填写后，切换到主程序编辑器，在主程序中输入子程序调用指令，该子程序调用指令自动按变量表生成输入/输出参数，如图 5-51b 所示。

	地址	符号	变量类型	数据类型	注释
1		EN	IN	BOOL	
2	L0.0	输入1	IN	BOOL	
3	LB1	输入2	IN	BYTE	
4			IN_OUT		
5	LB2	输出	OUT	BYTE	
6			TEMP		

a) 已填写的变量表　　　　　　　　　　　　　　　　b) 在主程序中调用

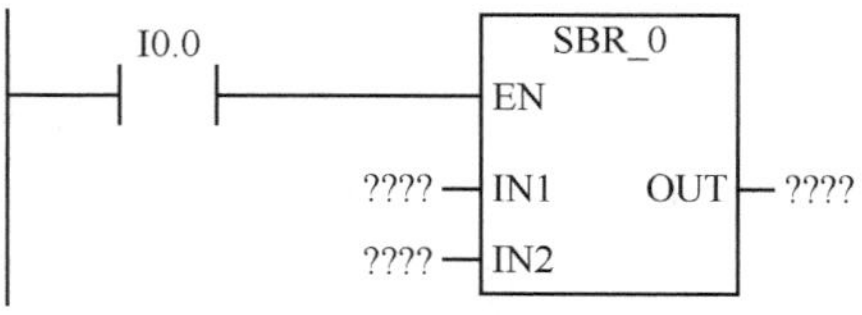

图 5-51　子程序参数设置及调用

例 5.38　用带参数的子程序调用指令实现 Y=(X+20)×3÷8 运算。

首先分析，完成此任务需要建立的局部变量的数量、类型及数据类型，要实现上式的运算，在编写程序时需要建立一个 IN 变量，两个 TEMP 变量和一个 OUT 变量，数据类型设置为 INT 型，如图 5-52 所示。

	地址	符号	变量类型	数据类型	注释
1		EN	IN	BOOL	
2	LW0	X	IN	INT	
3			IN		
4			IN_OUT		
5	LW2	Y	OUT	INT	
6			OUT		
7	LW4	M1	TEMP	INT	
8	LW6	M2	TEMP	INT	

图 5-52　变量表

编写带参数的子程序，实现上述运算，可以给子程序重新命名，本例命名为计算，如图 5-53a 所示。

要想实现多个数据的运算，只需要在主程序多次调用子程序即可，如图 5-53b 所示，主程序调用了两次子程序，可以实现对 VW0 和 VW2 的运算，并把运算结果返回到 VW10 和 VW20 中。

程序执行过程为：在主程序中，常 ON 触点 SM0.0 处于闭合状态，首先执行第一个带参数子程序调用指令，转入执行子程序，同时将 VW0 单元中的数据作为 X 值传入子程序的 LW0 单元（局部变量存储器）。在子程序中，ADD_I 指令先将 LW0 中的值+20，结果存入 LW4 中，然后 MUL_I 指令将 LW4 中的值乘以 3，结果存入 LW6 中，DIV_I 指令再将 LW6 中的值除以 8，结果存入 LW2 中，最后子程序结束返回主程序，同时子程序 LW2 中的数据作为 Y 值被传入主程序的 VW10 单元中。子程序返回主程序后，接着执行主程序中的第二个带参数子程序调用指令，又将 VW2 中的数据作为 X 值传入子程序进行(X+20)×3÷8 运算，运算结果作为 Y 值返回到 VW20 单元中。

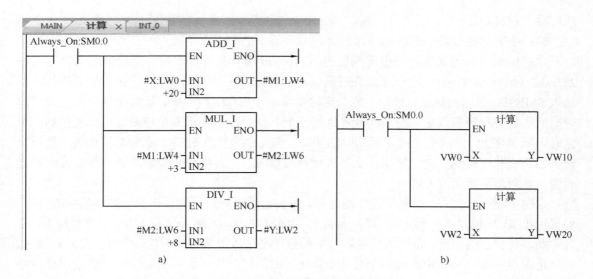

图 5-53　带参数子程序调用梯形图

5.10　中断与中断指令

中断时计算机特有的工作方式，当系统正在执行某程序时，如果突然出现意外事情，它就需要停止当前正在执行的程序，转而去处理意外事情（执行中断程序），处理完后又接着执行原来的程序。

5.10.1　中断事件和中断优先级

1. 中断事件

中断程序是为某些特定的控制功能而设定的，中断程序和子程序不同，中断是为随机发送的且必须响应的事件安排，引发中断的信号称为中断事件。

S7-200 SMART PLC 最多有 34 个中断事件，为了识别这些中断事件，给每个中断事件都分配有一个编号，称为中断事件号。中断事件主要可分为 3 类：通信中断事件、I/O 中断事件和定时中断事件。

（1）通信中断

PLC 的串口通信可以由用户程序控制，通信口的这种控制模式称为自由端口通信模式。在该模式下，接收完成、发送完成均可产生一个中断事件，利用接收、发送中断可以简化程序对通信的控制。

（2）I/O 中断

I/O 中断包括外部输入上升沿或下降沿中断、高速计数器（HSC）中断和高速脉冲输出（PTO）中断。外部输入中断是利用 I0.0～I0.3 端口的上升沿或下降沿产生中断请求，这些输入端口可用作连接某些一旦发生就必须及时处理的外部事件；高速计数器中断可以响应当前值等于预设值、计数方向改变、计数器外部复位等事件引起的中断；高速脉冲输出中断用来响应给定数量的脉冲输出完成后产生的中断，常用于步进电动机的控制。

（3）定时中断

定时中断包括定时中断和定时器中断。

定时中断可以用来支持一个周期性的活动，以 1ms 为计算单位，周期时间可以是 1～255ms。对于定时中断 0，必须把周期时间值写入 SMB34；对定时中断 1，必须把周期时间值写入 SMB35。每当到达定时值时，相关定时器溢出，执行中断程序。定时中断可以用固定的时间间隔去控制模拟量输入的采样或者执行一个 PID 回路。如果某个中断程序已连接到一个定时中断事件上，为改变定时中断的时间间隔，首先必须修改 SM3.4 或 SM3.5 的值，然后重新把中断程序连接到定时中断事件上。当重新连接时，定时中断功能清除前一次连接时的定时值，并用新值重新开始计时。

定时中断一旦允许，中断就连续地运行，每当定时时间到时就会执行被连接的中断程序。如果退出 RUN 模式或分离定时中断，则定时中断被禁止。如果执行了全局中断禁止指令，定时中断事件仍会继出现，每个出现的定时中断事件将进入中断队列，直到中断允许或队列满。

定时器中断可以利用定时器来对一个指定的时间段产生中断，这类中断只能使用分辨率为 1ms 的定时器 T32 和 T96 来实现。当所用定时器的当前值等于预设值时，在 CPU 的 1ms 定时刷新中，执行被连接的中断程序。

2. 中断优先级

PLC 可以接收的中断事件很多，但如果这些中断事件同时发出中断请求，要同时处理这些请求是不可能的，正确的方法是对这些中断事件进行优先级别排队，优先级别高的中断事件请求先响应，然后再响应优先级别低的中断事件请求。

S7-200 SMART PLC 的中断事件优先级别从高到低的类别依次是：通信中断事件、I/O 中断事件、定时中断事件。由于每类中断事件中又有多种中断事件，所以每类中断事件内部也要进行优先级别排队。所有中断事件的优先级别顺序见表 5-34。

表 5-34　S7-200 PLC 中断的优先级

中　断　号	中　断　说　明	中断类别	支持的 CPU		
			CR40/60	SR20/40/60	ST40/60
8	端口 0：接收字符	通信 （最高）	√	√	√
9	端口 0：发送完成		√	√	√
23	端口 0：接收信息完成		√	√	√
24	端口 1：接收信息完成		—	√	√
25	端口 1：接收字符		—	√	√
26	端口 1：发送完成		—	√	√
19	PLS 0 脉冲计数完成	I/O （中等）	—	√	√
20	PLS1 脉冲计数完成		—	√	√
34	PLS2 脉冲计数完成		—	√	√
0	I0.0 上升沿		√	√	√
2	I0.1 上升沿		√		
4	I0.2 上升沿		√	√	√
6	I0.3 上升沿		√	√	√

（续）

中　断　号	中　断　说　明	中断类别	支持的 CPU		
			CR40/60	SR20/40/60	ST40/60
35	I7.0 上升沿（信号板）	I/O （中等）	—	√	√
37	I7.1 上升沿（信号板）		—	√	√
1	I0.0 下降沿		√	√	√
3	I0.1 下降沿		√	√	√
5	I0.2 下降沿		√	√	√
7	I0.3 下降沿		√	√	√
12～18，27～33	HSC		√	√	√
10	定时中断 0（SMB34）	时基 （最低）	√	√	√
11	定时中断 1（SMB35）		√	√	√
21	定时器 T32，CT=PT 中断		√	√	√
22	定时器 T96，CT=PT 中断		√	√	√

5.10.2　中断指令

1．中断指令说明

中断指令（表 5-35）有 6 条：中断允许指令、中断禁止指令、中断连接指令、中断分离指令、清除中断事件指令和中断条件返回指令。

表 5-35　中断指令

指　令　名　称	梯形图	功　能　说　明	操　作　数	
			INT	EVNT
中断允许指令（ENI）	——（ENI）	允许所有中断事件发出的请求		
中断禁止指令（DISI）	——（DISI）	禁止所有中断事件发出的请求		
中断连接指令 （ATCH）	ATCH —EN　ENO— —INT —EVNT	将 EVNT 端指定的中断事件与 INT 端指定的中断程序关联起来，并允许该中断事件	（0～127） （字节型）	常数 （中断事件号）
中断分离指令 （DTCH）	DTCH —EN　ENO— —EVNT	将 EVNT 端指定的中断事件断开，并禁止该中断事件		
清除中断事件指令 （CEVNT）	CLR_EVNT —EN　ENO— —EVNT	清除 EVNT 端指定的中断事件		
中断条件返回指令 （CRETD）	——（RETI）	若前面的条件使该指令执行，可让中断程序中断返回		

2．中断程序的建立

中断程序是为处理中断事件而事先写好的程序，它不像子程序要用指令调用，而是当中断事件发生后系统会自动执行中断程序。如果中断事件未发生，中断程序就不会执行。在编写中断程序时，要求程序越短越好，并且在中断程序中不能使用 DISI、ENI、HDEF、LSCR 和 END 指令。

编写中断程序要在编程软件中进行，打开 STEP 7-Micro/WIN SMART 编程软件，单击程序编辑器上方的"INT_0"标签即可切换到中断程序编辑器，在此即可编写名称为"INT_0"的中断程序，如图 5-54 所示。

图 5-54　中断程序的建立

如果需要编写两个或更多的中断程序，可在"INT_0"标签上右击，在弹出的快捷菜单中选择"插入"→"中断"，就会新建一个名称为 INT_1 的中断程序（在程序编辑器上于是多出一个"INT_1"标签）。

例 5.39　中断程序基本应用举例。

中断指令的使用如图 5-55 所示。图 5-55a 为主程序，图 5-55b 为名称为 INT_0 的中断程序。

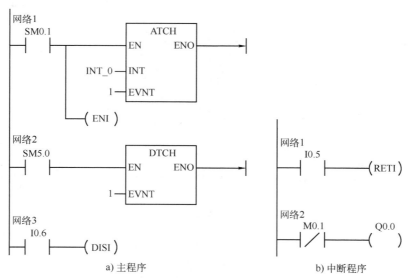

图 5-55　中断程序的使用

在主程序运行时，若 I0.0 端口输入一个脉冲下降沿（如 I0.0 端口外接开关突然断开），马上会产生一个中断请求，即中断事件 1 产生中断请求，由于在主程序中已用 ATCH 指令将中断事件 1 与 INT_0 中断程序连接起来，故系统响应此请求，停止主程序的运行，转而运行

INT_0 中断程序，中断程序执行完成后又返回主程序。

在主程序运行时，如果系统检测到 I/O 发生错误，会使 SM5.0 触点闭合，中断分离 DTCH 指令执行，禁用中断事件 1，即当 I0.0 端口输入一个脉冲下降沿时，系统不理会该中断，也就不会执行 INT_0 中断程序，但还会接受其他中断事件发出的请求；如果 I0.6 触点闭合，中断禁止 DISI 指令执行，禁止所有的中断事件。在中断程序运行时，如果 I0.5 触点闭合，中断条件返回 RETI 指令执行，中断程序提前返回，不会执行该指令后面的内容。

例 5.40　采用中断指令对模拟量输入信号周期性采集。

周期性模拟量采集的梯形图如图 5-56 所示。在主程序运行时，PLC 第一次扫描时，SM0.1 触点接通一个扫描周期，MOV_B 指令首先执行，将常数 10 送入定时中断时间存储器 SMB34 中，定时中断时间间隔设为 10ms，然后，中断连接 ATCH 指令执行，将中断事件 10（即定时器中断 0）与 INT_0 中断程序连接起来，再执行中断允许 ENI 指令，允许执行所有的中断事件发出的请求。当定时中断时间存储器 SMB34 的 10ms 定时时间间隔到时，会向系统发出中断请求，由于该中断事件对应 INT_0 中断程序，所以 PLC 马上执行 INT_0 中断程序，将模拟量输入 AIW0 单元中的数据传送到 VW100 单元中；当 SMB34 下一个 10ms 定时时间间隔到时，又会发出中断请求，从而又执行一次中断程序，这样程序就可以每隔 10ms 对模拟输入 AIW0 单元数据采样一次。

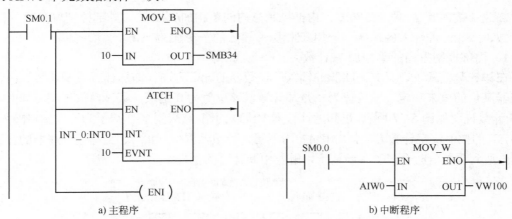

图 5-56　周期性模拟量采集的梯形图

5.11　高速计数器指令

普通计数器的计数速度与 PLC 的扫描周期有关，扫描周期越长，计数速度越慢，即计数频率越低，一般仅为几十赫兹，普通计数器适用于计数速度要求不高的场合。为了满足高速计数要求，S7-200 SMART PLC 专门设计了高速计数器，其计数速度很快，C 型 CPU（CR40、CR60）的计数频率最高为 100kHz，S 型 CPU（SR20、ST20、…、SR60、ST60）最高计数频率达 200kHz，均不受 PLC 扫描周期的影响。

S7-200 SMART PLC 支持 HSC0～HSC3 这 4 个高速计数器，高速计数器有 0、1、3、4、5、7、9、10 共 8 种计数模式，HSC0 和 HSC2 支持 8 种计数模式（模式 0、1、3、4、6、7、9 和 10），HSC1 和 HSC3 只支持一种计数模式（模式 0）。

5.11.1 高速计数器指令说明

高速计数器指令包括高速计数器定义指令（HDEF）和高速计数器指令（HSC）。高速计数器指令说明见表 5-36。

表 5-36 高速计数器指令

指 令 名 称	梯形图	功 能 说 明	操 作 数	
			INT	EVNT
高速计数器定义指令（HDEF）	HDEF EN ENO HSC MODE	让 HSC 端指定的高速计数器工作在 MODE 端指定的模式下。HSC 端用来指定高速计数器的编号，MODE 端用来指定高速计数器的工作模式	HSC：常数 0～3 MODE：常数 0～10（不含 2、5、8）（字节型）	常数 N：0～5（字型）
高速计数器指令（HSC）	HSC EN ENO N	让编号为 N 的高速计数器按 HDEF 指令设定的模式，并按有关特殊存储器某些位的设置和控制工作		

5.11.2 高速计数器的计数模式

高速计数器有 4 种计数模式：内部控制方向的单相加/减计数、外部控制方向的单相加/减计数、双相脉冲输入的加/减计数和双相脉冲输入的正交加/减计数。

1. 内部控制方向的单相加/减计数

在该计数模式下，只有一路脉冲输入，计数器的计数方向（即加计数或减计数）由特殊存储器某位的值来决定，该位值为 1 是加计数，该位值为 0 是减计数。内部控制方向的单相加/减计数说明如图 5-57 所示。以高速计数器 HSC0 为例，它采用 I0.0 端子为计数脉冲输入端，SM37.3 的位值决定计数方向，SMD42 用于写入计数预置值（PV）。当高速计速器的计数值（CV）达到预置值时会产生中断请求，触发中断程序的执行。

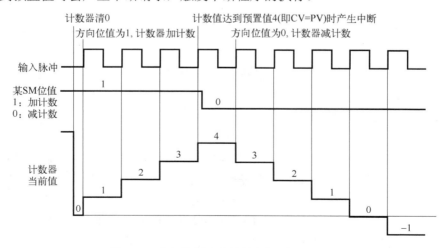

图 5-57 内部控制方向的单相加/减计数说明

2. 外部控制方向的单相加/减计数

在该计数模式下，只有一路脉冲输入，计数器的计数方向由某端子输入值来决定，该位值为 1 是加计数，该位值为 0 是减计数。外部控制方向的单相加/减计数说明如图 5-58 所示。以高速计数器 HSC4 为例，它采用 I0.3 端子作为计数脉冲输入端，I0.4 端子输入值决定计数方向，SMD152 用于写入计数预置值。

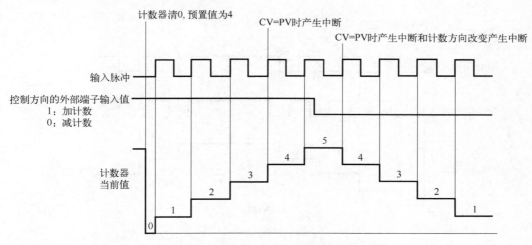

图 5-58　外部控制方向的单相加/减计数说明

3．双相脉冲输入的加/减计数

在该计数模式下，有两路脉冲输入端，一路为加计数输入端，另一路为减计数输入端。双相脉冲输入的加/减计数说明如图 5-59 所示。以高速计数器 HSC0 为例，当其工作模式为 6 时，它采用 I0.0 端子作为加计数脉冲输入端，I0.1 为减计数脉冲输入端，SMD42 用于写入计数预置值。

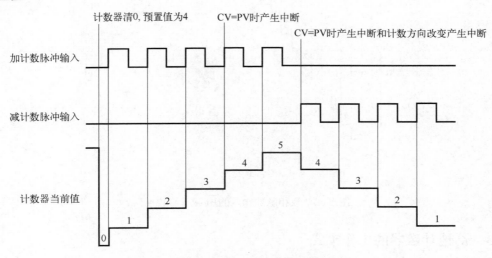

图 5-59　双相脉冲输入的加/减计数说明

4．双相脉冲输入的正交加/减计数

在该计数模式下，有两路脉冲输入端，一路为 A 相脉冲输入端，另一路为 B 相脉冲输入端，A 相、B 相脉冲相位相差 90°（即正交），A 相、B 相两脉冲相差 1/4 周期。若 A 相脉冲超前 B 相脉冲 90°，为加计数；若 A 相脉冲滞后 B 相脉冲 90°，为减计数。在这种计数模式

下，可选择 1X 模式或 4X 模式。1X 模式又称单倍频模式，当输入一个脉冲时计数器值增 1 或减 1；4X 模式又称四倍频模式，当输入一个脉冲时计数器值增 4 或减 4。1X 模式和 4X 模式的双相脉冲输入的加/减计数说明如图 5-60 所示。

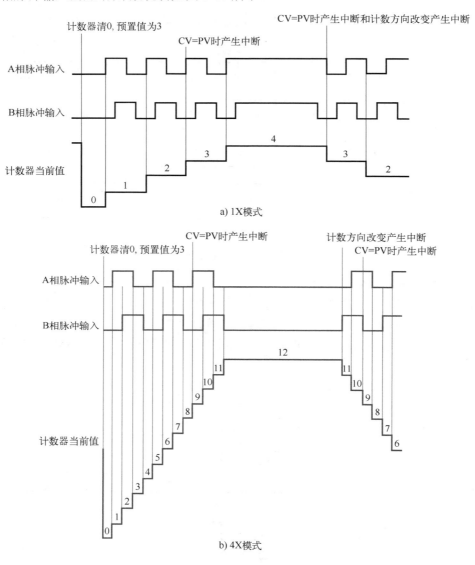

图 5-60　双相脉冲输入的加/减计数说明

5.11.3　高速计数器的工作模式

高速计数器工作时需要使用一些输入端子，HSC0～HSC3 高速计数器分配的输入端子及在不同工作模式下端子的功能见表 5-37。同一个输入端子不能用于两种不同的功能，但是任何一个没有被高速计数器当前模式使用的输入端子，均可以用作其他用途。例如，HSC0 计数器工作在模式 1 时，会分配占用 I0.0 端子用于脉冲输入；I0.4 端子用于复位信号输入；I0.1 端子在模式 1 时未使用，可以用作 HSC1 计数器工作在模式 0 时的脉冲输入端子。

表 5-37 HSC0～HSC3 高速计数器分配的输入端子及在不同工作模式下端子的功能

高速计数器及工作模式		说 明	计数器分配的输入端子及功能		
高速计数器	HSC0		I0.0	I0.1	I0.4
	HSC1		I0.1		
	HSC2		I0.2	I0.3	I0.5
	HSC3		I0.3		
工作模式	0	内部控制方向（加/减）的单相加/减计数模式。SM37.3=0，减计数；SM37.3=1，加计数。模式 1 具有外部复位功能	脉冲输入		
	1		脉冲输入		复位输入
	3	外部控制方向（加/减）的单相加/减计数模式。方向控制端=0，减计数；方向控制端=1，加计数。模式 4 具有外部复位功能	脉冲输入		复位输入
	4		脉冲输入		
	6	双相脉冲（加脉冲和减脉冲）输入的加/减计数模式	加脉冲输入	减脉冲输入	
	7	加脉冲输入时，加计数；减脉冲输入时，减计数。模式 7 具有外部复位功能	加脉冲输入	减脉冲输入	复位输入
	9	双相脉冲（A 脉冲和 B 脉冲）输入的正交加/减计数模式	A 脉冲输入	B 脉冲输入	
	10	A 脉冲超前 B 脉冲 90°时，加计数；A 脉冲滞后 B 脉冲 90°时，减计数。模式 10 具有外部复位功能	A 脉冲输入	B 脉冲输入	复位输入

5.11.4 高速计数器的控制字节

高速计数器定义 HDEF 指令只能让某编号的高速计数器工作在某种模式，无法设置计数器的方向、复位等内容。为此，每个高速计数器都配备了一个专用的控制字节来对计数器进行各种控制设置。

高速计数器 HSC0～HSC3 的控制字节各位功能说明见表 5-38。例如，高速计数器 HSC0 的控制字节为 SMB37，其中 SM37.0 位用来设置复位有效电平，当该位为 0 时高电平复位有效，该位为 1 时低电平复位有效。

表 5-38 高速计数器 HSC0～HSC3 的控制字节各位功能说明

HSC0（SMB37）	HSC1（SMB47）	HSC2（SMB57）	HSC3（SMB137）	说 明
SM37.0		SM57.0		复位有效电平控制（0：复位信号高电平有效；1：低电平有效）
SM37.1				未用
SM37.2		SM57.2		正交计数器计数速率选择（0：4X 计数速率；1：1X 计数速率）
SM37.3	SM47.3	SM57.3	SM137.3	计数方向控制位（0：减计数；1：加计数）
SM37.4	SM47.4	SM57.4	SM137.4	将计数方向写入 HSC（0：无更新；1：更新计数方向）
SM37.5	SM47.5	SM57.5	SM137.5	将新预设值写入 HSC（0：无更新；1：更新预置值）

（续）

HSC0 （SMB37）	HSC1 （SMB47）	HSC2 （SMB57）	HSC3 （SMB137）	说　明
SM37.6	SM47.6	SM57.6	SM137.6	将新的当前值写入 HSC （0: 无更新；1: 更新初始值）
SM37.7	SM47.7	SM57.7	SM137.7	HSC 指令执行允许控制 （0: 禁用 HSC；1: 启用 HSC）

例 5.41　控制字节的设置。

用控制字节设置高速计数器举例如图 5-61 所示。PLC 第一次扫描时 SM0.1 触点接通一个扫描周期，首先 MOV_B 指令执行，将十六进制数 F8（即 11111000）送入 SMB37 单元，则 SM37.7～SM37.0 为 11111000，这样就将高速计数器 HSC0 的复位设为高电平，正交计数设为 4X 模式；然后，HDEF 指令执行，将 HSC0 工作模式设为模式 10（正交计数）。

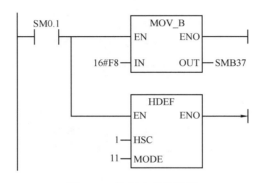

图 5-61　控制字节的设置

5.11.5　高速计数器的计数值的读取与预设

1. 计数值的读取

高速计数器的当前计数值保存在 HC 存储单元中，高速计数器 HSC0～HSC3 的当前值分别保存在 HC0～HC3 单元中，这些单元中的数据为只读类型，即不能向这些单元写入数据。

例 5.42　高速计数器的数值读取。

高速计数器计数值的读取如图 5-62 所示。当 I0.0 触点由断开转为闭合时，上升沿 P 触点接通一个扫描周期，MOV_DW 指令执行，将高速计数器 HSC0 的当前计数值（保存在 HC0 单元）读入并保存在 VD200 单元。

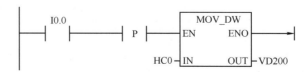

图 5-62　高速计数器计数值的读取梯形图

2. 计数值的设置

每个高速计数器都用两个专用存储单元分别存放当前计数值（CV）和预设计数值（PV），

这两个值都是 32 位（双字）。在高速计数器工作时，当 CV=PV 时，会触发 HSC 中断。当前计数值可从 HC 单元中读取，预设值则无法直接读取。要将新的 CV 值或 PV 值载入高速计数器，必须先设置相应的控制字节和专用双字存储单元，再执行 HSC 指令以将新值传送到高速计数器。

HSC0～HSC3 高速计数器存放 CV 值和 PV 值的专用存储单元见表 5-39。例如，高速计数器 HSC0 采用 SMD38 双字单元存放新 CV 值，采用 SMD42 双字单元存放新 PV 值。

表 5-39　各高速计数器存放 CV 值和 PV 的存储单元

计数值	HSC0	HSC1	HSC2	HSC3	HSC4	HSC5
新当前计数值（新 CV 值）	SMD38	SMD48	SMD58	SMD138	SMD148	SMD158
新预设计数值（新 PV 值）	SMD42	SMD52	SMD62	SMD142	SMD152	SMD162

例 5.43　高速计数器的计数值设置。

高速计数器计数值的设置如图 5-63 所示。当 I0.2 触点由断开转为闭合时，上升沿 P 触点接通一个扫描周期，首先第 1 个 MOV DW 指令执行，将新 CV 值（当前计数值）"100" 送入 SMD38 单元；然后第 2 个 MOV DW 指令执行，将新 PV 值（预设计数值）"200" 送入 SMD42 单元；接着高速计数器 HSC0 的控制字节中的 SM37.5、SM37.6 两位均得电为 1，允许 HSC0 更新 CV 值和 PV 值；最后 HSC 指令执行，将新 CV 值和 PV 值载入高速计数器 HSC0。

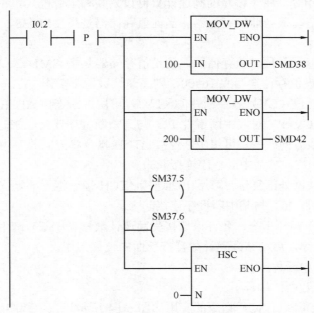

图 5-63　高速计数器计数值的设置梯形图

在执行 HSC 指令前，设置控制字节和修改 SMD 单元中的新 CV 值、PV 值不会影响高速计数器的运行；只有执行 HSC 指令后，高速计数器才按新设置值开始工作。

5.11.6　高速计数器的状态字节

每个高速计数器都有一个控制字节和一个状态字节，控制字节用来设置控制计数器的工作，状态字节则用来反映计数器的一些工作状态。HSC0～HSC3 高速计数器的状态字节见表 5-40。其中，每个状态字节的 0～4 位不用。监视高速计数器状态字节的状态位值，除了可以了解计数器当前的工作状态外，还可以用状态位值来触发其他的操作。例如，当 SM36.6=1 时表示 HSC0 的当前计数值正好等于预设值，可以用 SM36.6=1 触发执行一段程序。

表 5-40　HSC0～HSC3 高速计数器的状态字节

HSC0	HSC1	HSC2	HSC3	说　　明
SM36.5	SM46.5	SM56.5	SM136.5	当前计数方向状态位：0 表示减计数，1 表示加计数
SM36.6	SM46.6	SM56.6	SM136.6	当前值等于预设值状态位：0 表示不等，1 表示相等
SM36.7	SM46.7	SM56.7	SM136.7	当前值大于预设值状态位：0 表示小于或等于，1 表示大于

5.11.7　高速计数器的编程步骤与举例

高速计数器的编程较为复杂，一般步骤如下：

1）根据计数要求设置高速计数器的控制字节。例如，让 HSC1 的控制字节 SMB47=16#F8，则将 HSC1 设为允许计数、允许写入计数初始值、允许写入计数预设值、更新计数方向为加计数、正交计数为 4X 模式、高电平复位。

2）执行 HDEF 指令，将某编号的高速计数器设为某种工作模式。

3）将计数初始值写入当前值存储器。当前值存储器是指 SMD38、SMD48、SMD58 和 SMD138。

4）将计数预设值写入预设值存储器。预设值存储器是指 SMD42、SMD52、SMD62 和 SMD142。如果往预设值存储器写入 16#00，则高速计数器不工作。

5）为了捕捉当前值（CV）等于预设值（PV），可用中断连接 ATCH 指令将条件 CV=PV 中断事件（HSC0 的 CV=PV 对应中断事件 12）与某中断程序连接起来。

6）为了捕捉计数方向改变，可用中断连接 ATCH 指令将方向改变中断事件（HSC0 的方向改变对应中断事件 27）与某中断程序连接起来。

7）为了捕捉计数器外部复位，可用中断连接 ATCH 指令将外部复位中断事件（HSC0 的外部复位对应中断事件 28）与某中断程序连接起来。

8）执行中断允许 ENI 指令，允许系统接受高速计数器（HSC）产生的中断请求。

9）执行 HSC 指令，启动某高速计数器按前面的设置工作。

10）编写相关的中断程序。

例 5.44　高速计数器的编程。

高速计数器（HDEF、HSC）指令的应用如图 5-64 所示。在主程序中，PLC 第一次扫描时 SM0.1 触点接通一个扫描周期，由上往下执行指令，依次进行高速计数器 HSC1 控制字节的设置、工作模式的设置、写入初始值、写入预置值、中断事件与中断程序连接、允许中断、启动 HSC1 工作。

HSC1 开始计数后，如果当前计数值等于预置值，此为中断事件 13。由于已将中断事件 13 与 INT_0 中断程序连接起来，产生中断事件 13 后系统马上执行 INT_0 中断程序。在中断程序中，SM0.0 触点闭合，由上往下执行指令，先读出 HSC1 的当前计数值，然后重新设置

HSC1 并对当前计数值清 0，再启动 HSC1 重新开始工作。

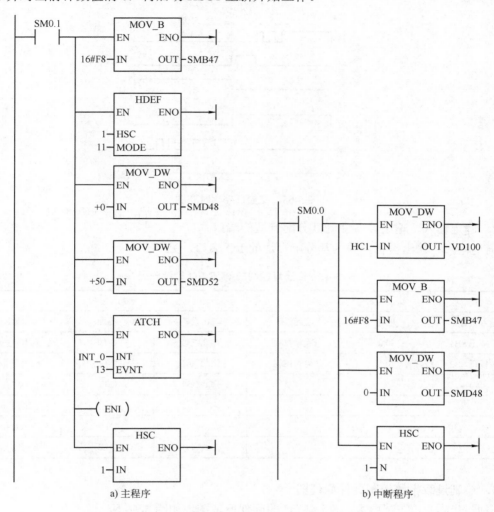

a) 主程序　　　　　　　　　　　　　b) 中断程序

图 5-64　高速计数器计数值指令应用梯形图

5.12　功能指令的应用实例

　　功能指令主要用于数字运算及处理场合，完成运算、数据的生成、存储以及某些规律的实现任务。功能指令除了能处理以上特殊功能外，也可用于逻辑控制程序中，这为逻辑控制类编程提供了新思路。

5.12.1　交通灯控制电路与梯形图

1．系统控制要求

　　十字路口的交通灯控制，当合上起动按钮时，东西方向绿灯亮 4s，闪烁 2s 后灭；黄灯亮 2s 后灭；红灯亮 8s 后灭；绿灯亮 4s，如此循环。而对应东西方向绿灯、黄灯、红灯亮时，南北方向红灯亮 8s 后灭；接着绿灯亮 4s，闪烁 2s 后灭；黄灯亮 2s，红灯又亮，如此循环。

时序图如图 5-65 所示。

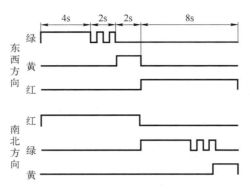

图 5-65　交通灯控制时序图

2．确定输入、输出设备并为其分配合适的端口

确定输入、输出设备，并为其分配合适的 I/O 端口，见表 5-41。

表 5-41　交通灯控制的 PLC I/O 地址分配

输　　入			输　　出		
输入设备	地址	功能说明	输出设备	地址	功能说明
控制按钮 SB1	I0.0	起动控制	南北红灯	Q0.0	信号灯指示
控制按钮 SB2	I0.1	停止控制	南北黄灯	Q0.1	信号灯指示
			南北绿灯	Q0.2	信号灯指示
			东西红灯	Q1.1	信号灯指示
			东西黄灯	Q1.2	信号灯指示
			东西绿灯	Q1.3	信号灯指示

3．绘制过载报警控制硬件原理图

根据表 5-41 和控制要求，设计 PLC 的硬件原理图，如图 5-66 所示。

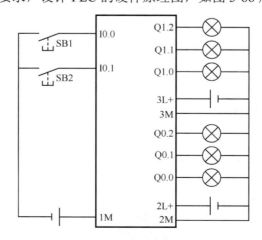

图 5-66　交通灯控制硬件连接图

4. 编写 PLC 控制程序

交通灯 PLC 控制程序如图 5-67 所示。

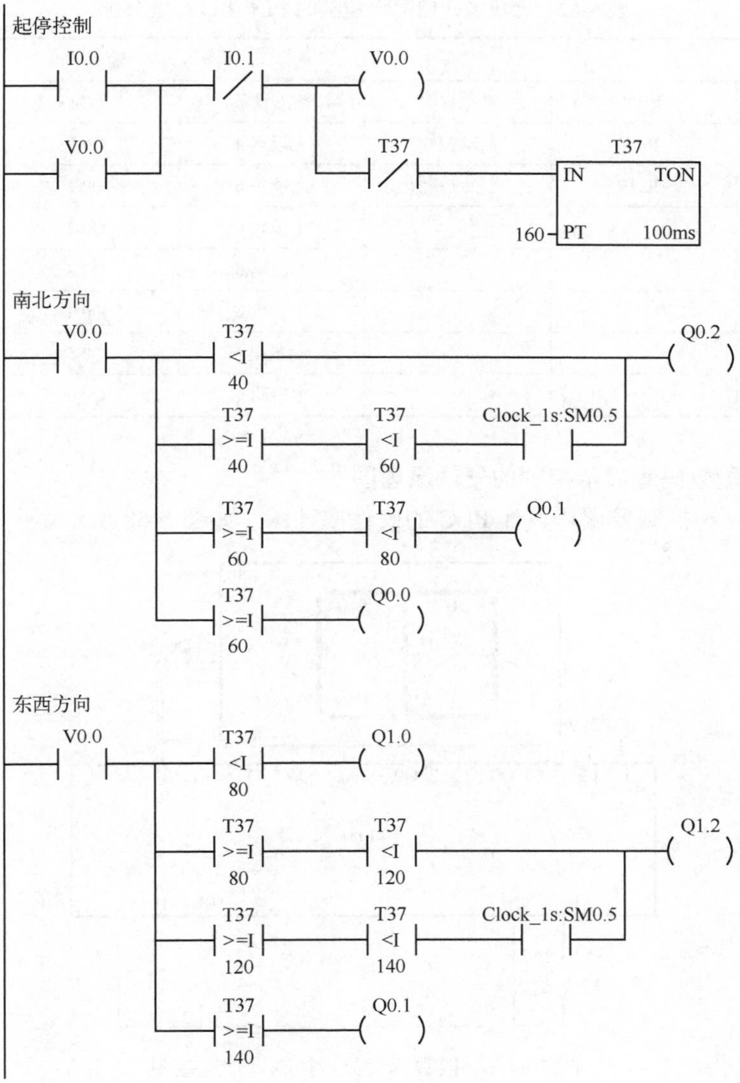

图 5-67   交通灯控制梯形图

本例仅使用了一个定时器，通过比较式指令对定时器 T37 的当前值进行监控、比较和判断，从而达到控制交通灯的目的。

5.12.2   七段数码管显示控制电路与梯形图

1. 系统控制要求

通过计数器记录开关接通的次数，并通过数码管显示开关的接通次数，要求当开关接通次数大于 10 时复位显示"0"，并重新开始计数并显示。

2．确定输入、输出设备并为其分配合适的端口

确定输入、输出设备，并为其分配合适的 I/O 端口，见表 5-42。

表 5-42　七段数码管显示控制的 PLC I/O 地址分配

输　入			输　出		
输入设备	地址	功能说明	输出设备	地址	功能说明
控制开关 SA1	I0.0	起动控制	七段码 a	Q0.0	数码显示
控制开关 SA2	I0.1	停止控制	七段码 b	Q0.1	数码显示
			七段码 c	Q0.2	数码显示
			七段码 d	Q0.3	数码显示
			七段码 e	Q0.4	数码显示
			七段码 f	Q0.5	数码显示
			七段码 g	Q0.6	数码显示

3．绘制七段数码管显示控制的硬件原理图

根据表 5-41 和控制要求，设计 PLC 的硬件原理图，如图 5-68 所示。

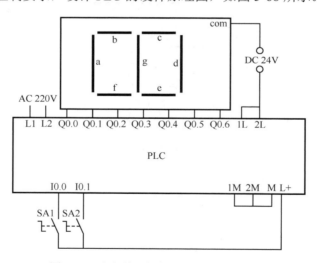

图 5-68　七段数码管显示控制硬件连接图

4．编写 PLC 控制程序

七段数码管显示控制梯形图如图 5-69 所示。

本例应用计数器、BCD 码递增和七段码指令，将记录的开关通断的次数显示出来。

当按下 SA1 时，输入信号 I0.0 有效，通过递增指令记录 SA1 的动作次数，并将其存入 MB0 中，同时计数器 C0 的当前值加 "1"。通过七段数字显示译码输出指令将其输出给输出节 QB0，将 MB0 的内容通过七段译码管显示出来。

当工作开关 SA1 接通次数大于或等于 10 时，计数器 C0 动作，将 MB0 的内容清 0，再接通 SA1 时开始重新计数和显示。当清除错误开关 SA2 接通，输入信号 I0.1 有效，计数器 C0 被复位，同时 MB0 的内容也被清 0，开始重新计数和显示。

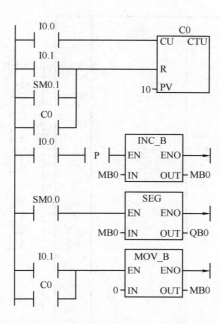

图 5-69 七段数码管显示控制梯形图

5.12.3 5 台电动机起停控制电路与梯形图

1. 系统控制要求

用功能指令编写程序，有 5 台电动机，接在 Q0.1～Q0.5 的输出接线端子上，使用单按钮控制起/停。按钮接在 I0.0 上，具体的控制方法是，按下按钮的次数对应起动电动机的号码，最后按下按钮持续 3s，电动机停止。

2. 确定输入、输出设备并为其分配合适的端口

确定输入、输出设备，并为其分配合适的 I/O 端口，见表 5-43。

表 5-43 5 台电动机起停控制的 PLC I/O 地址分配

输　　入			输　　出		
输入设备	地址	功能说明	输出设备	地址	功能说明
控制按钮 SB1	I0.0	起停控制	KM1	Q0.0	1 号电动机
			KM2	Q0.1	2 号电动机
			KM3	Q0.2	3 号电动机
			KM4	Q0.3	4 号电动机
			KM5	Q0.4	5 号电动机

3. 绘制 5 台电动机起停控制的硬件原理图

根据表 5-43 和控制要求，设计 PLC 的硬件原理图，如图 5-70 所示。

4. 编写 PLC 控制程序

编写 5 台电动机起停 PLC 控制程序，如图 5-71 所示。

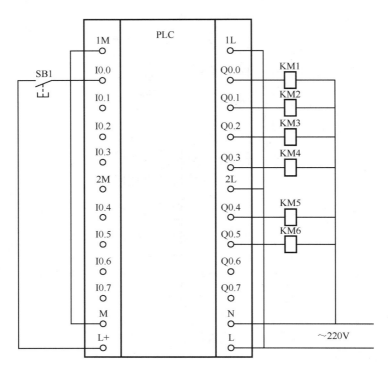

图 5-70　5 台电动机起停控制硬件连接图

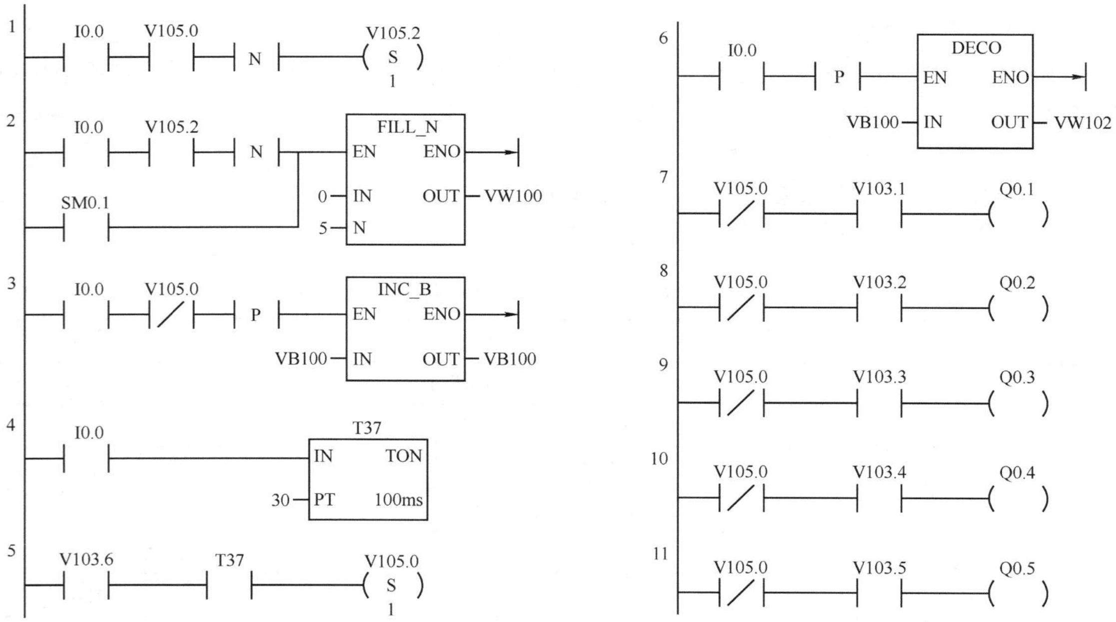

图 5-71　5 台电动机起停控制梯形图

网络 1 实现最后一次按下按钮，置位；网络 2 现象在第一个扫描周期，清 0，V105.2 置位后，按钮为停机信号；网络的递减指令实现记录按下按钮的次数功能；网络 4 定时器实现最后一次按下按钮的计时；网络 6 译码指令实现对按钮次数的译码；网络 7～11 根据译码结果，分别实现对 1 号电动机、2 号电动机、3 号电动机、4 号电动机、5 号电动机的起动。

思考与练习题

5.1　3 台电动机相隔 5s 起动，各运行 20s，循环往复。使用传送指令和比较指令完成控制要求。

5.2　使用比较指令产生一个周期为 3s，占空比为 2/3 的脉冲。

5.3　使用移位指令实现 10 盏彩灯每隔 2s 循环点亮。

5.4　通过计数器记录开关接通的次数，并通过数码管显示开关的接通次数，要求当开关接通次数大于 10 时复位显示为 0，并重新开始计数并显示。

5.5　运用算术运算指令完成算式[(100+200)×10]/3 的运算，并画出梯形图。

5.6　编写主、子程序，实现 Y=[(X+20)×3]/8 运算。通过调用子程序实现 VW0、VW2 中数据的运算，结果存在 VW10 和 VW20 中。

第6章 顺序控制

6.1 顺序控制基本概念

顺序流程控制是按照生产工艺预先规定的顺序，在各个输入信号的作用下，根据内部的状态和时间的顺序，在生产过程中各个执行机构自动有序地进行操作。在工程上，用梯形图或语句表的一般指令编程，程序虽然简单但需要一定的编程技巧，特别是工艺过程比较复杂的控制系统。对于一些顺序控制过程，各过程之间的逻辑关系复杂，给编程带来较大的困难。此时，利用顺序控制语言来编制程序会比较方便。

6.2 顺序功能图

顺序功能图（Sequential Function Chart，SFC）又叫作状态转移图，它是描述控制系统的控制过程、功能和特性的一种图形，同时也是一种设计 PLC 顺序控制程序的有力工具。它具有简单、直观等特点，不涉及控制功能的具体技术，是一种通用的语言，是国际电工委员会（IEC）首选的编程语言，近年来在 PLC 的编程中已经得到了普及与推广。在 IEC 61131-3 中称顺序功能图，在我国国家标准 GB/T 6988.1—2008 中称功能表图。西门子称为图形编程语言 S7-Graph 和 S7-HiGraph。

顺序功能图的基本思想是：设计者按照生产要求，将被控设备的一个工作周期划分成若干个工作阶段（简称"步"），并明确表示每一步要执行的输出，"步"与"步"之间通过制定的条件进行转换。在程序中，只要通过正确连接进行"步"与"步"之间的转换，就可以完成被控设备的全部动作。

PLC 执行顺序功能图程序的基本过程是：根据转换条件选择工作"步"，进行"步"的逻辑处理。组成顺序功能图程序的基本要素是步、转换条件和有向连线。

图 6-1 为小车运动的示意图。小车的初始位置停在左侧，限位开关 SQ2（I0.2）动作，按下起动按钮 SB1（I0.0）时，小车右行（Q0.0），右行到位时压下限位开关 SQ1（I0.1），小车停止运行；3s 后小车自动起动，开始左行（Q0.1），左行到位时压下限位开关 SQ2，小车返回初始状态停止运行。图 6-2 即为小车顺序功能图。

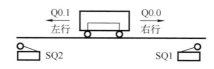

图 6-1　小车运动的示意图

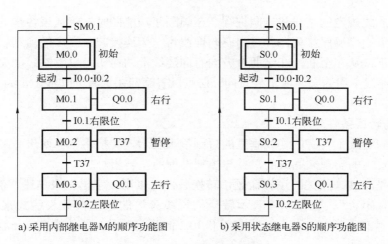

a) 采用内部继电器M的顺序功能图　　　　b) 采用状态继电器S的顺序功能图

图 6-2　小车控制的顺序功能图

6.2.1　顺序功能图的构成

1. 步

根据输出信号 Q0.0 和 Q0.1 的状态变化，一个工作周期可分为右行、暂停和左行 3 步，另外还应设置等待起动的初始步。用矩形方框表示步，方框中用代表各步的存储器位的地址作为步的编号。可以用的存储器有内部继电器 Mx.x 和状态继电器 Sx.x，图中分别用 M0.0～M0.3 或 S0.0～S0.3 来代表这 4 步。

初始状态一般是系统等待起动命令的相对静止的状态。系统在开始进行自动控制之前，先应进入规定的初始状态。与系统的初始状态相对应的步称为初始步，初始步用双线方框表示，每一个顺序功能图至少应该有一个初始步。

2. 与步对应的动作

对于被控系统，在某一步中需要完成某些"动作"（action），用矩形框中的文字或符号来表示动作，该矩形框与相应步的方框用水平短线相连。

如果某一步有几个动作，可以用图 6-3 中的两种画法来表示，但是并不隐含这些动作之间的任何顺序。

图 6-3　动作的表示方法

当系统正处于某一步所在的阶段时，该步处于活动状态，称该步为"活动步"。步处于活动状态时，相应的动作被执行；处于不活动状态时，相应的动作将停止执行。

如当 M0.3 或 S0.3 为 1 时，该步为活动步；这时，PLC 完成驱动 Q0.1 的动作。相反，当 M0.3 或 S0.3 为 0 时，该步为非活动步；这时，PLC 完成驱动 Q0.1 的不动作。

3. 有向连线

在顺序功能图中，随着时间的推移和转换条件的实现，将会发生步的活动状态的进展，进展是按有向连线规定的路线和方向进行。在画顺序功能图时，将代表各步的方框按它们成为活动步的先后次序顺序排列，并且用有向连线将它们连接起来。步的活动状态习惯的进展方向是从上到下或从左至右，在这两个方向有向连线上的箭头可以省略。如果不是上述的方向，应在有向连线上用箭头注明进展方向。在可以省略箭头的有向连线上，为了更易于理解，也可以加箭头。

4. 转换与转换条件

转换用有向连线上与有向连线垂直的短画线来表示，转换将相邻两步分隔开。步的活动态的进展是由转换的实现来完成的，并与控制过程的发展相对应。

转换条件是与转换相关的逻辑命题，转换条件可以用文字语言来描述，例如，"触点 A 与触点 B 同时闭合"；也可以用表示转换的短线旁边的布尔代数表达式来表示，例如，I0.1 · I0.2，表示 I0.1 和 I0.2 相与，即 I0.1 和 I0.2 同时为 1 时，条件成立。一般用布尔代数表达式来表示转换条件。

6.2.2 顺序控制的基本结构

顺序功能图的常见结构分为三种形式：单序列、选择序列和并行序列。

1. 单序列

单序列由一系列相继激活的步组成，每一步的后面仅有一个转换，每一个转换的后面只有一个步（见图6-2），单序列的特点是没有分支与合并。

2. 选择序列

选择序列是指某一步后有若干个单一序列等待选择，称为分支（见图6-4a），一般只允许选择一个顺序，转换只能标在水平线之下。选择序列的结束称为合并，用一条水平线表示，水平线以下不允许有转换条件。

3. 并行序列

并行序列是指在某一转换条件下同时启动若干个顺序，也就是说转换条件实现导致几个分支同时激活。并行序列的开始和结束都用双水平线表示，如图6-4b所示。

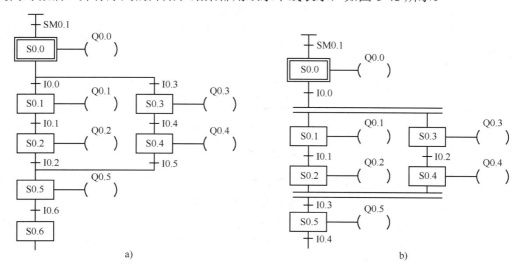

图 6-4　顺序功能图的结构形式

6.3　顺序控制的梯形图编程方法

6.3.1　使用 SCR 指令设计控制梯形图

S7-200 SMART PLC 提供了顺序流程的相关指令，即顺序控制继电器指令 SCR、SCRT、SCRE 等。顺序功能流程图的主要元素是步、转移、转移条件和动作。S7-200 SMART PLC 顺序控制指令见表 6-1。Sx.y 是 S7-200 SMART PLC 中顺序控制专用的步的标志，某一步激活，则该步的标志 Sx.y 动作（等于 1），否则不动作（等于 0）。

表 6-1　S7-200 SMART PLC 顺序控制指令

指　　令	注　　释
Sx.y SCR	开始：载入顺序控制中继，标记 SCR 段的开始，SCR 和 SCRE 结束指令之间的所有逻辑执行取决于 S 堆栈数值。SCRE 和下一条 SCR 指令之间的逻辑不取决于 S 堆栈数值。x: 0～31，y: 0～7
Sx.y —(SCRT)	转移：顺序控制中继转换，提供一种从现用 SCR 段向另一个 SCR 段转换控制的方法。当 SCRT 指令激励时，该指令会重设当前现用段的 S 位，并设置被引用段的 Sx.y。在 SCR 转换指令执行时，重设现用段的 S 位不会影响 S 堆栈，因此，SCR 段在退出前保持激励状态。x: 0～31，y: 0～7
—(SCRE)	结束：顺序控制中继结束标记

使用 S7-200 SMART PLC 顺序流程指令需要注意以下几点。

1）顺序控制指令仅对状态继电器 S 有效，S 也具有一般继电器的功能，对它还可使用与其他继电器一样的指令。

2）SCR 段程序（LSCR 至 SCRE 之间的程序）能否执行，取决于该段程序对应的状态继电器 S 是否被置位。另外，当前程序 SCRE（结束）与下一个程序 LSCR（开始）之间程序不影响下一个 SCR 程序的执行。

3）同一个状态继电器 S 不能用在不同的程序中，如主程序中用了 S0.2，在子程序中不能再使用它。

4）SCR 段程序中不能使用跳转指令 JMP 和 LBL，即不允许使用跳转指令跳入到 SCR 程序或在 SCR 程序内部跳转。

5）SCR 段程序中不能使用 FOR、NEXT 和 END 指令。

6）在使用 SCRT 指令实现程序转移后，前 SCR 段程序变为非活动步程序，该程序的元件会自动复位，如果希望转移后某元件能继续输出，可对该元件使用置位或复位指令在非活动步程序中，PLC 通电常开触点 SM0.0 也处于断开状态。

图 6-5 为小车运动的控制梯形图，顺序功能图参考图 6-2。从图中可以看出，顺序控制程序由多个 SCR 程序段组成，每个 SCR 程序段以 SCR 指令开始，以 SCRE 指令结束，程序段之间的转移使用 SCRT 指令。当执行 SCRT 指令时，会将指定程序段的状态继电器激活（即置 1），使之成为活动步程序，该程序段被执行，同时自动将前程序段的状态继电器和元件复

位（即置 0）。

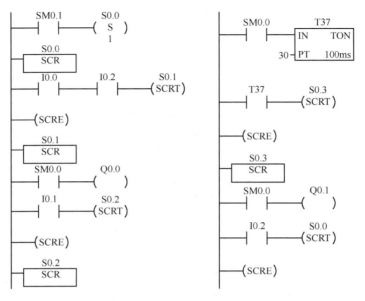

图 6-5　采用 SCR 指令设计小车运动的控制梯形图

6.3.2　使用基本的逻辑指令设计控制梯形图

根据小车控制要求设计控制梯形图，如图 6-6 所示。

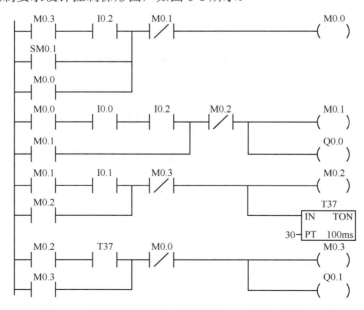

图 6-6　采用基本逻辑指令设计小车运动的控制梯形图

6.3.3　使用基本的置位、复位指令设计控制梯形图

根据小车控制要求设计控制梯形图，如图 6-7 所示。

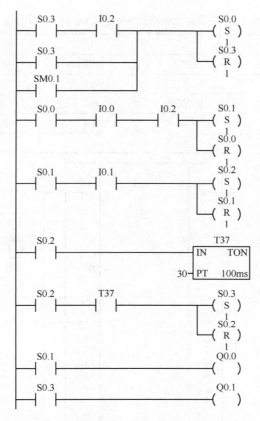

图 6-7　采用置位、复位指令设计小车运动的控制梯形图

6.4　顺序控制实例

6.4.1　冲床动力头进给运动控制系统

1．明确系统控制要求

图 6-8 为冲床动力头进给运动 PLC 硬件原理图，动力头的初始位置停在左侧，限位开关 SQ1 动作，按下起动按钮 SB 时，动力头快进，进给到限位开关 SQ2 位置时，动力头转为工进；工进到限位开关 SQ3 位置时，动力头停止进给；同时定时 3s 后转为快退，返回到原位 SQ1 处停止。

2．确定输入、输出设备并为其分配端子

确定输入/输出设备，并为其分配合适的 I/O 端子，见表 6-2。

3．绘制冲床动力头进给运动控制硬件原理图

绘制冲床动力头进给运动的控制 PLC 硬件原理图，如图 6-8 所示。

4．编写 PLC 控制程序

本实例控制功能简单，可采用单流程顺序功能图设计，其动作是一个接一个地顺序完成。每个状态仅连接一个转移，每个转移也仅连接一个状态。冲床动力头控制单流程顺序功能图如图 6-9 所示。根据输出信号 Q0.0、Q0.1 和 Q0.2 的状态变化，一个工作周期可分为快进、

表 6-2　　冲床动力头进给运动的 PLC I/O 地址分配

输　入			输　出		
输入设备	地址	功能说明	输出设备	地址	功能说明
行程开关 SQ1	I0.0	原位限位	电磁阀 YA1	Q0.0	快进
行程开关 SQ2	I0.1	工进限位	电磁阀 YA2	Q0.1	工进
行程开关 SQ3	I0.2	快退限位	电磁阀 YA3	Q0.2	快退
按钮 SB	I0.3	起动			

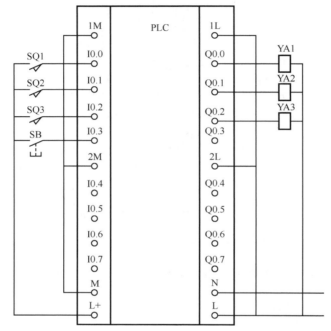

图 6-8　冲床动力头进给运动 PLC 硬件原理图

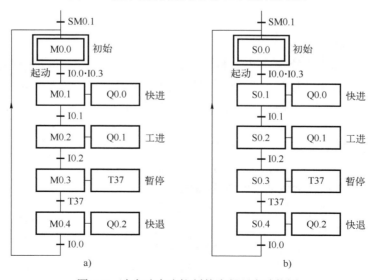

图 6-9　冲床动力头控制单流程顺序功能图

工进、暂停和快退 4 步，分别用 SX.x 或 MX.x 来代表各步。起动按钮、限位开关和定时器作为各步之间的转换条件。

（1）使用 SCR 指令的方法设计的控制梯形图

根据控制要求设计的控制梯形图，如图 6-10 所示。梯形图的程序执行过程为

1）首次扫描时，SM0.1 接通一个扫描周期，使顺序继电器 S0.0 置位，初始步变为活动步，只执行 S0.0 对应的 SCR 段程序。

2）按下起动按钮 SB，输入信号 I0.0 有效；指令"SCRT S0.1"对应的状态继电器 S0.1 的状态由"0"变为"1"，操作系统使状态继电器 S0.0 的状态由"1"变为"0"，初始步由活动步变为静止步，只执行 S0.1 对应的 SCR 段程序。系统从初始步转换到快进步，输出信号 Q0.0 为 ON，动力头快进。

3）动力头快进到工进位置时，输入信号 I0.1 有效；指令"SCRT S0.2"对应的状态继电器 S0.2 的状态由"0"变为"1"，操作系统使状态继电器 S0.1 的状态由"1"变为"0"，快进活动步变为静止步，状态继电器 S0.1 对应的 SCR 段程序不再被执行。系统从快进步转换到 T 进步，输出信号 Q0.0 变为 OFF，Q0.1 变为 ON，动力头工进。

4）动力头工进到位后，输入信号 I0.2 有效；指令"SCRT S0.3"对应的状态继电器 S0.3 的状态由"0"变为"1"，操作系统使状态继电器 S0.2 的状态由"1"变为"0"，工进活动步变为静止步，状态继电器 S0.3 对应的 SCR 段程序不再被执行。系统从工进步转换到暂停步，输出信号 Q0.1 变为 OFF，动力头工进停止；同时控制定时器 T37 工作，定时 3s 后，T37 的常开触点闭合，系统将状态继电器 S0.4 的状态由"0"变为"1"，系统从暂停步转换到快退步，输出信号 Q0.2 变为 ON，动力头快退。

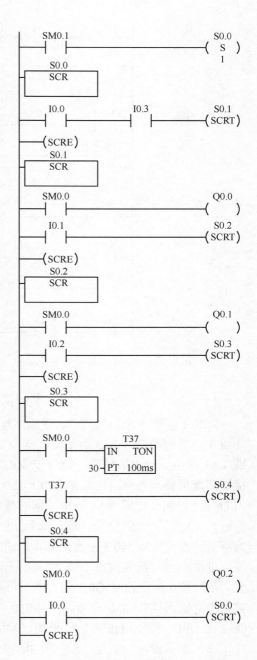

图 6-10　SCR 指令梯形图

5）动力头快退返回原位后，输入信号 I0.0 有效；指令"SCRT S0.0"对应的状态继电器 S0.0 的状态由"0"变为"1"，操作系统使状态继电器 S0.4 的状态由"1"变为"0"，动力头快退步由活动步变为静止步，状态继电器 S0.4 对应的 SCR 段程序不再被执行，输出信号 Q0.2 变为 OFF，动力头停止运行。系统从快退步转换到初始步，在原位等待起动信号。

（2）使用通用逻辑指令的方法设计控制梯形图

根据控制要求设计控制梯形图，如图 6-11 所示。

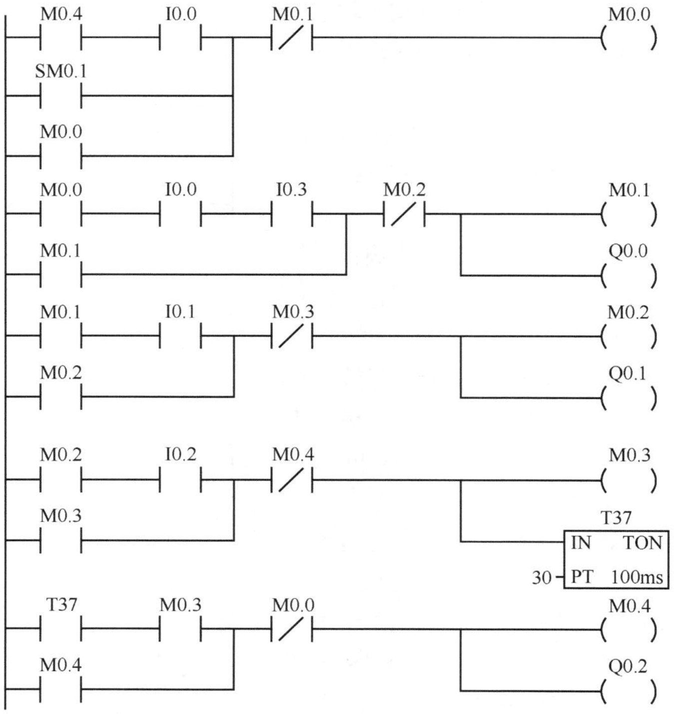

图 6-11　通用逻辑指令梯形图

SM0.1 接通一个扫描周期，使顺序继电器 M0.0 置位，初始步变为活动步，在原位等待起动命令，当起动信号 I0.3 有效时，当步 M0.1 为活动步时，输出信号 Q0.0 为 ON，控制电磁铁 YA1 得电，动力头快进，此时步 M0.0 变为静止步；快进到位后输入信号 I0.1 的常开触点接通即满足转换条件，这时步 M0.1 变为不活动步，而步 M0.2 变为活动步，输出信号 Q0.0 为 OFF，控制电磁铁 YA1 断电，同时使输出信号 Q0.1 为 ON，控制电磁铁 YA2 通电，动力头转为工进，工进到位后，输入信号 I0.2 的常开触点接通即满足转换条件，这时步 M0.2 变为不活动步，而步 M0.3 变为活动步，输出信号 Q0.1 为 OFF，控制电磁铁 YA2 断电，动力头停止进给，定时器 T37 工作条件满足，开始定时；当定时器 T37 定时时间达到后，步 M0.4 变为活动步，输出信号 Q0.2 为 ON，控制电磁铁 YA3 得电，动力头快退；快退到位后限位开关动作，输入信号 I0.0 有效，步 M0.0 变为活动步，同时步 M0.4 变为不活动步，输出信号 Q0.2 为 OFF，控制电磁铁 YA3 断电，动力头返回原位，系统重新回到初始状态待命。

（3）使用置位、复位（S、R）指令的方法设计控制梯形图

根据控制要求设计控制梯形图，如图 6-12 所示。

首次扫描时，SM0.1 接通一个扫描周期，使状态继电器 S0.0 置位，初始步变为活动步，在原位等待起动命令，当起动信号 I0.3 有效时，使状态继电器 S0.1 置位，步 S0.1 为活动步时，Q0.0 为 ON，控制电磁铁 YA1 得电，动力头快进，此时步 S0.0 变为静止步；快进到位后限位信号 I0.1 的常开触点接通即满足转换条件，使状态继电器 S0.2 置位，这时步 S0.1 变为不活动步，而步 S0.2 变为活动步，输出信号 Q0.0 为 OFF，控制电磁铁 YA1 断电，同时使输出信号 Q0.1 线圈通电，动力头转为工进，工进到位后，输入信号 I0.2 的常开触点接通即满足

转换条件，使状态继电器 S0.3 置位，这时步 S0.2 变为不活动步，而步 S0.3 变为活动步，输出信号 Q0.1 为 ON，控制电磁铁 YA2 断电，定时器 T37 工作条件满足开始定时；当定时器 T37 定时时间达到后，使状态继电器 S0.4 置位，步 S0.4 变为活动步，输出信号 Q0.2 为 ON，控制电磁铁 YA3 得电，动力头快退；快退到位后限位开关动作，输入信号 I0.0 有效，使状态继电器 S0.0 置位，步 S0.0 变为活动步，同时步 S0.4 变为不活动步，输出信号 Q0.2 为 OFF，控制电磁铁 YA3 断电，动力头返回原位，系统重新回到初始状态待命。

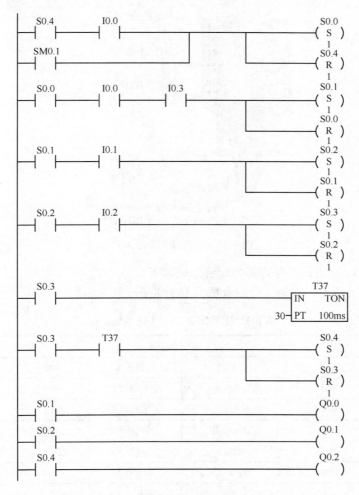

图 6-12　置位、复位指令梯形图

6.4.2　混料罐控制系统

1. 明确系统控制要求

图 6-13 为混料罐工作示意图。混料罐有两个进料口，一个出料口，上部有搅拌电动机。混料罐上有三个液面位置传感器，分别指示液面的高、中和低。当液面处于某种水平时，相应的液面位置传感器有信号。操作面板上有开始和停止两个按钮，两个按钮上带有指示灯。

系统开始运行后，首先打开出料阀门，放料 5s 后关上出料阀门；接着打开进料阀门 1，进料至中液位时关上进料阀门 1；接着打开进料阀门 2，进料至高液位时关上进料阀门 2；搅拌 5s 后放料。如此连续循环，直到系统停止。

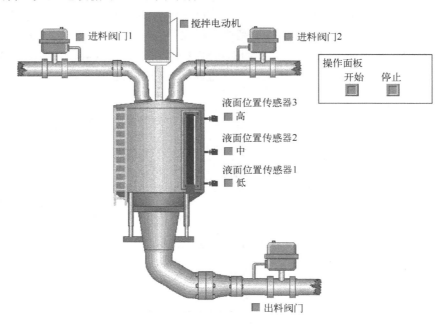

图 6-13　混料罐工作示意图

2. 确定输入、输出设备并为其分配合适的端子

确定输入/输出设备，并为其分配合适的 I/O 端子，见表 6-3。

表 6-3　混料罐的 PLC I/O 地址分配

输　入			输　出		
输入设备	地址	功能说明	输出设备	地址	功能说明
液面位置传感器 1	I0.0	低液位检测	进料阀门 1	Q0.0	进料 1
液面位置传感器 2	I0.1	中液位检测	进料阀门 2	Q0.1	进料 2
液面位置传感器 3	I0.2	高液位检测	电动机接触器	Q0.2	搅拌
按钮 SB1	I0.3	起动	出料阀门	Q0.3	出料
按钮 SB2	I0.4	停止	指示灯 1	Q0.4	运行指示
			指示灯 1	Q0.5	停止指示

3. 绘制混料罐 PLC 硬件原理图

混料罐 PLC 硬件原理图如图 6-14 所示。

4. 编写 PLC 控制程序

分析混料罐工作的过程，绘制出混料罐工作的顺序功能图，如图 6-15 所示。

本例使用 SCR 指令的方法设计的控制梯形图，如图 6-16 所示。其他方法读者自行分析。

按下起动按钮，I0.4 接通。置位优先指令驱动 Q0.5 置"1"，运行指示灯点亮；按下停止按钮，置位优先按钮驱动 Q0.6 置"1"，停止指示灯点亮。

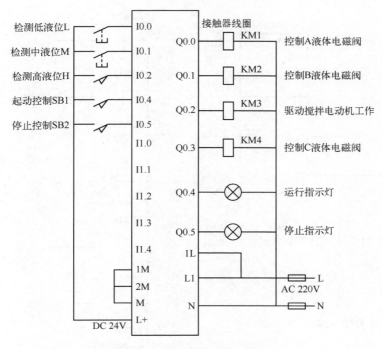

图 6-14　混料罐 PLC 硬件原理图

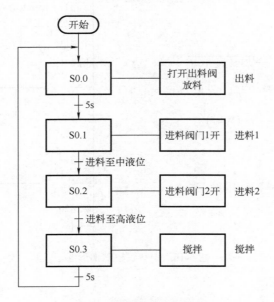

图 6-15　混料罐控制顺序功能图

运行指示灯点亮后，上升沿检测指令接通一个扫描周期，使 S0.0 置 "1"，进入顺序控制的第一步。停止指示灯点亮后，上升沿检测指令接通一个扫描周期，使 S0.0 为起始地址的连续 5 位即 S0.0～S0.4 全部复位，所有步停止运行，系统停止工作。

程序中的网络 1～4 实现了系统的启动、停止功能，并通过指示灯指示，属于非步进指令。程序中的网络 5～20 属于典型的步进段，每一步对应一个步进段。

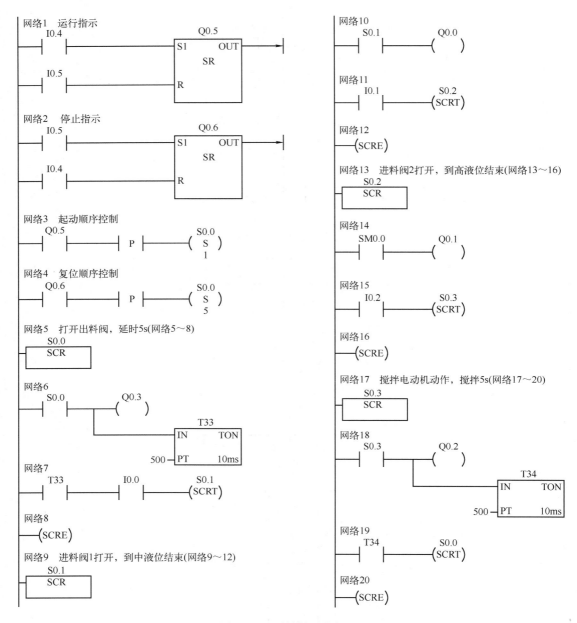

图 6-16　混料罐控制梯形图

6.4.3　洗车控制系统

1．明确系统控制要求

（1）工作模式选择

选择自动模式时，系统进入自动工作状态。选择手动模式时，系统进入手动工作状态。

（2）系统自动工作

在自动模式下，按下起动按钮，泡沫清洗机开始工作。清洗 10s 后控制清水清洗电动机工作，清水冲洗 20s 后停止冲洗。然后控制风干机工作，风干 5s 后风干机停止工作，清洗结束。

（3）系统手动工作

在手动模式下，按下起动按钮，泡沫清洗机工作；按下手动清水冲洗按钮，清水清洗机工作；按下手动风干按钮，控制风干机工作。

当按下停止按钮，清洗机停止运行。

2. 确定输入/输出设备并为其分配端子

确定输入/输出设备，并为其分配合适的 I/O 端子，见表 6-4。

表 6-4 洗车控制系统的 PLC I/O 地址分配

输　　入			输　　出		
输入设备	地址	功能说明	输出设备	地址	功能说明
开关 SA	I0.0	工作模式选择	电动机接触器 KM1	Q0.1	控制泡沫清洗电动机
按钮 SB1	I0.1	起动	电动机接触器 KM2	Q0.2	控制清水清洗电动机
按钮 SB2	I0.2	停止	电动机接触器 KM3	Q0.3	控制风干电动机
按钮 SB3	I0.3	手动清水冲洗			
按钮 SB4	I0.4	手动风干			
按钮 SB5	I0.5	手动结束			

3. 绘制洗车控制 PLC 硬件原理图

洗车控制 PLC 硬件原理图如图 6-17 所示。

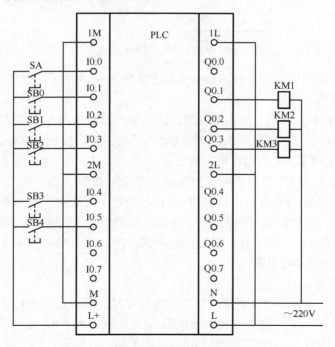

图 6-17 洗车控制 PLC 硬件原理图

4. 编写 PLC 控制程序

本实例采用选择性顺序功能图的方法进行设计，根据其控制要求设计的顺序功能图如图

6-18 所示。根据输入条件选择工作模式，选择自动模式时，系统进入自动工作状态；选择手动模式时，系统进入手动工作状态。

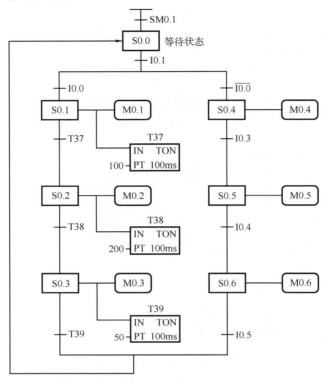

图 6-18　洗车控制选择性顺序功能图

本例使用 SCR 指令的方法设计的控制梯形图，如图 6-19 所示。其他方法读者自行分析。

1. 系统自动工作

首次扫描时，SM0.1 接通一个扫描周期，使顺序控制继电器 S0.0 置位，初始步变为活动步，只执行 S0.0 对应的 SCR 段程序，初始步变为活动步，等待起动命令。

在自动模式下，开关 SA 接通，输入信号 I0.0 为 ON，按下起动按钮 SB1 时输入信号 I0.1 为 ON，指令"SCRT S0.1"对应的顺序控制继电器 S0.1 的状态由"0"变为"1"，操作系统使顺序控制继电器 S0.0 的状态由"1"变为"0"，初始步由活动步变为静止步，只执行 S0.1 对应的 SCR 段程序，控制辅助继电器 M0.1 为 ON，使输出信号 Q0.0 为 ON，接触器 KM1 线圈得电，控制泡沫清洗电动机工作，进行泡沫清洗工序；同时定时器 T37 开始定时……，后续过程请读者按此方法自行分析。

2. 系统手动工作

手动模式时，输入信号 I0.0 断开，其常开触点接通，此时如有起动信号即输入 I0.1 有效时，指令"SCRT S0.4"对应的顺序控制继电器 S0.4 的状态由"0"变为"1"，操作系统使顺序控制继电器 S0.0 的状态由"1"变为"0"，进入手动运行阶段，运行过程读者行分析。

3. 系统停止工作

无论系统是自动工作还是手动工作，只要按下停止按钮，输入信号 I0.2 有效，通过复位指令将 S0.1～S0.7 复位，同时将 S0.0 置位为"1"，使初始步变为活动步，系统返回初始状态等待命令。

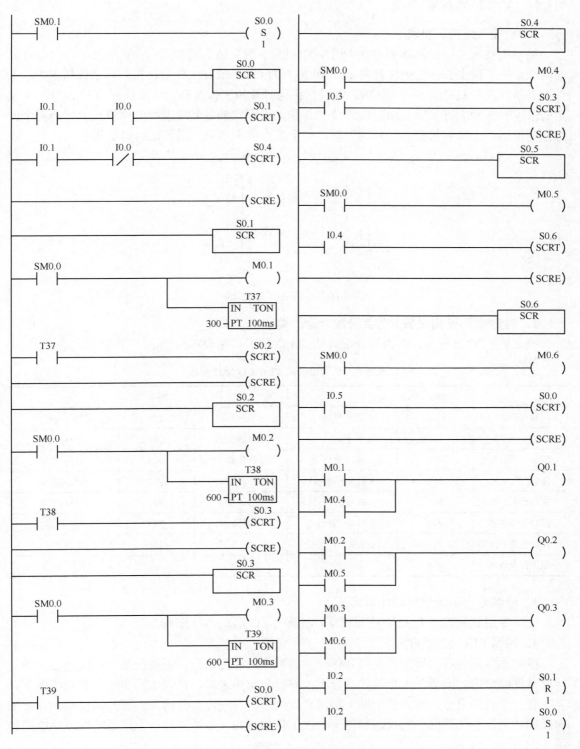

图 6-19　洗车控制 SCR 指令的方法设计的控制梯形图

6.4.4 专用钻床控制系统

1. 明确系统控制要求

某专用钻床工作过程如图 6-20 所示，使用大小两只钻头同时钻两个孔，开始自动运行之前两个钻头在最上面，上限位开关 I0.3 和 I0.5 为 ON。放好工件后，按下起动按钮 I0.0，工件被夹紧，夹紧到位后 I0.1 为 ON，两只钻头同时开始工作，钻到由限位开关 I0.2 和 I0.4 设定的深度时分别上行，回到由限位开关 I0.3 和 I0.5 设定的起始位置时分别停止上行。两个钻头都到位后，工件被松开，松开到位后，一个工作周期结束，系统返回初始状态。

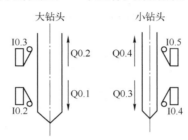

图 6-20　专用钻床工作示意图

2. 确定输入/输出设备并为其分配合适的端子

确定输入/输出设备，并为其分配合适的 I/O 端子，见表 6-5。

表 6-5　专用钻床的 PLC I/O 地址分配

输　　入			输　　出		
输入设备	地址	功能说明	输出设备	地址	功能说明
按钮 SB	I0.0	起动	接触器 KM1	Q0.0	工件夹紧
限位开关 SQ1	I0.1	夹紧到位	接触器 KM2	Q0.1	大钻头下降
限位开关 SQ2	I0.2	大钻头下降到位	接触器 KM3	Q0.2	大钻头上升
限位开关 SQ3	I0.3	大钻头上升到位	接触器 KM4	Q0.3	小钻头下降
限位开关 SQ4	I0.4	小钻头下降到位	接触器 KM5	Q0.4	小钻头上升
限位开关 SQ5	I0.5	小钻头上升到位	接触器 KM6	Q0.5	工件放松
限位开关 SQ6	I0.6	放松到位			

3. 绘制专用钻床控制硬件原理图

绘制专用钻床控制 PLC 硬件原理图，如图 6-21 所示。

4. 编写 PLC 控制程序

根据本实例的控制要求可采用并行分支的顺序功能图设计，系统的某一步活动后，满足转换条件能够同时激活若干步的并行分支；并行分支结束时，在表示同步的水平双线之下只允许有一个转换符号，即当两个钻头都回升到位后，才允许工件松开，松开到位后，一个工作周期结束，系统返回初始状态等待下一次工作的开始。本实例设计专用钻床顺序功能图如图 6-22 所示。

本例梯形图程序采用逻辑指令实现，如图 6-23 所示，其他方法读者自行分析。程序的执行过程如下。

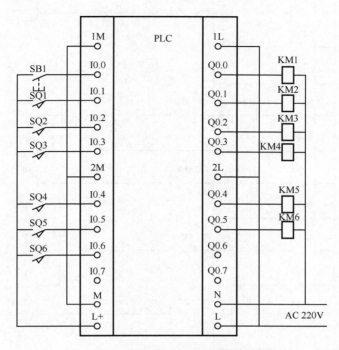

图 6-21　专用钻床控制 PLC 硬件原理图

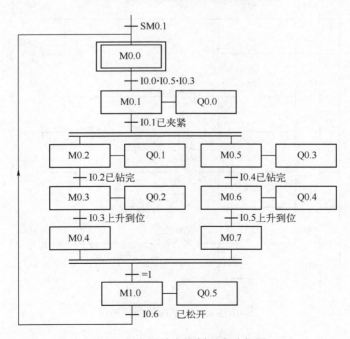

图 6-22　专用钻床控制顺序功能图

首次扫描时，SM0.1 接通一个扫描周期，使继电器 M0.0 变为 ON，初始步变为活动步，等待起动命令。按下起动按钮 SB1，输入信号 I0.0 为 ON，自动运行之前两个钻头在最上面，上限位开关 I0.3 和 I0.5 为 ON，此时继电器 M0.1 的工作条件满足，继电器 I0.1 变为 ON，步

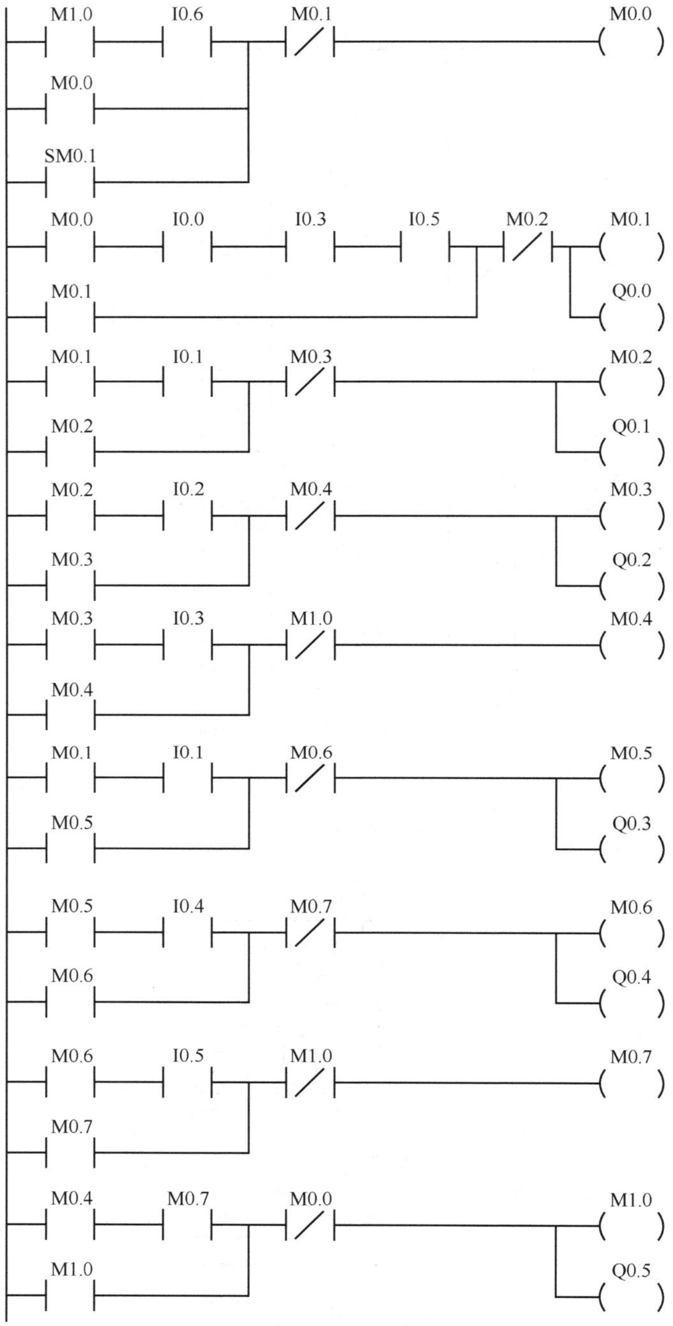

```
M1.0      I0.6      M0.1                        M0.0
─┤├───────┤├───────┤/├───────────────────────( )
M0.0
─┤├──┐
SM0.1 │
─┤├──┘

M0.0      I0.0      I0.3      I0.5      M0.2    M0.1
─┤├───────┤├────────┤├────────┤├────────┤/├───( )
M0.1                                            Q0.0
─┤├────────────────────────────────────────( )

M0.1      I0.1      M0.3                        M0.2
─┤├───────┤├───────┤/├────────────────────────( )
M0.2                                            Q0.1
─┤├────────────────────────────────────────( )

M0.2      I0.2      M0.4                        M0.3
─┤├───────┤├───────┤/├────────────────────────( )
M0.3                                            Q0.2
─┤├────────────────────────────────────────( )

M0.3      I0.3      M1.0                        M0.4
─┤├───────┤├───────┤/├────────────────────────( )
M0.4
─┤├─┘

M0.1      I0.1      M0.6                        M0.5
─┤├───────┤├───────┤/├────────────────────────( )
M0.5                                            Q0.3
─┤├────────────────────────────────────────( )

M0.5      I0.4      M0.7                        M0.6
─┤├───────┤├───────┤/├────────────────────────( )
M0.6                                            Q0.4
─┤├────────────────────────────────────────( )

M0.6      I0.5      M1.0                        M0.7
─┤├───────┤├───────┤/├────────────────────────( )
M0.7
─┤├─┘

M0.4      M0.7      M0.0                        M1.0
─┤├───────┤├───────┤/├────────────────────────( )
M1.0                                            Q0.5
─┤├────────────────────────────────────────( )
```

图 6-23　专用钻床控制梯形图

M0.1 变为活动步而初始步 M0.0 为静止步，输出信号 Q0.0 为 ON，接触器 KM1 线圈得电，控制夹紧电磁阀通电夹紧工件，夹紧到位后开关 SQ1 动作，输入信号 I0.1 为 ON，其常开触点接通即满足转换条件，这时步 M0.1 变为不活动步，而步 M0.2 和步 M0.5 同时变为活动步，控制输出信号 Q0.1 和 Q0.3 同时为 ON，控制接触器 KM2 和 KM4 线圈得电，大小钻头同时向下运动进行钻孔。

当两个孔钻完,大、小钻头分别碰到各自的下限位开关 SQ2 和 SQ3,输入信号 I0.2 和 I0.4 有效,使步 M0.3 和步 M0.6 变为活动步,控制输出信号 Q0.2 和 Q0.4 同时为 ON,控制接触器 KM3 和 KM5 线圈得电,两个钻头分别向上运动,碰到各自的上限位开关 SQ4 和 SQ5,输入信号 I0.3 和 I0.5 有效,控制输出信号 Q0.2 和 Q0.4 同时为 OFF,大小钻头停止上行,两个等待步 M0.4 和 M0.7 变为活动步。只要步 M0.4 和 M0.7 同时为 ON,使 M1.0 为 ON,步 M1.0 也变为活动步,同时步 M0.4 和 M0.7 变为不活动步,控制输出信号 Q0.5 为 ON,控制接触器 KM6 线圈得电,工件被松开,限位开关 I0.7 变为 ON,使继电器 M0.0 变为 ON,步 M0.7 变为不活动步,初始步变为活动步,系统返回初始状态,等待起动命令。

思考与练习题

6.1　顺序功能图中,什么是步、活动步、动作和转换?

6.2　设计某组合机床液压工作台控制系统,工作过程如图 6-24 所示。控制要求如下:

1) 开始时滑台在行程开关 SQ1 处,当按下起动按钮 SB1 时,电磁阀 YA1 动作,滑台开始快速前进。

2) 当滑台到达行程开关 SQ2 时,电磁阀 YA2 动作,滑台开始工进。

3) 当滑台到达行程开关 SQ3 时,电磁阀 YA3 动作,滑台开始快速后退。

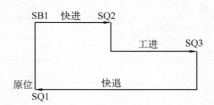

图 6-24　某组合机床液压工作台的工作过程示意图

4) 当滑台到达行程开关 SQ1 时,滑台停止,等待下一次起动。

分别用 S7-200 和 S7-300/400 PLC 进行控制,分配 I/O 端子,用顺序控制指令完成控制程序的编写。

6.3　设计某工业清洗车间的洗涤控制系统。控制要求如下:

1) 按下起动按钮,洗涤设备起动,进水阀门灯亮,洗涤设备开始注水。

2) 水位达到上限,上限传感器导通,进水阀门灯灭,表示水注满。

3) 波轮开始旋转,左转 5s,停 1s;右转 5s,停 1s。

4) 运行 4min 后,波轮停止转动,排水阀灯亮,开始排水。

5) 水位排完,下限传感器断开,排水阀灯灭,排水阀关闭。

6) 脱水桶指示灯亮,脱水桶开始工作。

7) 1min 后,脱水桶停止工作,蜂鸣器响 30s,整个洗衣过程完成。

8) 在任何情况下,按下停止键,洗衣机停止工作。

洗涤控制系统的数字量输入输出变量定义见表 6-6。

分别用 S7-200 和 S7-300/400 PLC 进行控制,用顺序控制指令完成控制程序的编写。

6.4　用 S7-200 PLC 控制交通灯,共有 6 盏灯需要控制,它们是东西方向的红灯、绿灯和黄灯,以及南北方向的红灯、绿灯和黄灯。PLC 上电后,即开始运行。东西方向的绿灯亮 12s,黄灯闪烁 3s;与此同时,南北方向红灯亮 15s。接着,东西方向的红灯亮 15s;与此同时,南北方向绿灯亮 12s,黄灯闪烁 3s;不断循环。

分配 I/O 端子，用顺序控制指令完成控制程序的编写。

说明：相邻两步不能有相同变量的步内操作，若需要某一变量（如 Q0.0）在相邻两步中皆动作，则应在两步中使用不同的辅助变量（如 M0.0 和 M0.1）。在步外程序中，用这两个辅助变量（M0.0 和 M0.1）并联控制变量（Q0.0）。

表 6-6　数字量输入输出变量定义

符　号	变　量	数 据 类 型	注　释
起动按钮	I0.0	BOOL	起动按钮
上限传感器	I0.1	BOOL	上限传感器
下限传感器	I0.2	BOOL	下限传感器
停止按钮	I0.3	BOOL	停止按钮
进水阀门及其灯	Q0.0	BOOL	进水阀门灯及进水阀门
波轮电动机左转	Q0.1	BOOL	波轮电动机左转
波轮电动机右转	Q0.2	BOOL	波轮电动机右转
排水阀门及其灯	Q0.3	BOOL	排水阀门灯及排水阀门
脱水及其灯	Q0.4	BOOL	脱水指示灯及脱水电动机
蜂鸣器	Q0.5	BOOL	蜂鸣器

第 7 章　S7-200 SMART PLC 模拟量的闭环控制

7.1　模拟量输入/输出处理

7.1.1　PLC 模拟量控制的原理

在自动化生产现场，存在着大量的模拟量，如压力、温度、流量、转速和浓度等，这些物理量是连续变化的数值，而 PLC 作为数字控制器不能直接处理物理量。因此，必须对这些物理量进行处理，将其转化为标准的电流或电压信号，并将它们转化成 PLC 的 CPU 能够处理的数据，这就是模/数（A/D）转换。另外，很多执行器需要接收模拟量作为执行器的输入信号，所以，PLC 处理过的数据有时还需要进行数/模（D/A）转换，用模拟信号（如电压、电流）来驱动执行器动作，从而达到控制物理量的目的。

PLC 对模拟量的处理，是通过模拟量模块或模拟量接口完成。PLC 对模拟量的处理不需要考虑电路的设计等底层问题，而是对装置的正确使用。模拟量模块实现了标准的电信号（0～10V 或 0～20mA 等）与 PLC 中的整数的映射。这种映射关系在经过组态和设置后就会一直存在。这是一种线性映射，是由模拟量模块的制造者来保证的。

例如，一路模拟量输入信号，范围为 0～10V，用户经设置后将它与数字量的 0～27648 相映射，若需要知道当前的模拟量的大小，用户直接读 PLC 的特定存储器空间，若读的数据是 13824（27648 的一半），则表示电压为 5V（10V 的一半）。A/D 转换无须用户去干预。

再如，一路模拟量输出信号需要控制，范围为 0～10V，用户经设置后将它与数字量的 0～27648 相映射。用户直接将数据写到 PLC 的特定存储器空间，若写的数据是 13824（27648 的一半），则表示输出的电压为 5V（10V 的一半）。D/A 转换也无须用户去干预。模拟量与数字量的对应关系如图 7-1 所示。

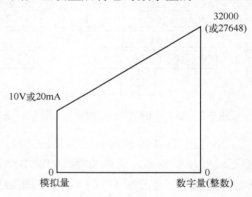

图 7-1　模拟量与数字量的对应关系

7.1.2　S7-200 SMART PLC 的模拟量模块

S7-200 SMART PLC 的模拟量模块的使用比较简单，只要正确地选择好模块，了解接线方法并对模块正确地接线，不需要过多的准备与操作，就能够顺利地实现模拟量的输入与输出。模拟量模块的类型及订货号见表 7-1。

表 7-1　S7-200 SMART PLC 模拟量模块

型　号	输入/输出类型	订货号
EM AE04	模拟量输入模块，8 输入	6ES7288-3AE04-0AA0
EM AE08 New	模拟量输入模块，8 输入	6ES7288-3AE08-0AA0
EM AQ02	模拟量输出模块，2 输出	6ES7288-3AQ02-0AA0
EM AQ04 New	模拟量输出模块，4 输出	6ES7288-3AQ04-0AA0
EM AM06	模拟量输入/输出模块，4 输入/2 输出	6ES7288-3AM06-0AA0
EM AM03 New	模拟量输入/输出模块，2 输入/1 输出	6ES7288-3AM03-0AA0
EM AR02	热电阻输入模块，2 通道	6ES7288-3AR02-0AA0
EM AR04 New	热电阻输入模块，4 输入	6ES7288-3AR04-0AA0
EM AT04	热电偶输入模块，4 输入	6ES7288-3AT04-0AA0
SB AQ01	模拟量扩展信号板，1×12bit 模拟量输出	6ES7288-5AQ01-0AA0
SB AE01 New	模拟量扩展信号板，1×12bit 模拟量输入	6ES7288-5AE01-0AA0

7.1.3　S7-200 SMART PLC 的模拟量模块的接线

　　模拟量模块有专用的插针接头与 CPU 通信，并通过此电缆由 CPU 向模拟量模块提供 DC 5V 的电源。此外，模拟量模块必须外接 DC 24V 电源。模拟量输入模块 EM AE04 的外围接线如图 7-2 所示。模拟量输出模块 EM AQ02 的外围接线如图 7-3 所示，两个模拟通道输出电流或电压信号，可以按需要选择。模拟量混合模块 EM AM06 上有模拟量输入和输出，其外围接线如图 7-4 所示。

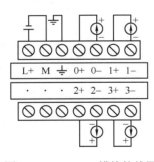 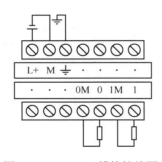 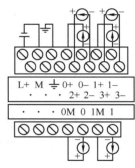

图 7-2　EM AE04 模块接线图　　　图 7-3　EM AQ02 模块接线图　　　图 7-4　EM AM06 模块接线图

　　热电阻 RTD 传感器有四线式、三线式和二线式。四线式的精度最高，二线式精度最低，而三线式使用较多，其详细接线如图 7-5 所示。I+ 和 I−端子是电流源，向传感器供电，而 M+ 和 M−是测量信号的端子。图 7-5 中，细实线代表传感器自身的导线，粗实线代表外接的短接线。

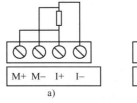 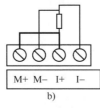 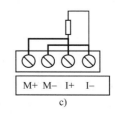

图 7-5　热电阻 RTD 传感器接线图

7.1.4　S7-200 SMART PLC 的模拟量和数字量的转换关系

模拟量扩展模块的功能是实现模拟量与数字量之间的转换，模拟量可以是电压信号，也可以是电流信号，下面以 EM AM06 为例来了解模拟量模块的转换关系，某压力传感器测量范围为 0～0.5MPa，如果输出 0～10V 的电压信号的转换关系如图 7-6 所示。

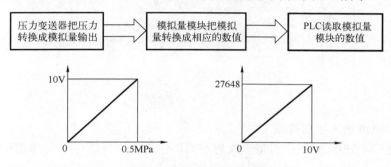

图 7-6　模拟信号和电压信号的转换关系

由上面的转换关系可知，PLC 通过读取模拟量的数值可以得到当前管道内的压力值，如读取到的数值为 15000，运算得出当前压力 $p=15000/27648 \times 0.5\text{MPa}=0.27\text{MPa}$。

若压力变送器输出的是 4～20mA 的电压信号，则转换关系如图 7-7 所示。

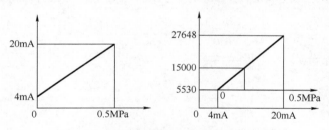

图 7-7　模拟信号和电流信号的转换关系

如读取的数值为 15000，通过 $(15000-5530)/p=(27648-5530)/0.5$，得出当前压力 $p=0.5 \times 9470/22118\text{MPa}=0.214\text{MPa}$。

电压型输入支持双极性转换关系，如图 7-8 所示。

可以看到，模拟量输入单极性 0～10V 对应的数字量输出为 0～27648，或者 4～20mA 对应 5530～27648；双极性 -10～+10V 对应数字量输出为 -27648～+27648。

模拟量输出的数字量对应的电压输出分别是 -27648～+27648 对应 -10～+10V，0～20mA 对应 0～27648。

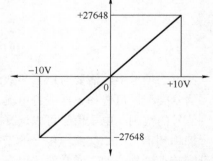

图 7-8　电压信号双极性输出的转换关系

7.1.5　S7-200 SMART PLC 的模拟量的组态

每个模块能同时输入/输出电流或电压信号，对于模拟量输入/输出信号类型及量程的选择都是通过组态软件选择。

1. 模块参数

选中系统块上面的表格中相应的模拟量模块，在"模块参数"中，可以激活"用户电源"报警。该报警是指当模拟量扩展模块外接的 4V 直流电源供电出现故障时触发 CPU 的报警事件。用户电源报警如图 7-9 所示。单击左边窗口的"模块参数"结点，可以设置实时启用用户电源报警。

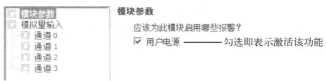

图 7-9　用户电源报警

2. 电压、电流输入通道选项

图 7-10 是 EM AE04 模块模拟量输入通道的属性选项，可进行电压/电流输入设置。

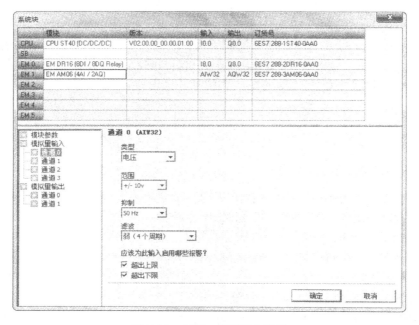

图 7-10　电压、电流输入设置

在该选项卡中，需要对以下参数进行设置。

信号类型：可选择电压或者电流。

信号的范围：电压信号可以选择±10V、±5V、±2.5V，电流信号可以选择 0～20mA。

抑制频率：由于交流电信号的干扰，模拟量输入通道的数值可能会有一定的波动，为了尽可能减小这种波动，通常建议用户将抑制频率设定为与交流系统工频一致。

滤波：为了让 CPU 从模拟量输入通道采集一个更加平稳可靠的信号，用户可以适当地设定滤波功能。滤波功能分为无、弱、中、强四个等级，由弱到强采样次数逐渐增加。滤波后的值是所选的采样次数（分别为 1、4、16、32 次）的各次模块量输入的平均值。采样次数多将使滤波后的值稳定，但是响应较慢，采样次数少滤波效果较差，但是响应较快。

另外，每个通道都有独立的超出限制值报警，如果该功能被激活，当有超出上限或下限的报警事件到来时，模拟量通道对应的红色 LED 指示灯会亮起，用户程序可以从对应的特殊存储器中获取故障代码。

3. 热电偶输入通道选项

图 7-11 是 EM AT04 模块模拟量输入通道的属性选项，可进行热电偶输入设置。

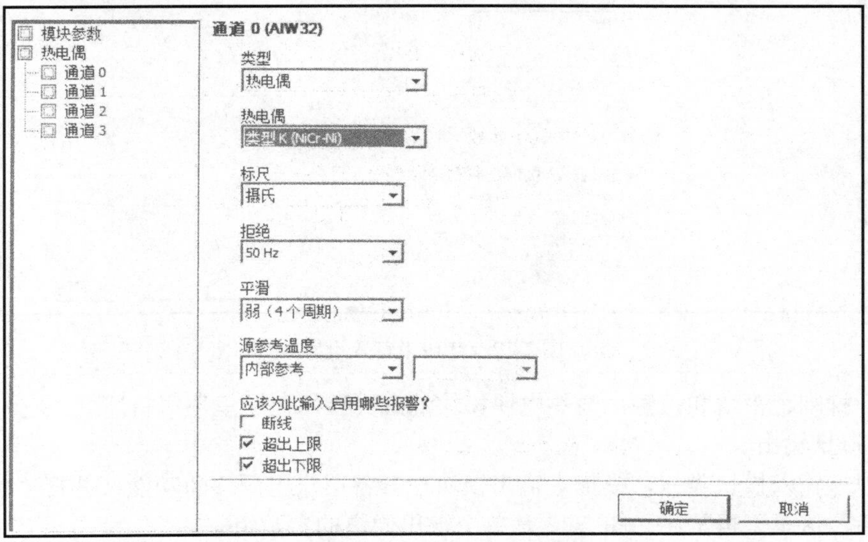

图 7-11　电压、电流输入设置

在该选项卡中，需要对以下参数进行设置。

类型：可选择热电偶或者电压。

热电偶：支持的热电偶类型有 B 型（PtRh-PtRh）、N 型（NiCrSi-NiSi）、E 型（NiCr-CuNi）、R 型（PtRh-Pt）、S 型（PtRh-Pt）、J 型（Fe-CuNi）、T 型（Cu-CuNi）、K 型（NiCr-Ni）、C 型（W5Re-W26Re）、TXK/XK（TXK/XK（L））。如果选电压类型，则选±80mV。

标尺：可选摄氏度或华氏度。

源参考温度：即冷端补偿温度，可选"内部参考"或者"由参数设定"，如果选择"由参数设定"，则可以将参考结点的实际温度选择为 0℃或者 50℃。

抑制频率：与电压、电流输入通道的意义相同，这里不再赘述。

报警：可选择断线报警和超出限制值报警。

4. 热电阻输入通道选项

图 7-12 是 EM AR02 模块模拟量输入通道的属性选项，可进行热电阻输入设置。在该选项卡中，需要对以下参数进行设置。

类型：分为普通电阻和热敏电阻两大类，并根据接线方式不同分为两线制、三线制和四线制。

电阻：普通电阻的量程范围是 48Ω、150Ω、300Ω、600Ω、3000Ω；支持的热敏电阻的种类有：Pt 10、Pt 50、Pt 100、Pt 200、Pt 500、Pt 1000、LG-Ni1000、Ni 100、Ni 120、Ni 200、Ni 500、Ni 1000、Cu 10、Cu 50、Cu 1000。

系数：指热敏电阻的温度系数，请参考热敏电阻的说明书。

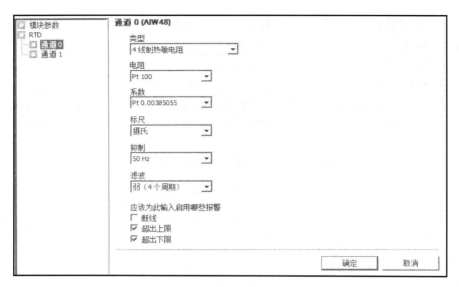

图 7-12　热电阻输入设置

标尺、抑制、平滑和报警：与热电偶模块的意义相同，这里不再赘述。

5．模拟量输出

与模拟量输入模块类似，模拟量输出模块也具备用户电源诊断功能，并在"模块参数"中默认激活，这里不再赘述。图 7-13 是单个输出通道的参数组态。

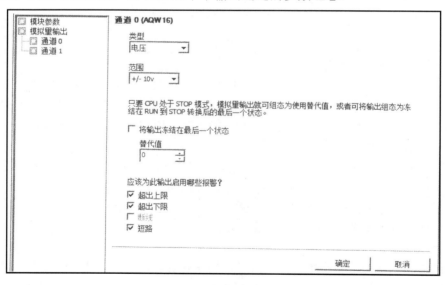

图 7-13　模拟量输出设置

在该选项卡中，需要对以下参数进行设置。

电压信号类型：范围是−10～10V。

电流信号类型：范围是 0～20mA。

输出冻结：若勾选，则当 CPU 的运行状态从运行转到停止后，该模拟量输出通道保持CPU 停止之前最后一个扫描周期；若不勾选，则使用替代值作为模拟量输出的数值，替代值默认为 0。

支持的通道报警有超出上限；超出下限；断线（仅电流输出支持）；短路（仅电压输出支持）。

7.1.6　S7-200 SMART PLC 的模拟量的读写

输入/输出都有对应的映像寄存器，模拟量也是如此，输入表示为"AI"，输出表示为"AQ"，固定以 16 位字类型寻址，故写作 AIW16、AQW16 等。

在读写模拟量前，首先要查询各个模块的信号地址。

在用系统块组态硬件时，STEP 7-Micro/WIN SMART 自动分配各模块和信号的地址，各模块的起始地址读者无须记忆，使用时打开"系统块"后便可知晓。模拟量模块的起始 I/O 地址见表 7-2。

表 7-2　模拟量模块的起始 I/O 地址

CPU	信号板	信号模块 0	信号模块 1	信号模块 2	信号模块 3	信号模块 4	信号模块 5
输入	无 AI 信号板	AIW16	AIW32	AIW48	AIW64	AIW80	AIW96
输出	AQW12	AQW16	AQW32	AQW48	AQW64	AQW80	AQW96

若模拟量混合模块 EM AM06 被插入第 3 号信号模块槽位上，前面无任何模拟量扩展模块，则输入/输出的地址分别为 AIW64、AIW66、AIW68、AIW70 和 AQW64、AQW66，即同样一个模块被插入的物理槽位不同，其起址也不相同，并且地址也被固定。

例如，读取 EM AM06 第一个通道的数值，即接到"O+，O–"这一组上的数值，存储到 VW0 里。首先要进行硬件组态，然后根据系统分配的地址编写程序并读取，如图 7-14 所示。

同样，如果要将 CPU 的运算结果转换成模拟量输出控制变频器频率，则需要用到模拟量输出模块，那么模块如何将数字量转换成模拟量呢？读者也只需要根据组态分配的输出地址，将运算得到的数值赋到对应的模拟量输出地址即可，如图 7-15 所示。

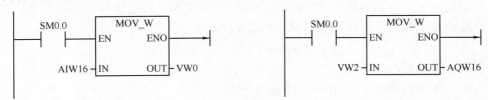

图 7-14　模拟量输入梯形图　　　　图 7-15　模拟量输出梯形图

由此可见，要读取哪路模拟量输入的数值及控制哪路模拟量输出，只需要访问对应的映像寄存器，因此根据模块的排列顺序正确进行组态分配映象寄存器至关重要。

7.2　PID 的闭环控制原理

7.2.1　PID 闭环控制概念

所谓闭环控制，是根据控制对象输出参数的负反馈来进行校正的一种控制方式。闭环 PID

控制系统框图如图 7-16 所示。

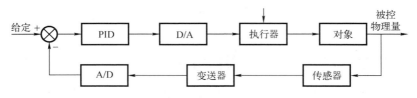

图 7-16　PID 闭环控制框图

一个闭环控制系统一般由以下基本单元组成。

1）测量装置。测量装置由传感器、变送器完成对系统输出参数（被控物理量）的测量。

2）控制器。控制器由控制设备或计算机实现对输出量与输入量（给定值）比较后的控制算法运算（如 PID 运算）。

3）执行器。执行器对控制器输出的控制信号进行放大，驱动执行机构（如调节阀或电动机、加热器等）实现对被控参数（输出量）的控制。

4）对象。对象是需要控制的设备或生产过程。

被控设备（对象）输出的物理量（即被控参数或称系统输出参数），经传感器、变送器经 A/D 转换后反馈到输入端，与期望值（即给定值或称系统输入参数）进行相减比较，当两者产生偏差时，对该偏差进行决策或 PID 运算处理，其处理后的信号经 D/A 转换器转换为模拟输出，控制执行器进行调节，从而使输出参数按输入给定的条件或规律变化。由于系统是闭合的，输出量的变化经变送器反馈到输入端，与输入量进行相位相反的比较，所以也称闭环控制负反馈系统。

7.2.2　PID 控制算法

在模拟量作为被控参数的控制系统中，为了使被控参数按照一定的规律变化，需要在控制回路中设置比例（P）、积分（I）、微分（D）运算及其运算组合作为控制器输出信号。

在一般情况下，控制系统主要针对被控参数 PV（又称过程变量）与期望值 SP（又称给定值）之间产生的偏差 e 进行 PID 运算。其数学函数表达式为

$$U(t)=K_p[e(t)+(1/T_i)\int e(t)\mathrm{d}t+T_d\mathrm{d}e(t)/\mathrm{d}t] \tag{7-1}$$

式中　K_p——比例系数；

　　　e——控制回路偏差，PID 运算的输入参数；

　　　T_i——积分时间常数；

　　　T_d——微分时间常数。

整理后得

$$U(t)=K_pe(t)+K_i\int e(t)\mathrm{d}t+K_d\mathrm{d}e(t)/\mathrm{d}t$$

式中　$U(t)$——PID 运算的输出；

　　　K_p——比例运算系数（增益）；

　　　K_i——积分运算系数（增益）；

　　　K_d——微分运算系数（增益）。

使用计算机处理该表达式时，必须将其模拟量转换为数字信号，这就需要通过周期性采样偏差 e，进行 A/D 转换，使其模拟量参数离散化，为了方便算法的实现，离散化后的 PID

表达式可整理为

$$M_n=K_ce_n+K_c(T_s/T_i)e_n+M_X+K_c(T_d/T_s)(e_n-e_{n-1}) \tag{7-2}$$

式中　　M_n——时间 $t=n$ 时的回路输出；

　　　　M_X——所有积分项前值之和；

　　　　e_n——时间 $t=n$ 时采样的回路偏差，即 SP_n–PV_n 之差；

　　　　e_{n-1}——时间 $t=n-1$ 时采样的回路偏差，即 SP_{n-1} 与 PV_{n-1} 之差；

　　　　K_c——回路总增益，比例运算参数；

　　　　T_s——采样时间；

　　　　T_i——积分时间；

　　　　T_d——微分时间。

比较式（7-1）和式（7-2）可以看出，$K_c=K_p$，$K_c(T_s/T_i)=K_i$，$K_c(T_d/T_s)=K_d$。而 M_X 是所有积分项前值之和，每次计算出 $K_c(T_s/T_i)e_n$ 后，将其值累计入 M_X 中。

由式（7-2）可以看出：

1）K_ce_n 为比例运算项。

2）$K_c(T_s/T_i)e_n$ 为积分运算项（不含 n 时刻前的积分值）。

3）$K_c(T_d/T_s)(e_n-e_{n-1})$ 为微分运算项。

4）比例回路增益 K_p 将影响 K_i 和 K_d。

在控制系统中，常使用的控制运算有以下几种：

比例（P）控制：不需要积分和微分，可设置积分时间 $T_i=\infty$，使 $K_i=0$；微分时间 $T_d=0$，使 $K_d=0$。其输出为

$$M_n=K_ce_n$$

比例积分（PI）控制：不需要微分，可设置微分时间 $T_d=0$，使 $K_d=0$。其输出为

$$M_n=K_ce_n+K_c(T_s/T_i)e_n+M_X$$

比例积分微分（PID）控制：可设置比例系数 K_p、积分时间 T_i、微分时间 T_d，其输出为

$$M_n=K_ce_n+K_c(T_s/T_i)e_n+M_X+K_c(T_d/T_s)(e_n-e_{n-1})$$

7.2.3　PID 控制算法的应用特点

1. 比例控制（P）

比例控制是控制系统最基本的控制方式，其控制器的输出量与控制器输入量（偏差）成比例关系，输出量由比例系数 K_p 控制，比例系数越大，比例调节作用越强，系统的稳态误差会减少。但是比例系数过大，调节作用强，会降低系统的稳定性。比例控制的特点是算法简单、控制及时，但系统会存在稳态偏差。

2. 积分控制（I）

积分控制是指控制器的输出量与控制器的输入量（偏差）呈积分关系，只要偏差不为零，积分输出就会逐渐变化，直到偏差消失。系统偏差为 0 处于稳定状态时，积分部分不再变化而处于保持状态。因此，积分控制可以消除偏差，提高控制精度。积分控制输出量由积分时间 T_i 控制，T_i 越小，积分控制作用就越强，消除偏差的速度就快，但增加了系统的不稳定性。积分控制一般不单独使用，通常和比例控制组成比例积分（PI）控制器，以实现消除系统稳

态误差。

3. 微分控制（D）

微分控制是指控制器的输出量与控制器的输入量（偏差）成微分关系，或者说，只要系统有偏差的变化率，控制器输出量就随其变化率的大小而变化（而不管其偏差的大小），即使在偏差很小时，只要其偏差的变化率存在，控制器的输出仍会产生较大的变化。微分控制反映了系统变化的趋势，因此，微分控制具有超前控制作用，即把可能即将要产生的较大的偏差提前预测到而实现超前控制。微分控制输出量由微分时间 T_d 控制，微分时间越大，微分控制作用就越强，系统动态性能就可以得到改善。但如果微分时间常数过大，系统输出量会出现小幅度振荡，系统的不稳定性增加。微分控制一般和比例、积分控制组成比例积分微分（PID）控制器。

7.3   S7-200 SMART PLC 的 PID 控制应用

STEP 7-Micro/WIN SMART 软件提供了容易上手的 PID 向导，能让用户方便快捷地按照向导的提示逐步完成输入、输出和报警等组态设置。向导配置完成之后用户只需在主程序中直接调用 PID 向导生成的子程序，就能实现 PID 调节任务。向导最多允许配置的 PID 回路各个数是 8 个，这与使用 PID 指令编程时允许的回路个数是一样的。

S7-200 SMART CPU 的 PID 控制既支持模拟量输出，也支持数字量输出，即 PWM 脉冲调制。依据控制要求用户可改变 PID 控制器的控制模式，比如自动模式下可切换到手动控制，反之亦然。需要注意的是，PID 控制器本身不具备无扰切换的功能，因此在控制器模式切换时须自行编程来防止被控对象有较大的波动。

7.3.1   配置 PID 向导的步骤

在 STEP 7-Micro/WIN SMART 软件中打开 PID 向导的方法与 STEP 7-Micro/WIN 类似，在"工具"菜单功能区的"向导"区域单击"PID"按钮即可打开。使用 PID 向导配置 PID 回路主要包括以下几个步骤。

第一步：选择要组态的 PID 回路号。由于 S7-200 SMART CPU 最多支持 8 个 PID 回路，所以可激活的 PID 回路名称依次是从"Loop 0"到"Loop 7"。用户勾选几个 PID 就意味着激活几个 PID 回路，被勾选的 PID 组态结构将自动在左侧显示。选择 PID 回路如图 7-17 所示。

第二步：设定 PID 回路参数，包括增益、采样时间、积分时间和微分时间，如图 7-18 所示。图 7-18 中对应项的含义如下所述。

1）增益即比例常数，其数值越大比例分量的作用越强。

2）采样时间，它是 PID 控制回路对反馈采样和重新计算输出值的时间间隔，默认值是 1.0s。在生成向导后若需更改该参数，必须通过向导来修改，新的参数在项目重新下载后生效。不支持在 STEP 7-Micro/WIN SMART 软件的状态表、程序或 HMI 设备修改。

3）积分时间默认值是 10.0min。如果不需要积分作用，可以把积分时间设置为最大值 10000.0min。因为积分时间越大，积分分量的作用越小。

4）微分作用反映系统偏差信号的变化率，可实现超前控制。如果不需要微分作用，可以把微分时间设置为 0.0min，其默认值是 0.0min。微分时间越大，微分分量的作用越强。

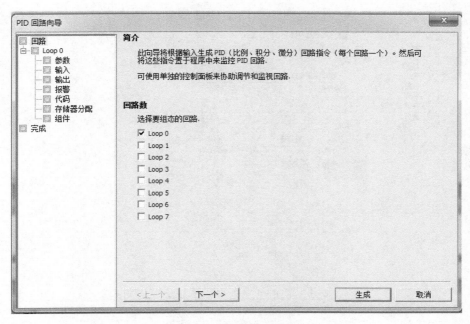

图 7-17　选择 PID 回路

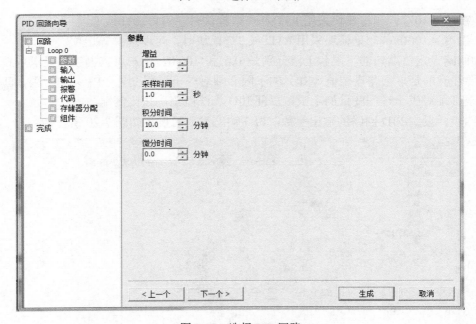

图 7-18　选择 PID 回路

第三步：设定 PID 回路的输入参数，如图 7-19 所示。

1）过程变量标定，可以从以下 5 个选项中选择：

① 单极性：数值范围是 0～27648，此时输入信号为正值。

② 单极性 20% 的偏移量：数值范围是 5530～27648，如果输入信号是 4～20mA 的电流，则应选择该选项，4mA 对应 5530，20mA 对应 27648。

③ 双极性：数值范围是–27648～27648，此时输入信号在从负到正的范围内变化。

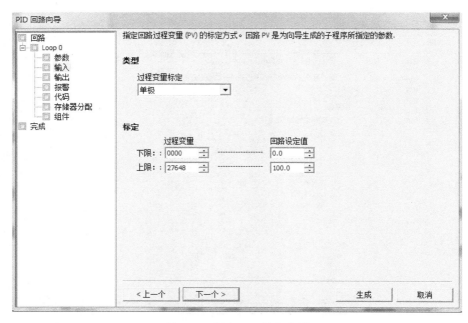

图 7-19　设定 PID 输入参数

④ 温度×10℃：测量模块采用 RTD 或 TC 模块时，可以选择该选项。

⑤ 温度×100℉：测量模块采用 RTD 或 TC 模块时，可以选择该选项。

2）回路设定值默认的下限和上限分别是 0.0 和 100.0，用户可依据项目要求重新进行标定。需要注意的是，回路设定值（SP）的下限必须对应于过程变量（PV）的下限，回路设定值的上限必须对应于过程变量的上限，以便 PID 算法能正确按比例缩放。

第四步：设定 PID 回路的输出参数，PID 输出参数的设定如图 7-20 所示。

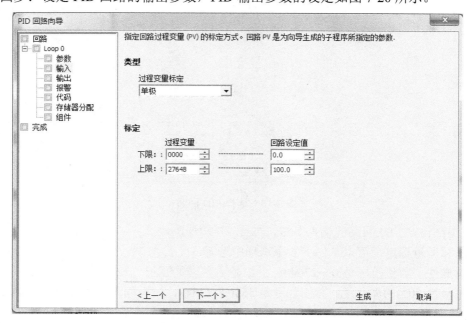

图 7-20　设定 PID 输出参数

1）输出类型：可以选择模拟量输出或数字量输出。模拟量输出用来控制一些需要模拟量给定的设备，如比例阀、变频器等；数字量输出实际上是控制输出点的通、断状态按照一定的占空比变化，如控制固态继电器等。

2）选择模拟量输出后须设定回路输出变量值的范围，可从以下三个选项中选取：

① 单极性：单极性输出，对应的数值范围是 0～27648。

② 单极性 20%的偏移量：对应的数值范围是 5530～27648，如果输出信号是 4～20mA 的电流，则应选择该选项，4mA 对应 5530，20mA 对应 27648。

③ 双极性：对应的数值范围是 –27648～27648。

3）输出范围：设定不同的模拟量输出类型后，模拟量的输出范围将随之变化，无须单独设置。

如果选择数字量作为 PID 回路的输出，则需要设置循环时间，即 PWM 脉宽调制的周期时间，单位是 s（秒）。PID 输出为数字量的设定如图 7-21 所示。

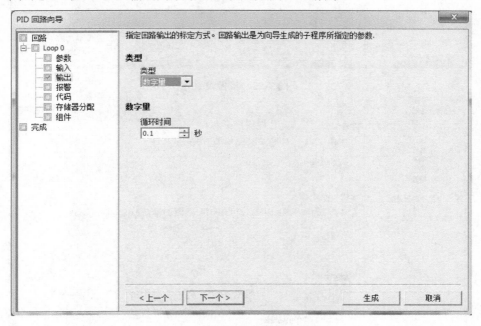

图 7-21　设定 PID 输出为数字量

第五步：设定回路报警选项（也可不选）。向导提供了 3 个输出来反映过程值（PV）的低值报警、高值报警及过程值模拟量模块错误状态。当报警条件满足时，相应输出置位为 ON。这些功能在勾选了相应的复选框之后起作用。报警的设定如图 7-22 所示。

第六步：添加 PID 手动控制，如图 7-23 所示。建议用户在此勾选"添加 PID 的手动控制"复选框，方便对 PID 控制器模式的切换。由于 S7-200 SMART CPU 的 PID 控制器不具备无扰切换的功能，所以用户在切换控制模式时须自行编程来保证控制器无扰切换。

第七步：指定 PID 运算数据存储区。

PID 向导需要分配 120B 的数据存储区（V 区），需要注意的是，程序的其他地方不能再次使用该部分存储区地址，如图 7-24 所示。

第八步：生成 PID 子程序、中断程序及符号表等。

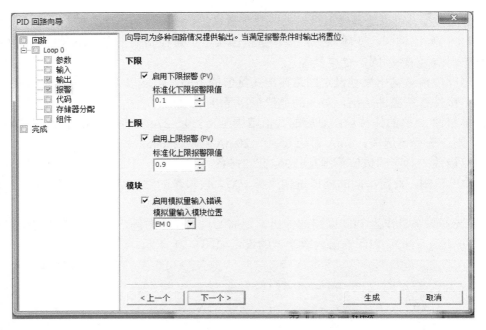

图 7-22　报警设置

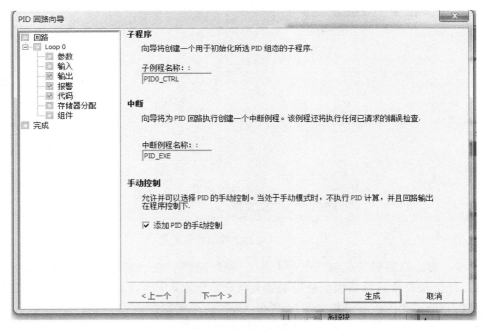

图 7-23　添加 PID 手动设置

　　PID 向导配置完成之后，需要在主程序中调用该向导生成的子程序 PIDX_CTRL，其位于指令下方的"调用子例程"文件夹。调用 PID 向导生成的子程序如图 7-25 所示。

　　PIDX_CTRL 子程序中包括：

　　1）必须用 SM0.0 直接调用向导生成的子程序。

　　2）给出被控对象的模拟量输入地址。

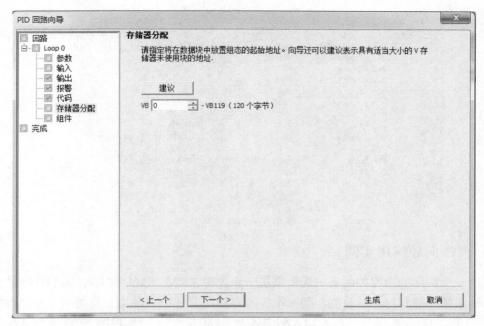

图 7-24　分配存储区

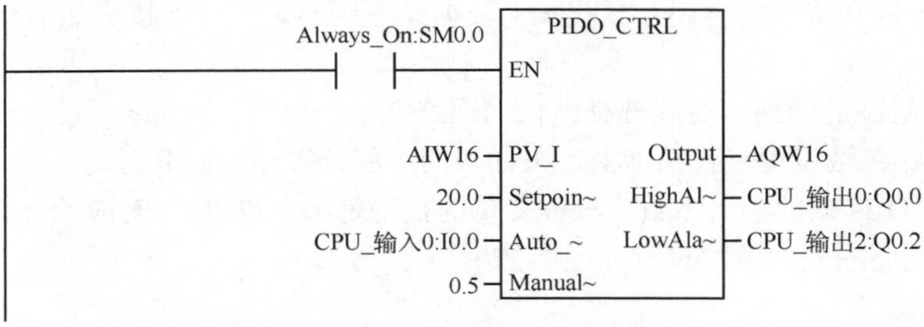

图 7-25　PID 子程序调用

3）设定值的输入地址，既可以是设定值常数，也可以是设定值变量的地址（VDxx）。

4）手动/自动控制方式选择。当 I0.0 为 True 时，PID 控制器处于自动运行状态；当 I0.0 为 False 时，PID 控制器处于手动状态，此时 AQW16 的输出值为 ManualOutput 中的设定值。

5）手动控制输出值，数值范围是 0.0～1.0 之间的实数。当其数值为 0 时，意味着当前的手动输出是 0，即没有输出；当其数值是 1.0 时，意味着当前的手动输出是 100%，即输出为最大值。

6）PID 控制输出值地址、控制量输出及报警输出。

7.3.2　PID 向导符号表

PID 向导配置完成之后，如果用户希望在线修改 PID 参数，可通过 PID 向导生成的符号表找到回路增益（PIDx_Gain）、积分时间（PIDx_I_Time）及微分时间（PIDx_D_Time）等参数的地址。通过 STEP 7-Micro/WIN SMART 软件的状态表、程序或 HMI 设备可以修改 PID 参数值。PID 符号表如图 7-26 所示。

			符号	地址	注释
1			PID0_Low_Alarm	VD116	下限报警限值
2			PID0_High_Alarm	VD112	上限报警限值
3			PID0_Mode	V82.0	
4			PID0_WS	VB82	
5			PID0_D_Counter	VW80	
6			PID0_D_Time	VD24	微分时间
7			PID0_I_Time	VD20	积分时间
8			PID0_SampleTime	VD16	采样时间（要进行修改，请重新运行 PID 向...
9			PID0_Gain	VD12	回路增益
10			PID0_Output	VD8	计算得出的标准化回路输出
11			PID0_SP	VD4	标准化过程设定值
12			PID0_PV	VD0	标准化过程变量
13			PID0_Table	VB0	PID 0 的回路表起始地址

图 7-26　PID 符号表

7.3.3　PID 向导应用实例

现以一个实际的温度控制系统为例来进一步说明 S7-200 SMART CPU 的 PID 功能如何使用。控制系统的控制对象是温度，测温设备的测量范围是 0～100℃。反馈信号经过转换器转换成 0～10V 的标准电压信号后，输入到 EM AE04 模拟量输入模块中。PID 输出的执行机构是加热器，该加热器可对反馈元件进行加热从而实现升温。该系统是通过自然冷却的方式实现降温，所以升温和降温的时间差异较大。依据此控制要求，可以按照如下步骤进行 PID 向导配置。

1）选择要组态的回路，在此选择默认的回路 0。

2）PID 回路参数设置，包括增益、采样时间、积分时间和微分时间。

3）设定 PID 回路的输入参数，过程变量的范围是 0～27648，对应的回路设定值是 0～100.0℃。PID 回路输入参数的设置如图 7-27 所示。

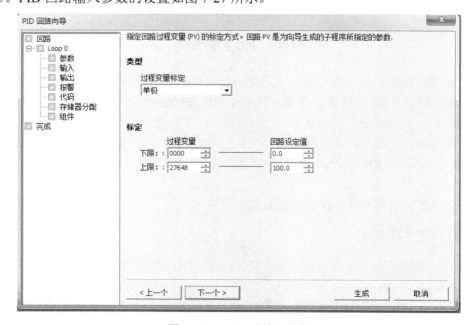

图 7-27　PID 回路输入参数

4）设定 PID 回路的输出，类型选择数字量，如图 7-28 所示。此处的循环时间是 PWM 脉宽调制的占空比周期，其数值是采样时间的整数倍。

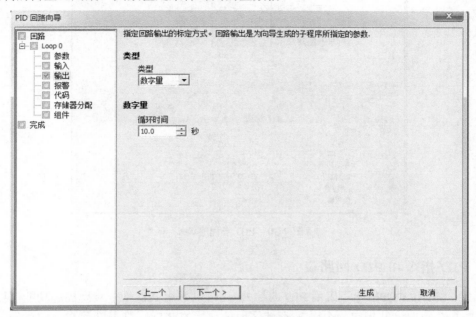

图 7-28　PID 回路输出参数

5）配置过程对象 PV 的上、下限报警，如图 7-29 所示。

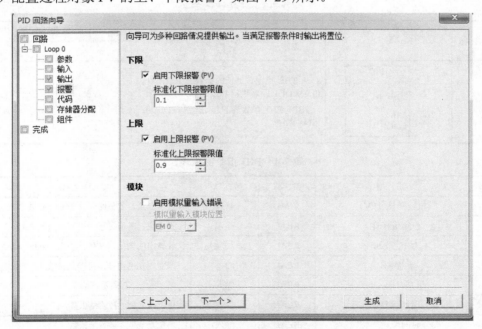

图 7-29　上、下限报警参数设置

6）生成 PID 子程序、中断程序及符号表等，在主程序中用 SM0.0 直接调用向导生成的子程序 PIDx_CTRL，如图 7-30 所示。

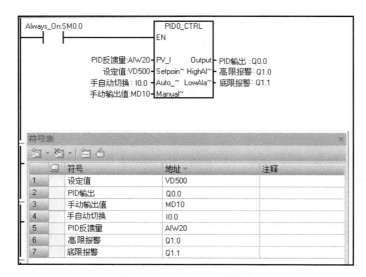

图 7-30　PID 子程序调用

7.3.4　PID 指令和 PID 回路表

S7-200 SMART CPU 除了采用 PID 向导外,还可以采用 PID 指令实现控制功能,见表 7-3。但是 PID 指令需要为其指定一个以 V 存储区地址开始的 PID 回路表以及 PID 回路号。该回路表为 80B 的长度,包括给定值、反馈值以及其他 PID 参数等,具体见表 7-4。

表 7-3　块传送指令

指令名称	梯形图	功能说明	操作对象	
			输入	输出
PID 指令（PID）	PID EN　ENO ????—YBL ????—LOOP	从 TBL 指定首地址的参数表中取出有关值对 LOOP 回路进行 PID 运算 TBL:PID 参数表的起始地址;LOOP:PID 回路号	VB（字节型）	常数0~7（字节型）

表 7-4　PID 指令回路表

偏移	字段	格式	类型	说明
0	过程变量（PV）	REAL	输入	过程变量,其值必须介于 0.0~1.0 之间
4	设定值（SP）	REAL	输入	设定值,其值必须介于 0.0~1.0 之间
8	输出（Mn）	REAL	输入/输出	计算出的输出,其值必须介于 0.0~1.0 之间
12	增益（Kc）	REAL	输入	增益为比例常数,可以是正数或负数
16	采样时间（Ts）	REAL	输入	单位为 s,必须是正数
20	积分时间或复位（Ti）	REAL	输入	单位是 min,必须是正数
24	微分时间或速率（Td）	REAL	输入	单位是 min,必须是正数
28	偏置（MX）	REAL	输入/输出	积分项前项,必须介于 0.0~1.0 之间
32	前一过程变量（PVn_1）	REAL	输入/输出	最近一次 PID 运算的过程变量值
36~79	PID 扩展表,用于 PID 自整定			

在调用 S7-200 SMART CPU 的 PID 指令前需要先定义好该回路表,回路表中各个变量的范围必须满足表 7-4 的要求,比如过程变量和设定值的数值需要换算成 0.0~1.0 之间的实数。

建议选择 PID 向导进行配置,这样操作的好处首先是不需要预先定义 PID 回路表,其次编程更简单且不易出错。不管是采用 PID 向导,还是调用 PID 指令,S7-200 SMART CPU 支持的 PID 回路个数都是 8 个。

7.3.5 PID 指令应用实例

下面以图 7-31 所示的恒压供水控制为例来说明 PID 指令的应用。

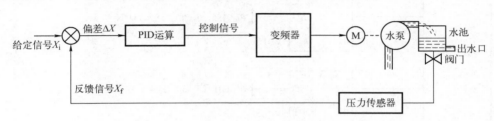

图 7-31 恒压供水的 PID 控制

1. 确定 PID 控制回路参数表的内容

在编写 PID 控制程序前,首先要确定 PID 控制回路参数表的内容,参数表中的给定值 SPn、增益值 Kc、采样时间 Ts、积分时间 Ti、微分时间 Td 需要在 PID 指令执行前输入,来自压力传感器的过程变量值需要在 PID 指令执行前转换成标准化数值并存入过程变量单元。参数表中的变量值要根据具体情况来确定,还要在实际控制时反复调试以达到最佳控制效果。本例中的 PID 控制回路参数表的值见表 7-5,因为希望水箱水压维持在满水压的 70%,故将给定值设为 0.7,不需要微分运算,将微分时间设为 0。

表 7-5 PID 控制回路参数值

变量存储地址	变量名	数 值
VB100	过程变量当前值 PVn	来自压力传感器,并经 A/D 转换和标准化处理得到的标准化数值
VB104	给定值 SPn	0.7
VB108	输出值	PID 回路的输出值(标准化数值)
VB112	增益值 Kc	0.3
VB116	采样时间 Ts	0.1
VB120	积分时间 Ti	30
VB124	微分时间 Td	0(关闭微分作用)
VB128	上一次积分值 MX	根据 PID 运算结果更新
VB132	上一次过程变量 PVn-1	最近一次 PID 的变量值

2. 编写 PID 控制程序

编写 PID 控制程序,如图 7-32 所示。

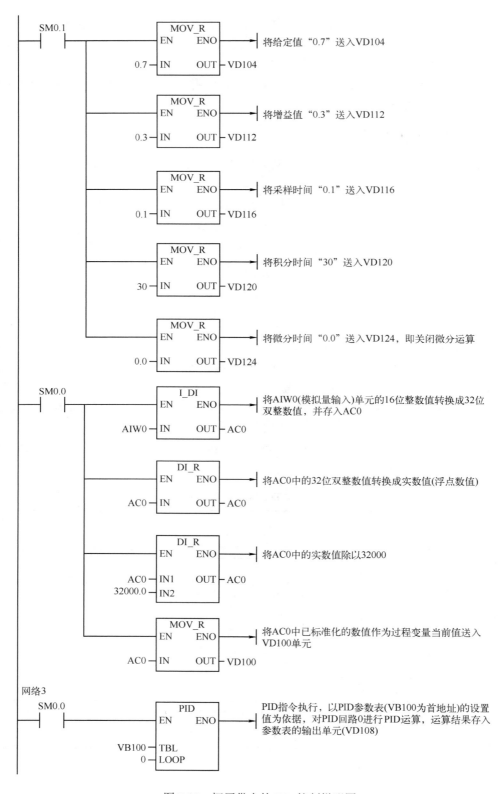

图 7-32　恒压供水的 PID 控制梯形图

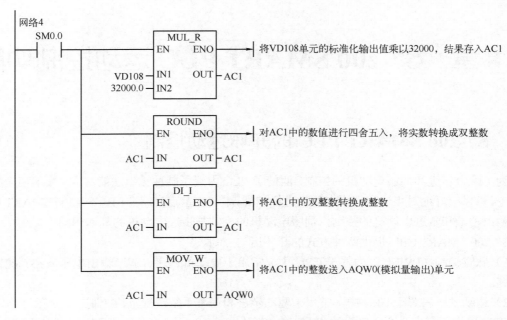

图 7-32　恒压供水的 PID 控制梯形图（续）

思考与练习题

7.1　PID 中的积分部分有什么作用，怎样调节积分时间常数？

7.2　PID 控制器中的微分控制部分对改善控制系统的性能起到什么作用？

7.3　如果闭环响应的超调量过大，应调节哪些参数？

7.4　试根据以下参数要求设计初始化程序。

K_c=0.4，T_s=0.2s，T_i=30min，T_d=15min，建立一个子程序 SBR0 用来对回路表进行初始化。

7.5　频率变送器的量程为 45～55Hz，输出信号为 4～20mA，某模拟量输入模块输入信号的量程为 4～20mA，转换后的数字量为 0～32000，设转换后得到的数字为 N，试求频率值 f_N（以 Hz 为单位），并设计出用来计算与 N 对应的频率值 f_N 的程序。

7.6　某温度变送器的量程为 –100～500℃，输出信号为 4～20mA，某模拟量输入模块将 0～20mA 的电流信号转换为数字 0～27648，设转换后得到的数字为 N，求以 0.1℃ 为单位的温度值 T_N，并设计出用来计算与 N 对应的以 0.1℃ 为单位的温度值 T_N 的程序。

第8章 S7-200 SMART PLC 运动控制功能

8.1 S7-200 SMART PLC 的开环运动控制

为了配合步进和伺服电动机的控制，西门子 PLC 内置了脉冲输出功能，并设置了相应的控制指令，可以很好地对步进和伺服电动机进行控制。本节将重点讲解西门子 S7-200 SMART PLC 脉冲输出功能和步进电动机的控制，伺服电动机的控制与步进电动机的基本相同。

S7-200 SMART CPU 提供两种方式的开环运动控制。

1）脉宽调制（PWM）：内置于 CPU 中，常用于电动机调速、调节输出电压或控制比例阀的开度。

2）运动轴：内置于 CPU 中，常用于驱动步进和伺服系统进行定位控制。

CPU 提供了最多 3 个数字量输出（Q0.0、Q0.1 和 Q0.3），这 3 个数字量输出可以通过 PWM 向导组态为 PWM 输出，或者通过运动向导组态为运动控制输出。

当作为 PWM 操作组态输出时，输出的周期是固定的，脉宽或脉冲占空比可通过程序进行控制。脉宽的变化可在应用中控制速度或位置。

运动轴提供了带有集成方向控制和禁用输出的单脉冲串输出。运动轴还包括可编程输入，允许将 CPU 组态为包括自动参考点搜索在内的多种操作模式。运动轴为步进电动机或伺服电动机的速度和位置开环控制提供了统一的解决方案。

8.1.1 高速脉冲输出指令

S7-200 SMART PLC 配有 2～3 个 PWM 发生器，它们可以产生一个脉冲调制波形。一个发生器输出点是 Q0.0，另外两个发生器输出点是 Q0.1 和 Q0.3。当 Q0.0、Q0.1 和 Q0.3 作为高速输出点时，其普通输出点被禁用，而当不作为 PWM 发生器时，Q0.0、Q0.1 和 Q0.3 可作为普通输出点使用。经济型的 S7-200 SMART PLC 并没有高速输出点，标准型的 S7-200 SMART PLC 才有高速输出点，目前典型的两个型号是 CPU ST40 和 CPU ST600，CPU ST20 只有两个高速输出通道，即 Q0.0 和 Q0.1。

脉冲输出指令（PLS）配合特殊存储器用于配置高速输出功能，PLS 指令格式见表 8-1。PWM 提供三条通道，这些通道允许占空比可变的固定周期时间输出，如图 8-1 所示。PLS 指令可以指定周期时间和脉冲宽度，以 μs 或 ms 为单位指定脉冲宽度和周期。

表 8-1 块传送指令

指令名称	梯形图	功能说明
PLS 指令	PLS — EN ENO — — Q0.X	Q0.X：脉冲输出范围，为 0 时 Q0.0 输出，为 1 时 Q0.1 输出，为 3 时 Q0.2 输出

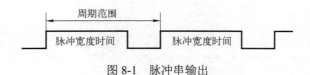

图 8-1   脉冲串输出

PWM 的周期范围为 10～65535μs 或者 2～65535ms，PWM 的脉冲宽度时间范围为 10～65535μs 或者 2～65535ms。

8.1.2   与 PWM 相关的特殊寄存器的含义

如果要装入新的脉冲宽度（SMW70 或 SMW80）和周期（SMW68 或 SMW78），应该在执行 PLS 指令前装入这些值和控制寄存器，然后 PLS 指令会从特殊存储器 SM 中读取数据，并按照存储数值控制 PWM 发生器。这些特殊寄存器分为 3 大类：PWM 功能状态字、PWM 功能控制字和 PWM 功能寄存器。这些寄存器的含义见表 8-2。PWM 的常用控制字节参考见表 8-3。

表 8-2   PWM 的特殊存储器

Q0.1	Q0.2	Q0.3	
SM67.0	SM77.0	SM567.0	PWM 刷新周期值 0：不刷新；1：刷新
SM67.1	SM77.1	SM567.1	PWM 刷新脉冲宽度值 0：不刷新；1：刷新
SM67.2	SM77.2	SM567.2	保留
SM67.3	SM77.3	SM567.3	PWM 时基选择 0：1μs；1：1ms
SM67.4	SM77.4	SM567.4	保留
SM67.5	SM77.5	SM567.5	保留
SM67.6	SM77.6	SM567.6	保留
SM67.7	SM77.7	SM567.7	PWM 允许 0：禁止；1：允许
SMW68	SMW78	SMW568	PWM 周期时间值（范围：2～65535）
SMW70	SMW80	SMW570	PWM 脉冲宽度值（范围：0～65535）

表 8-3   PWM 的常用控制字节参考

控制寄存器（十六进制值）	启 用	时 基	脉冲宽度	周期时间
16#80	是	1μs/周期		
16#81	是	1μs/周期		
16#82	是	1μs/周期	更新	
16#83	是	1μs/周期	更新	更新
16#88	是	1ms/周期		
16#89	是	1ms/周期		更新
16#8A	是	1ms/周期	更新	
16#8B	是	1ms/周期	更新	更新

8.1.3   PLS 高速输出指令举例

CPU ST40 的 Q0.0 输出一串脉冲，周期为 100ms，脉冲宽度时间为 20ms，要求有起停控制，梯形图如图 8-2 所示。

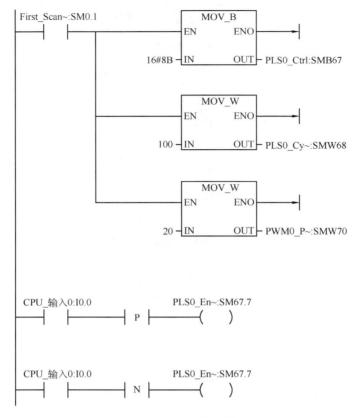

图 8-2　PWM 脉冲输出梯形图

8.1.4　PWM 向导使用举例

初学者往往对于控制字的理解比较困难，但西门子公司设计了指令向导功能，读者只要设置参数即可生成子程序，使得程序的编写变得简单。以下将介绍此方法。

1. 打开指令向导

单击菜单栏的"工具"→"PWM"，如图 8-3 所示。

图 8-3　打开 PWM 指令向导

2. 选择输出点

CPU ST40 有 3 个高速输出点，这里选择 Q0.0 输出，也就是勾选"PWM0"选项，同理如果要选择 Q0.1 输出，则应勾选"PWM1"选项，单击"下一个"按钮，如图 8-4 所示。

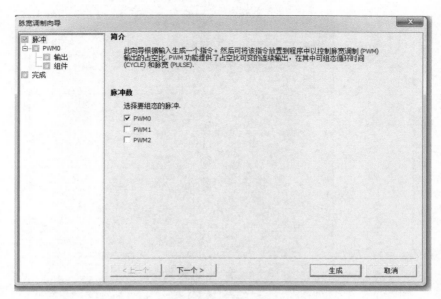

图 8-4　选择输出点

3．子程序命名

如图 8-5 所示，可对子程序命名，也可以使用默认的名称，单击"下一个"按钮。

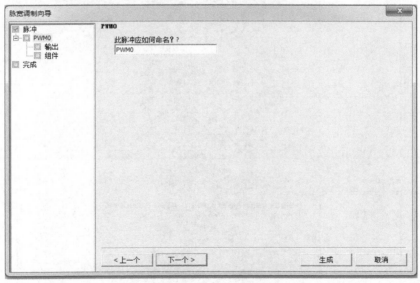

图 8-5　子程序命名

4．选择时间基准

PWM 的时间基准有"毫秒"和"微秒"，本例选择"毫秒"，如图 8-6 所示，单击"下一个"按钮。

5．完成指令向导

如图 8-7a 所示，单击"下一个"按钮，弹出如图 8-7b 所示的界面，单击"生成"按钮，完成向导设置，生成子程序"PWM0_RUN"，读者可以在"项目树"中的"调用子例程"中找到。

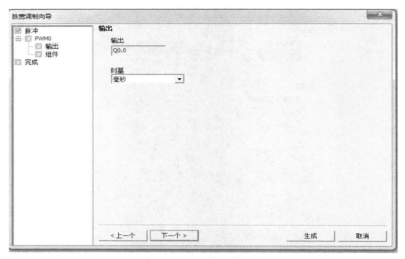

图 8-6　选择时间基准

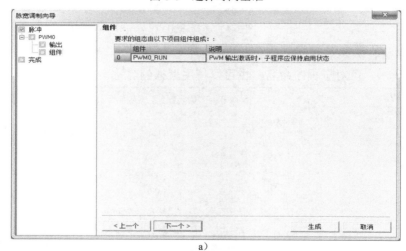

a）

图 8-7　完成向导

b）

6．编写梯形图

梯形图如图 8-8 所示。其功能与图 8-2 的梯形图完全一样，但相比而言此梯形图更加简洁，也更加容易编写。

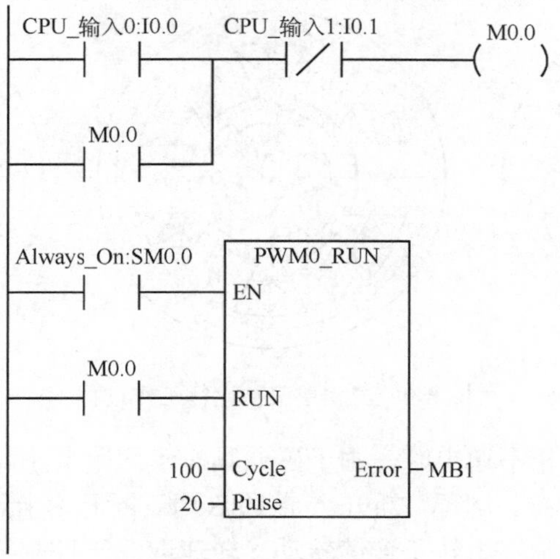

图 8-8　梯形图

8.2　S7-200 SMART PLC 的步进系统

8.2.1　步进电动机简介

步进电动机（脉冲电动机）是将脉冲电信号变换为相应的角位移或直线位移的电动机，即给一个脉冲电信号，电动机就转动一个角度或前进一步，角位移与脉冲数成正比，转速与脉冲频率成正比，转向与各相绕组的通电方式有关。

步进系统的特点如下：在负载能力范围内不因电源电压、负载大小、环境条件的波动而变化；适用于开环系统中作执行元件，使控制系统大为简化；步进电动机可在很宽的范围内通过改变脉冲频率调速；能够快速起动、反转和制动；很适合微型机控制，是数字控制系统中的一种执行元件。主要应用在数控机床、绘图机、轧钢机、记录仪等方面。

对步进系统基本的控制要求是：

1）能迅速起动、正/反转、停转，在很宽的范围内调速。

2）要求一个脉冲对应的位移量小、步距小、精度高，不得丢步或越步。

3）输出转矩大，直接带负载。

步进电动机按励磁方式，分为反应式、永磁式和感应式。反应式步进电动机适用范围广，结构简单。

8.2.2　步进电动机的工作原理

反应式步进电动机是利用磁阻转矩而转动的。以三相反应式步进电动机为例：定子 6 极不带小齿，每两个相对的极上绕有了控制绕组；转子有 4 个齿，齿宽等于定子的极靴宽。

1. 三相单三拍运行

三相是指步进电动机具有三相定子绕组;"单"是指每次只有一相绕组通电;"三拍"是指三次换接为一个循环,即按 A-B-C-A-…方式运行称为三相单三拍运行,如图 8-9 所示。

图 8-9　三相单三拍运行工作过程

当 A 相通电,B、C 相不通电时,由于磁通具有走磁阻最小路径的特点,转子齿 1 和 3 的轴线与定子 A 极轴线对齐。同理,断开 A 接通 B 时、断开 B 接通 C 时,转子转过 30°。按 A-B-C-A-…接通和断开控制绕组转子连续转动。转速取决于控制绕组通、断电的频率,转向取决于三相定子绕组通电的顺序。

2. 三相六拍运行

三相定子绕组通电方式是 A-AB-B-BC-C-CA-A-…共有 6 种通电状态。称为三相六拍运行。其中,每一个循环换接 6 次,这 6 种通电状态中有时只有一相绕组通电(如 A 相),即单拍;有时有两相绕组同时通电(如 A 相和 B 相),即双拍。图 8-10 为按三相六拍方式对控制绕组供电时转子位置和磁通分布的图形。

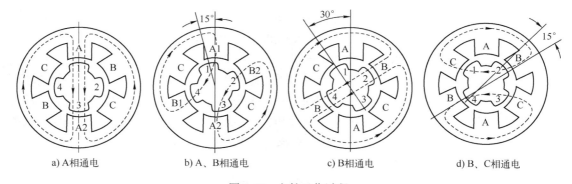

a) A 相通电　　　　b) A、B 相通电　　　　c) B 相通电　　　　d) B、C 相通电

图 8-10　六拍工作过程

3. 三相双三拍运行

通电方式为 AB-BC-CA-AB-…共有 3 种通电状态。每种通电状态都是两个线圈同时通电,故称为双三拍。每换接一次,转子转过 30°。

4. 基本特点

1)步进电动机工作时,每相绕组由专门驱动电源通过"环形分配器"按一定规律轮流通电,如三相双三拍运行的环形分配器输入是一路,输出有 A、B、C 三路。若开始是 A、B 两路有电压,输入一个控制脉冲后就变成 B、C 两路有电压,再输入一个脉冲后变成 C、A 两路有电压，再输入一个电脉冲后变成 A、B 两路有电压。环形分配器输出的各路脉冲电压信号，经过各自的放大器放大后送入步进电动机的各相绕组，使步进电动机一步步转动，如图 8-11 所示。

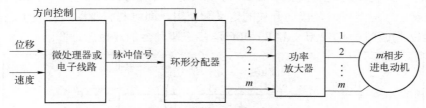

图 8-11　步进电动机驱动原理图

2）步距角为每输入一个脉冲电信号转子转过的角度，用 θ_b 表示。当电动机按三相单三拍运行 A-B-C-A-… 顺序通电时，换接一次绕组，转子转过的角度为 1/3 齿距角；转子需要走 3 步，才转过一个齿距角。当按三相六拍运行 A-AB-B-BC-C-CA-A-… 顺序通电时，换接一次绕组，转子转过的角度为 1/6 齿距角。齿距角为转子相邻两齿间的夹角，用 θ_t 表示。

$$\theta_t = \frac{360°}{Z_R} \qquad \theta_b = \frac{\theta_t}{N} = \frac{360°}{Z_R N}$$

式中　Z_R——转子齿数；
　　　N——运行拍数。

要提高工作精度就要求步距角很小。要想减小步距角可以增加拍数 N，从而增加相数电源及电动机的结构也越复杂。反应式步进电动机一般做到六相，个别也有八相的或更多；一台步进电动机有两个步距角，如 1.5°/0.75°、1.2°/0.6°、3°/1.5° 等。增加转子齿数 Z_R，步距角也可减小，所以反应式步进电动机的转子齿数一般很多。通常反应式步进电动机的步距角为零点几度到几度。

3）步进电动机可按指令进行角度控制和速度控制。

① 角度控制。每输入一个脉冲，定子绕组就换接一次，输出轴转过一个角度，输出轴转动的角位移量与输入脉冲数成正比。

② 速度控制。送入步进电动机的是连续脉冲，各相绕组不断地轮流通电，步进电动机连续运转，其转速与脉冲频率成正比。每输入一个脉冲，转子转过的角度是整个圆周角的 $1/(Z_R N)$，因此每分钟转子所转过的圆周数即为转速，用 n 表示（单位为 r/min）。

$$n = \frac{60f}{Z_R N}$$

式中　f——控制脉冲的频率。

转速取决于脉冲频率、转子齿数和拍数，与电压、负载、温度等因素无关。

4）步进电动机具有自锁能力。当控制电脉冲停止输入，让最后一个脉冲控制的绕组继续通直流电时，电动机保持在最后一个脉冲控制的角位移的终点位置。步进电动机可以实现停车时转子定位。

8.2.3　S7-200 SMART PLC 与步进电动机的连接

随着步进电动机在各方面的广泛应用，步进电动机的驱动装置也从分立元件电路发展到集成元件电路，目前已发展到系列化、模块化的步进电动机驱动器。这些对于步进电动机控制系统的设计，不仅提供了模块化的选择，而且简化了设计过程，提高了效率与系统运行的可靠性。

不同生产厂家的步进电动机驱动器虽然标准不统一，但其接口定义基本相同，只要了解接口中接线端子、标准接口及拨动开关的定义和使用，即可利用驱动器构成步进电动机控制系统。图 8-12 为西门子 S7-200 SMART PLC 与步进驱动器的连接原理图。

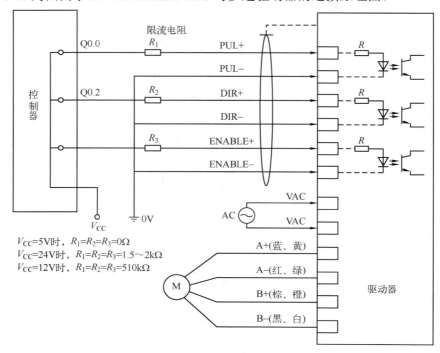

V_{CC}=5V时，R_1=R_2=R_3=0Ω
V_{CC}=24V时，R_1=R_2=R_3=1.5～2kΩ
V_{CC}=12V时，R_1=R_2=R_3=510kΩ

图 8-12　PLC 与步进驱动器的连接

驱动器个接口的含义见表 8-4，平时用到的小型步进电动机多为两相，图 8-12 为四线接法。

表 8-4　驱动器引脚

信　号　名	说　　明	信　号　名	说　　明
PUL+	脉冲信号（+）输入	ENABLE+	使能信号（+）输入
PUL−	脉冲信号（−）输入	ENABLE−	使能信号（−）输入
DIR+	方向电平信号（+）输入	VAC	驱动器的电源接口
DIR−	方向电平信号（−）输入	A+、A−、B+、B−	步进电动机 A 相、B 相接口

注意：一般步进驱动器默认的信号电压为 5V，本书 PLC 的使用电压一般为 24V，如果直接接入步进驱动器会烧坏驱动器，所以需要外接一个电阻来分压，一般为 2kΩ，具体参照说明书。

8.2.4　S7-200 SMART PLC 控制步进电动机实例

1. 控制任务描述

剪切机上有 1 套步进驱动系统，步进驱动器的型号为 SH-2H042Ma，步进电动机的型号为 17HS111，是两相四线直流 24V 步进电动机，用于送料，送料长度是 200mm，当送料完成后，停 1s 开始剪切，剪切完成 2s 后，再自动进行第二个循环。要求：按下按钮 SB1 开始工作，按下按钮 SB2 停止工作。SB1 接入 I0.0 输入点，SB2 接入 I0.1 输入点。PLC 的输出和驱动器的接线如图 8-12 所示。

2. 硬件组态

高速输出有 PWM 模式和运动轴模式，对于较复杂的运动控制显然用运动轴模式控制更加便利。以下将具体介绍这种方法。

（1）激活"运动控制向导"

打开 STEP 7 软件，在主菜单"工具"栏中单击"运动"选项，弹出装置选择界面，如图 8-13 所示。

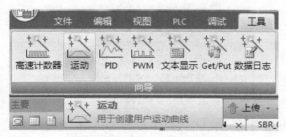

图 8-13　激活"运动控制向导"

（2）选择需要配置的轴

CPU ST40 系列 PLC 内部有 3 个轴可以配置，本例选择"轴 0"即可，如图 8-14 所示，再单击"下一步"按钮。

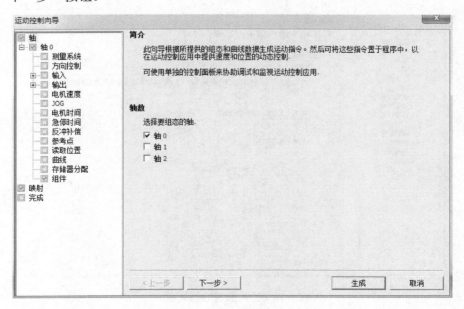

图 8-14　选择需要配置的轴

（3）为所选择的轴命名

为所选择的轴命名，本例为默认的"轴 0"，如图 8-15 所示，再单击"下一步"按钮。

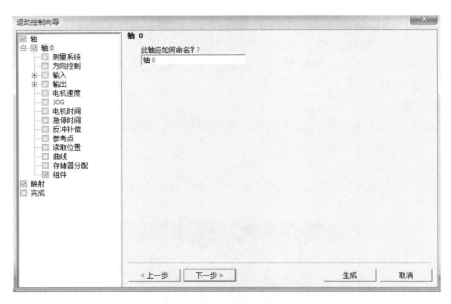

图 8-15　为选择的轴命名

（4）输入系统的测量系统

如图 8-16 所示，在"选择测量系统"选项中选择"工程单位"。由于步进电动机的步距角为 1.8°，所以电动机转一圈需要 200 个脉冲，即"电机一次旋转所需的脉冲"为"200"；"测量的基本单位"设为"mm"；"电机一次旋转产生多少'mm'的运动"为"10"；这些参数与实际的机械结构有关，再单击"下一步"按钮。

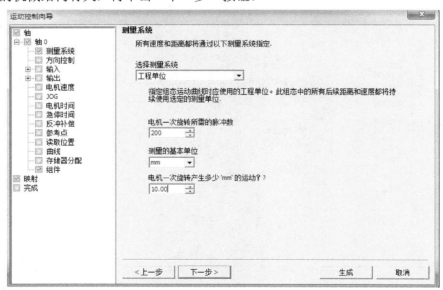

图 8-16　输入系统的测量系统

（5）设置脉冲方向输出

设置有几路脉冲输出，其中有单相（1 个输出）、双相（2 个输出）和正交（2 个输出）三个选项，本例选择"单相（1 个输出）"，如图 8-17 所示，再单击"下一步"按钮。

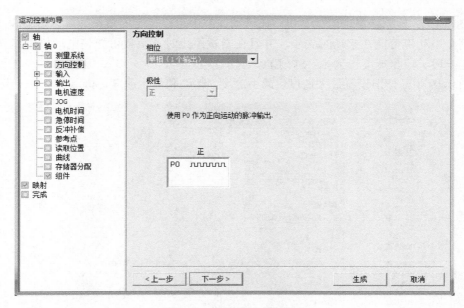

图 8-17　设置脉冲方向输出

（6）分配输入点

本例中不用 LMT+（正限位输入点）、LMT–（负限位输入点）、RPS（参考点输入点）和
ZP（零脉冲输入点），所以可以不设置。直接选中"STP"（停止输入点），选择"启用"，停
止输入点为"I0.1"，指定相应输入点有效时的响应方式为"减速停止"，指定输入信号有效电
平为"高"电平有效，再单击"下一步"按钮，如图 8-18 所示。

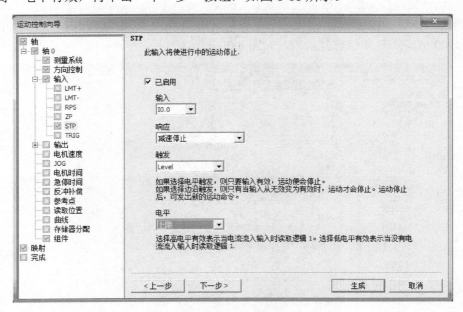

图 8-18　分配输入点

（7）指定电动机速度

MAX_SPEED：定义电动机运动的最大速度。

SS_SPEED：根据定义的最大速度，在运动曲线中可以指定的最小速度。如果 SS_SPEED 数值过高，电动机可能在起动时失步，并且在尝试停止时，负载可能使电动机不能立即停止而多行走一段。停止速度也为 SS_SPEED。

在图 8-19 中，分别设置最大速度、最小速度、起动和停止速度，再单击"下一步"按钮。

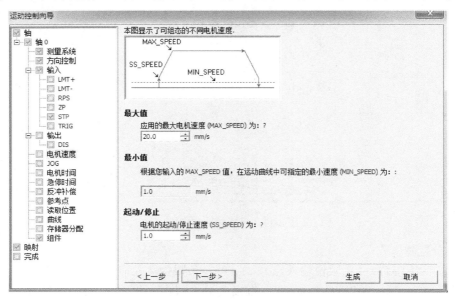

图 8-19　指定电动机速度

（8）设置加速和减速时间

ACCEL_TIME（加速时间）：电动机从 SS_SPEED 加速至 MAX_SPEED 所需要的时间，默认值=1000ms（1s），本例选默认值，如图 8-20 所示。

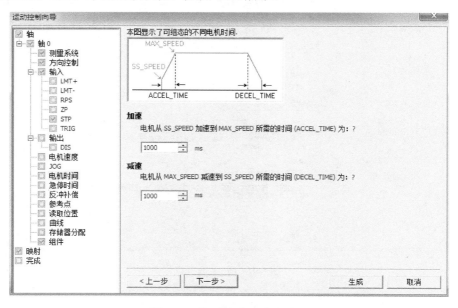

图 8-20　设置加速和减速时间

DECEL_TIME（减速时间）：电动机从 MAX_SPEED 减速至 SS_SPEED 所需要的时间，默认值=1000ms（1s），本例选默认值，如图 8-20 所示。再单击"下一步"按钮。

（9）为配置分配存储区

指令向导在 V 内存中以受保护的数据块页形式生成子程序，在编写程序时不能使用 PTO 向导已经使用的地址，此地址段可以由系统推荐，也可以人为分配，人为分配的好处是可以避开读者习惯使用的地址段。为配置分配存储区的内存地址如图 8-21 所示，本例设置为"VB0～VB92"，再单击"下一步"按钮。

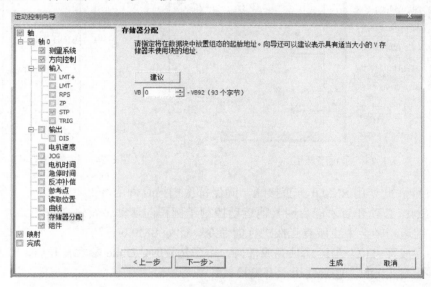

图 8-21　为配置分配存储区

（10）完成组态

图 8-22 所示的界面，单击"生成"按钮，完成组态。

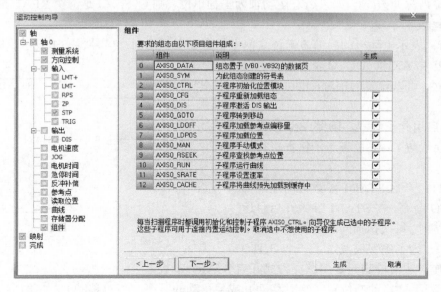

图 8-22　完成组态

3．常用运动子程序简介

完成向导组态后读者只需从左侧项目树中的"调用子例程"中找到对应的子程序调用进行编程即可，如图 8-23 所示。

在图 8-24 中，AXIS0_CTRL 表示初始化子程序。项目中只对每条运动轴使用此子例程一次，并且确保程序会在每次扫描时调用此子例程。

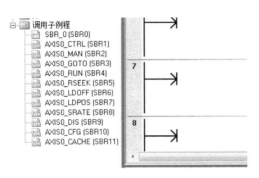

图 8-23　子程序调用

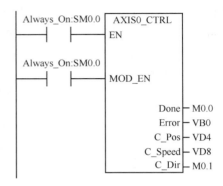

图 8-24　初始化子程序

EN：使能。此处用 SM0.0 一直接通，确保每次扫描时调用。

MOD_EN：必须开启才能启用其他运动控制子例程向运动轴发送命令。如果 MOD_EN 参数关闭，则运动轴会中止所有正在进行的命令，此处 SM0.0 开启。

Done：完成标志位，当运动轴完成任何一个子例程时，Done 参数会开启，即发送脉冲时为 OFF，停止时为 ON，通常使用上升沿检测。

C_Pos：表示运动轴的当前位置。根据测量单位，该值是脉冲数（DINT）或工程单位数（REAL）。

C_Speed：表示运动轴的当前速度。如果组态运动轴为相对脉冲，则 C_Speed 是一个 DINT 数值，单位为脉冲数/秒。如果组态运动轴为工程单位，则 C_Speed 是一个 REAL 数值，基本单位为工程数/秒。

C_Dir：表示电动机的当前方向位。信号状态 0 表示正向；信号状态 1 表示反向。

图 8-25 中 AXIS0_GOTO 表示自动单段定量子程序。可以设置为相对，也可以设置为绝对。

EN：启用此子例程，确保 EN 位保持开启，直至设置 Done 位表示子例程执行已经完成。

START：开启 START 参数会向运动轴发出 GOTO 命令。在 START 参数开启且运动轴不繁忙时，每次扫描向运动轴发送一个 GOTO 命令。为了确保仅发送了一个 GOTO 命令，请使用边沿检测元素用脉冲方式开启 START 参数。

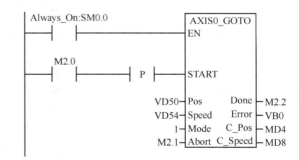

图 8-25　单段定量子程序

Pos：表示要移动的位置（绝对移动）或要移动的距离（相对移动）。如果所选的测量系统为相对脉冲，则该值为脉冲数（DINT）；如果所选的测量系统为工程单位，则该值为基本单位数（REAL）。相对移动时设定为正数正转、负数反转，绝对移动时会自动识别当前位置在目标位置是正方向还是负方向，从而控制电动机的正/反转。

Speed：指定移动的最高速度。根据所选的测量单位，该值是脉冲数/秒（DINT）或工程数/秒（REAL）。

Mode：移动的类型。0 表示绝对位置，1 表示相对位置，2 表示单速连续正向旋转，3 表示单速连续反向旋转。

Abort：停止位，触发运动轴停止执行此命令并减速，直至电动机停止为止。

4．编写梯形图程序

数据块赋值如图 8-26 所示，梯形图如图 8-27 所示。

图 8-26　数据块赋值

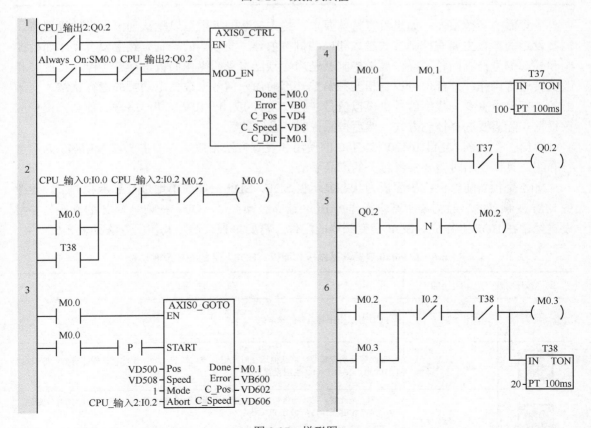

图 8-27　梯形图

8.3　变频器的控制

8.3.1　西门子变频器参数设定

变频调速技术已广泛应用于工业自动化领域，工业上经常采用变频器对电动机实现控制。西门子标准传动变频器的型号为 MicroMaster410/420/430/440，简称为 MM410/420/430/440，见表 8-5。MicroMaster4 系列分为恒定转矩（CT）和可变转矩（VT）两类变频器，根据外形尺寸、电源形式和功率不同又分为多种不同型号，用户应根据不同的应用场合，选择合适的变频器。

表 8-5　西门子变频器的型号与特点

型　　号	功率/kW	主　要　特　点
MM410	0.12~0.75	廉价型
MM420	0.12~11	通用型
MM430	7.5~250	风机和水泵专用型
MM440	0.12~250	适用于一切传动装置的矢量型

变频器的参数很多，如果没有特殊要求，绝大多数的参数可以默认为出厂时的设置值。需要设定的参数主要有控制方式参数和电动机参数等。变频器的控制方式主要有操作面板控制和外部信号控制两种。操作面板控制就是用变频器本身的操作面板进行起、停、正反转和改变转速等操作；外部信号控制指变频器按外部的输入信号来改变电动机的运行状态。变频器的外部信号主要有数字信号、模拟信号（4~20mA 或 0~10V）和网络输入数据。用户应该根据实际需要选择控制方式，然后按照说明书设定参数。

西门子变频器 MM410/420/430/440 的使用和设置方法相似，本书主要以 MM440 为例进行介绍，具体使用时需要参考相关的产品手册。

MM 变频器随机供应的面板为状态显示板 SDP，SDP 只能简单地进行显示和调节。要改变 MM 变频器的参数需要用基本操作板 BOP 或高级操作板 AOP。变频器 MM 的操作与参数设置经常在 BOP 上完成。BOP 是变频器的配件，需要单独订购，其使用方法见表 8-6。

表 8-6　MM440 变频器基本操作面板（BOP）上的按钮及其功能

显示/按钮	功　　能	功　能　说　明
r 0000	状态显示	LCD 显示变频器当前的设定值
Ⅰ	起动变频器	按此键起动变频器。默认值运行时此键是被封锁的。为了使此键的操作有效，应设定 P0700=1，参数 P1000 也应设置为 1
0	停止变频器	OFF1：按此键，变频器将按选定的斜坡下降速率减速停车。默认值运行时此键被封锁。为了允许此键操作，应设定 P0700=1 OFF2：按此键两次（或一次，但时间较长）电动机将在惯性作用下自由停车。此功能总是"使能"的

（续）

显示/按钮	功　能	功　能　说　明
↺	改变电动机的转动方向	按此键可以改变电动机的转动方向。电动机的反向用负号（—）表示或用闪烁的小数点表示。默认值运行时此键是被封锁的。为了使此键的操作有效，应设定 P0700=1
jog	电动机点动	在变频器无输出的情况下按此键，将使电动机起动，并按预设定的点动频率运行。释放此键时，变频器停车。如果变频器/电动机正在运行，按此键将不起作用
Fn	功能	此键用于浏览辅助信息。变频器运行过程中，在显示任何一个参数时按下此键并保持不动 2s，将显示以下参数值（在变频器运行中，从任何一个参数开始）：①直流回路电压（用 d 表示，单位 V）；②输出电流（A）；③输出频率（Hz）；④输出电压（用 o 表示，单位 V）；⑤由 P0005 选定的数值（如果 P0005 选择显示上述参数中的任何一个<3、4 或 5>，这里将不再显示）。连续多次按下此键，将轮流显示以上参数。此键还有跳转功能。在显示任何一个参数（rXXXX 或 PXXXX）时短时间按下此键，将立即跳转到 r0000，如果需要，可以接着修改其他参数。跳转到 r0000 后，按此键将返回原来的显示点
P	设置与访问参数	按此键可设置和访问参数
▲	增加数值	按此键可增加面板上显示的参数数值
▼	减少数值	按此键可减少面板上显示的参数数值

在设置中，经常要恢复为出厂默认值。通过表 8-7 的设置，恢复出厂默认值。

表 8-7　参数恢复为出厂默认值

参　数　号	设　置　值	说　　明
P0010	30	工厂的设定值
P0970	1	参数复位

下面将对一个三相交流电动机进行控制。变频器中需要设置电动机参数，见表 8-8。

表 8-8　设置电动机参数

参　数　号	出　厂　值	设　置　值	说　　明
P0003	1	1	用户访问级为标准级
P0010	0	1	快速调试
P0100	0	0	功率用 kW 表示，频率为 50Hz
P0304	230	220	电动机额定电压（V）
P0305	3.25	3.3	电动机额定电流（A）
P0307	0.75	0.75	电动机额定功率（kW）
P0310	50	50	电动机额定频率（Hz）
P0311	0	1395	电动机额定转速（r/min）
P0010	0	0	变频器处于准备状态

在 MM440 上，除了主电路之外，控制端子的连接对于变频器控制很重要。MM440 的控

制端子如图 8-28 所示，端子的定义见表 8-9。

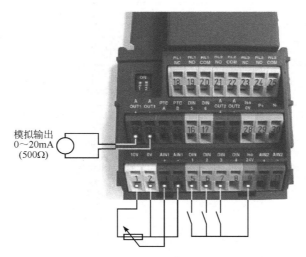

模拟输出
0～20mA
(500Ω)

图 8-28　MM440 的控制端子

表 8-9　MM440 的控制端子及其功能

端 子 名 称	位置或端口编号	说　　明
DIP 开关	左上角	DIP 开关 2 拨到 OFF 的位置，表示工频为 50Hz。DIP 开关 1 不供用户使用
电源输出	端子 1 和 2	10V 直流电源输出
模拟量输入（两组）	端子 3 和 4，端子 10 和 11	通过模拟量输入调节输出频率（需要设置为模拟量输入控制模式）
数字量输入	端子 5、6、7、8、16、17，公共端 9 和 28	6 位可编程数字量输入，对电动机进行正反转、固定频率设定等控制
模拟量输出（两组）	端子 12 和 13，端子 26 和 27	模拟量输出
USS-协议端	29 和 30	RS-485（USS-协议）端
输出继电器触点	18、19、20、21、22、23、24 和 25	输出继电器触点（8 个）
过热保护输入	14 和 15	电动机过热保护输入端

8.3.2　变频器的多段调速

用一台继电器输出 CPU SR40（DC/AC/继电器），控制一台 MM440 变频器，当按下按钮 SB1 时，三相异步电动机以 5Hz 正转，当按下按钮 SB2 时，三相异步电动机以 15Hz 正转，当按下按钮 SB3 时，三相异步电动机以 15Hz 反转，已知电动机的功率为 0.06kW，额定转速为 1430r/min，额定电压为 380V，额定电流为 0.35A，额定频率为 50Hz，设计方案，并编写程序。

1. 硬件配置接线

硬件配置接线原理图如图 8-29 所示。

控制按钮 SB1、SB2 和 SB3 为三段速度选择按钮，按下 SB4 电动机停止；DIN1、DIN2 为 MM440 的速度选择输入，DIN3 为方向控制信号。

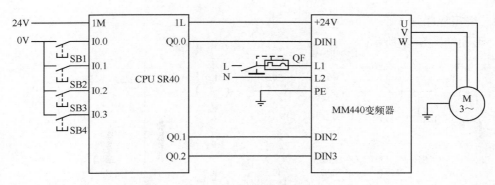

图 8-29　硬件接线原理图

2. 参数的设置

多段调速时，当 DIN1 端子与变频器的 24V 连接时对应一个频率，当 DIN1 和 DIN2 端子同时与变频器的 24V 连接时再对应一个频率，DIN3 端子与变频器的 24V 接通时为反转，DIN3 端子与变频器的 24V 不接通时为正转。变频器参数见表 8-10。

表 8-10　变频器参数

序号	变频器参数	出厂值	设定值	功 能 说 明
1	P0304	230	380	电动机的额定电压（380V）
2	P0305	1.8	0.35	电动机的额定电流（0.35A）
3	P0307	0.75	0.06	电动机的额定功率（60W）
4	P0310	50.00	50.00	电动机的额定频率（50Hz）
5	P0311	0	1430	电动机的额定转速（1430r/min）
6	P1000	2	3	固定频率设定
7	P1080	0	0	电动机的最小频率（0Hz）
8	P1082	50	50.00	电动机的最大频率（50Hz）
9	P1120	10	10	斜坡上升时间（10s）
10	P1121	10	10	斜坡下降时间（10s）
11	P0700	2	2	选择命令源（由端子排输入）
12	P0701	1	16	固定频率设定值（直接选择+ON）
13	P0702	12	16	固定频率设定值（直接选择+ON）
14	P0703	9	12	反转
15	P1001	0.00	5	固定频率 1
16	P1002	5.00	10	固定频率 2

当 Q0.0 为 1 时，变频器的 9 号端子与 DIN1 端子连通，电动机以 5Hz（固定频率 1）的转速运行，固定频率 1 设定在参数 P1001 中；当 Q0.0 和 Q0.1 同时为 1 时，DIN1 和 DIN2 端子同时与变频器的 24V（端子 9）连接，电动机以 15Hz（固定频率 1+固定频率 2）的转速运行，固定频率 2 设定在参数 P1002 中。

修改参数 P0701，对应设定数字输入 1（DIN1）的功能；修改参数 P0702，对应设定数字输入 2（DIN2）的功能，依此类推。

3．编写程序

梯形图如图 8-30 所示。

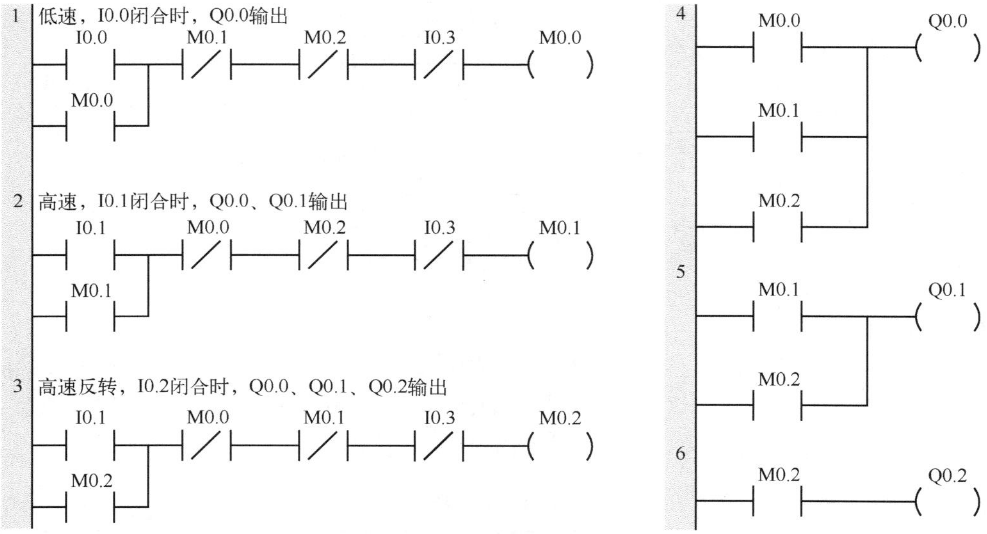

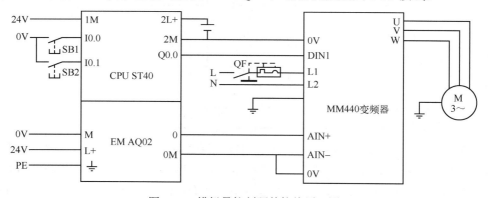

图 8-30　梯形图

8.3.3　西门子变频器模拟量控制

数字量多段调速可以设定速度段数量是有限的，不能做到无级调速，而外部模拟量输入可以做到无级调速，也容易实现自动控制，而且模拟量可以是电压信号或者电流信号，使用比较灵活，因此应用较广。

用一台 PLC 对变频器进行调速，已知电动机的技术参数，功率为 0.06kW，额定转速为 1430r/min，额定电压为 380V，额定电流为 0.35A，额定频率为 50Hz。

1．硬件配置接线

将 PLC、变频器、模拟量输出模块 EM AQ02 和电动机按照图 8-31 接线。

图 8-31　模拟量控制硬件接线原理图

接线时一定要把变频器的 0V 和 AIN-短接，PLC 的 2M 与变频器的 0V 也要短接，否则不能进行调速。

2．设置变频器的参数

变频器参数见表 8-11。

表 8-11　变频器参数

序号	变频器参数	出厂值	设定值	功 能 说 明
1	P0304	230	380	电动机的额定电压（380V）
2	P0305	3.25	0.35	电动机的额定电流（0.35A）
3	P0307	0.75	0.06	电动机的额定功率（60W）
4	P0310	50.00	50.00	电动机的额定频率（50Hz）
5	P0311	0	1430	电动机的额定转速（1430r/min）
6	P0700	2	2	选择命令源（由端子排输入）
7	P0756	0	1	选择 ADC 的类型（电流信号）
8	P1000	2	2	频率源（模拟量）
9	P701	1	1	数字量输入 1

3．编写程序

模拟量输出梯形图如图 8-32 所示，当起动按钮按下时，程序向 AQW16 写速度控制量。

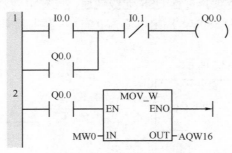

图 8-32　梯形图

8.3.4　西门子变频器网络控制

1．USS 协议简介

通用串行接口协议，即 USS（Universal Serial Interface）协议，是西门子公司所有传动产品的通用通信协议，它是一种基于串行总线进行数据通信的协议。USS 协议是主-从结构的协议，规定了在 USS 总线上可以有一个主站和最多 31 个从站；总线上的每个从站都有一个站地址（在从站参数中设定），主站依靠它识别每个从站；每个从站也只对主站发来的报文做出响应并回送报文，从站之间不能直接进行数据通信。另外，还有一种广播通信方式，主站可以同时给所有从站发送报文，从站在接收到报文并做出相应的响应后，可不回送报文。

（1）使用 USS 协议的优点

1）对硬件设备要求低，减少了设备之间的布线。

2）无须重新连线就可以改变控制功能。

3）可通过串行接口设置来改变传动装置的参数。

4）可实时监控传动系统。

（2）USS 通信硬件连接注意要点

1）条件许可的情况下，USS 主站尽量选用直流型的 CPU（针对 S7-200 SMART PLC）。

2）一般情况下，USS 通信电缆采用双绞线即可（如常用的以太网电缆），如果干扰比较大，可采用屏蔽双绞线。

3）在采用屏蔽双绞线作为通信电缆时，如果把具有不同电位参考点的设备互连，会造成在互连电缆中产生不应有的电流，从而造成通信口的损坏。所以要确保通信电缆连接的所有设备，共用一个公共电路参考点，或是相互隔离的，以防止不应有的电流产生。屏蔽线必须连接到机箱接地点或 9 针连接插头的插针 1。建议将传动装置上的 0V 端子连接到机箱接地点。

4）尽量采用较高的波特率，通信速率只与通信距离有关，与干扰没有直接关系。

5）终端电阻的作用是用来防止信号反射的，并不用来抗干扰。如果在通信距离很近、波特率较低或点对点通信的情况下，可不用终端电阻。多点通信的情况下，一般也只需在 USS 主站上加终端电阻就可以取得较好的通信效果。

6）不要带电插拔 USS 通信电缆，尤其是正在通信过程中，这样极易损坏传动装置和 PLC 的通信端口。如果使用大功率传动装置，即使传动装置掉电后，也要等几分钟，让电容放电后，再去插拔通信电缆。

2. USS 通信的应用

用一台 CPU ST40 对变频器进行 USS 无级调速，已知电动机的功率为 0.06kW，额定转速为 1440r/min，额定电压为 380V，额定电流为 0.35A，额定频率为 50Hz。请制定解决方案。

（1）硬件配置接线

硬件连接原理图如图 8-33 所示。

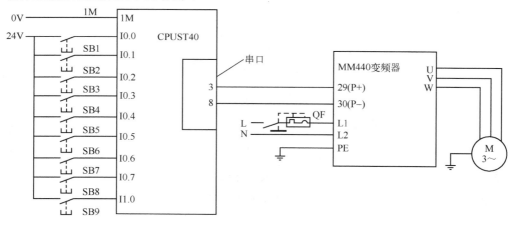

图 8-33　硬件连接原理图

图 8-33 中，串口的 3 脚与变频器的 29 脚相连，串口的 8 脚与变频器的 30 脚相连，并不需要占用 PLC 的输出点。图 8-33 的 USS 通信连接是要求不严格时的做法，一般的工业现场不宜采用，工业现场的 PLC 端应使用专用的网络连接器，且终端电阻要接通，如图 8-34 所示。变频器端的连接图如图 8-35 所示，在购买变频器时附带有所需的电阻，并不需要另外购置。还有一点必须指出：如果有多台变频器，则只有最末端的变频器需要接入图 8-35 的电阻。

开关位置为ON 接通终端电阻

图 8-34　网络连接器

（2）相关指令介绍

1）初始化指令。USS_INIT 指令被用于启用和初始化或禁止驱动器通信。在使用任何其他 USS 协议指令之前，必须执行 USS_INIT 指令，且无错。一旦该指令完成，立即设置"完成"位，才能继续执行下一条指令。

EN 输入打开时，在每次扫描时执行该指令。仅限为通信状态的每次改动执行一次 USS_INIT 指令。使用边缘检测指令，以脉冲方式打开 EN 输入。如果想要改动初始化参数，则执行一条新 USS_INIT 指令。USS 输入

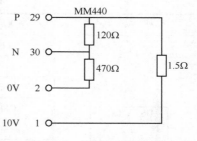

图 8-35　变频器端连接图

数值选择通信协议：输入值 1 将端口 0 分配给 USS 协议，并启用该协议；输入值 0 将端口 0 分配给 PPI，并禁止 USS 协议。BAUD（波特率）将波特率设为 1200bit/s、2400bit/s、4800bit/s、9600bit/s、19200bit/s、38400bit/s、57600bit/s 或 115200bit/s。

ACTIVE（激活）表示激活驱动器。当 USS_INIT 指令完成时，DONE（完成）输出打开。"错误"输出字节包含执行指令的结果。USS_INIT 指令格式见表 8-12。

表 8-12　USS_INIT 指令格式

梯形图	输入/输出	含　义	数据类型
USS_INIT EN Mode　　Done Baud　　Error Port Active	EN	使能	BOOL
	Mode	模式	BYTE
	Baud	通信的波特率	DWORD
	Port	设置物理通信端口（0：CPU 中集成的 RS-485，1：信号板上的 RS-485 或 RS-232）	BYTE
	Active	激活驱动器	DWORD
	Done	完成初始化	BOOL
	Error	错误代码	BYTE

站点号激活见表 8-13。

表 8-13　站点号激活

D31	D30	D29	D28	…	D19	D18	D17	D16	…	D3	D2	D1	D0
0	0	0	0	…	0	1	0	0	…	0	0	0	0

D0～D31 代表 32 台变频器，要激活某一台变频器，就将该位置 1，表 8-13 将 18 号变频器激活，其十六进制表示为 16#000400000。若要将所有 32 台变频器都激活，则 ACTIVE 为 16#FFFFFFFF。

2）控制指令。USS_CTRL 指令被用于控制 ACTIVE（激活）驱动器。USS_CTRL 指令将选择的命令放在通信缓冲区中，然后送至编址的驱动器（DRIVE 参数），条件是已在 USS_INIT 指令的 ACTIVE（激活）参数中选择该驱动器。每台驱动器仅限指定一条 USS_CTRL 指令。USS_CTRL 指令格式见表 8-14。

USS_CTRL 指令具体描述如下。

表 8-14　USS_CTRL 指令格式

梯 形 图	输入/输出	含　义	数据类型
	EN	使能	BOOL
	RUN	模式	BOOL
	OFF2	允许驱动器滑行至停止	BOOL
	OFF3	命令驱动器迅速停止	BOOL
	F_ACK	故障确认	BOOL
	DIR	驱动器应当移动的方向	BOOL
	Drive	驱动器的地址	BYTE
	Type	选择驱动器的类型	BYTE
	Speed_SP	驱动器速度	DWORD
	Resp_R	收到应答	BOOL
	Error	通信请求结果的错误字节	BYTE
	Status	驱动器返回的状态字原始数值	WORD
	Speed	全速百分比	DWORD
	D_Dir	表示驱动器的旋转方向	BOOL
	inhibit	驱动器上的禁止位状态	BOOL
	Run_EN	驱动器运动时为 1，停止时为 0	BOOL
	Fault	故障位状态	BOOL

梯形图部分：

```
      USS_CTRL
----EN
----RUN
----OFF2
----OFF3
----F_ACK    Resp_R----
             Error
----DIR      Status
             Speed
----Drive    Run_EN
----Type     D_Dir
----Speed_SP Inhibit
             Fault----
```

　　EN 位必须打开，才能启用 USS_CTRL 指令。该指令应当始终启用。RUN/STOP（运行/停止）表示驱动器是打开（1）还是关闭（0）。当 RUN（运行）位打开时，驱动器收到一条命令，按指定的速度和方向开始运行。为了使驱动器运行，必须符合以下 3 个条件：①DRIVE（驱动器）在 USS_INIT 中必须被选为 ACTIVE（激活）；②OFF2 和 OFF3 必须被设为 0；③FAULT（故障）和 INHIBIT（禁止）必须为 0。

　　当 RUN（运行）关闭时，会向驱动器发出一条命令，将速度降低，直至电动机停止。OFF2 位被用于允许驱动器滑行至停止。OFF3 位被用于命令驱动器迅速停止。Resp_R（收到应答）位确认从驱动器收到应答。对所有的激活驱动器进行轮询，查找最新驱动器状态信息。每次 S7-200 SMART PLC 从驱动器收到应答时，Resp_R 位均会打开，进行一次扫描，所有数值均被更新。F_ACK（故障确认）位被用于确认驱动器中的故障。当 F_ACK 从 0 转为 1 时，驱动器清除故障。DIR（方向）位表示驱动器应当移动的方向。"驱动器"（驱动器地址）输入是驱动器的地址，向该地址发送 USS_CTRL 命令。有效地址为 0～31。"类型"（驱动器类型）输入选择驱动器的类型。将 3（或更早版本）驱动器的类型设为 0。将 4 驱动器的类型设为 1。

　　Speed_SP（速度设定值）是作为全速百分比的驱动器速度。Speed_SP 的负值会使驱动器反向旋转方向。范围：−200.0%～200.0%。假如在变频器中设定电动机的额定频率为 50Hz，Speed_SP=20.0，电动机转动的频率为 50Hz×20%=10Hz。

　　Error 是一个包含对驱动器最新通信请求结果的错误字节。USS 指令执行错误标题定义会因执行指令而导致的错误条件。

Status 是驱动器返回的状态字原始数值。

Speed 是作为全速百分比的驱动器速度。范围：−200.0%～200.0%。

Run_EN（运行启用）表示驱动器是运行（1）还是停止（0）。

D_Dir 表示驱动器的旋转方向。

inhibit 表示驱动器上的禁止位状态（0 表示不禁止，1 表示禁止）。欲清除禁止位，"故障"位必须关闭，RUN（运行）、OFF2 和 OFF3 输入也必须关闭。

Fault 表示故障位状态（0 表示无故障，1 表示故障）。驱动器显示故障代码。

3）设置变频器的参数。先查询 MM440 变频器的说明书，再依次在变频器中设定表 8-15 中的参数。

表 8-15　变频器参数设置

序号	变频器参数	出厂值	设定值	功　能　说　明
1	P0304	230	380	电动机的额定电压（380V）
2	P0305	3.25	0.35	电动机的额定电流（0.35A）
3	P0307	0.75	0.06	电动机的额定功率（60W）
4	P0310	50.00	50.00	电动机的额定频率（50Hz）
5	P0311	0	1440	电动机的额定转速（1440r/min）
6	P0700	2	5	选择命令源（COM 链路的 USS 设置）
7	P1000	2	5	频率源（COM 链路的 USS 设置）
8	P2010	6	6	USS 波特率（9600bit/s）
9	P2011	0	18	站点的地址
10	P2012	2	2	PZD 长度
11	P2013	127	127	PKW 长度（长度可变）
12	P2014	0	0	看门狗时间

P2011 设定值为 18，与程序中的地址一致，P2010 设定值为 6，与程序中的 9600bit/s 也是一致的，所以正确设置变频器的参数是 USS 通信成功的前提。

变频器的 USS 通信和 PROFIBUS 通信二者只可选其一，不可同时进行，因此如果进行 USS 通信时，变频器上的 PROFIBUS 模块必须要取下，否则 USS 被封锁，是不能通信成功的。

此外，要选用 USS 通信的指令，只要双击 USS 指令库中对应的指令即可。

4）编写程序。梯形图程序如图 8-36 所示。

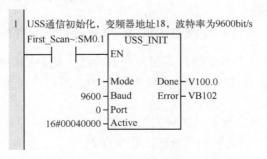

图 8-36　梯形图

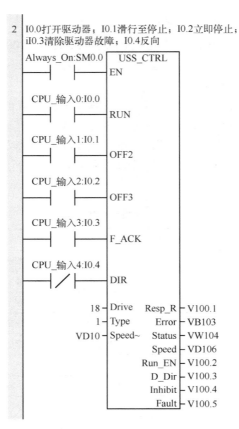

图 8-36 梯形图（续）

思考与练习题

8.1 利用步进电动机拖动工作台前进，如图 8-37 所示。

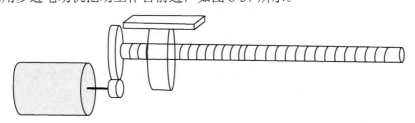

图 8-37 步进电动机拖动工作台前进示意图

步进电动机的步距角为 1.8°，驱动器细分为 16 等份，电动机每转一圈，工作台前进 8cm，要求按下起动按钮工作台前进到 20mm 的位置停止 5s，然后返回至起始位置停止。完成接线图和程序编写。

8.2 简述变频器的 PLC 控制的 3 种方法。

8.3 使用变频器时，电动机的正反转怎么实现？

8.4 采用模拟量对变频器进行调速，完成接线图和程序编写。

第9章 西门子S7-200 SMART PLC的通信

PLC 的通信包括 PLC 与 PLC 之间的通信、PLC 与上位计算机之间的通信以及和其他智能设备之间的通信。通过 PLC 的通信，使得众多独立的控制任务构成一个控制工程整体，形成模块控制体系。PLC 与计算机连接组成网络，将 PLC 用于控制工业现场，计算机用于编程、显示和管理等任务，构成"集中管理、分散控制"的分布式控制系统（DCS）。

SMART 支持的通信方式主要有：

1）Modbus RTU 协议通信。

2）USS 协议通信。

3）自由口通信。

4）以太网通信。

目前 S7-200 SMART 没有开放 PROFIBUS 通信，PPI 通信仅限于 PLC 与 HMI 通信，以太网通信也仅限于 PLC 与 HMI 以及 PC 与 PLC 的通信，S7-200 SMART 之间的以太网通信和PPI 通信暂时没有开放。

9.1 通信的基础知识

9.1.1 通信的基本概念

1. 串行通信与并行通信

串行通信和并行通信是两种不同的数据传输方式。

并行通信就是将一个 8 位数据（或 16 位、32 位）的每一个二进制位采用单独的导线进行传输，并将传送方和接收方进行并行连接，一个数据的各个二进制位可以在同一时间内一次传送。例如，老式打印机的打印口和计算机的通信就是并行通信。并行通信的特点是一个周期里可以一次传输多位数据，但其连线的电缆多，因此长距离传送时成本高。

串行通信就是通过一对导线将发送方与接收方进行连接，传输数据的每个二进制位，按照规定顺序在同一导线上依次发送与接收。例如，常用 U 盘的 USB 接口就是串行通信。串行通信的特点是通信控制复杂，通信电缆少，因此与并行通信相比，成本低。串行通信是一种趋势，随着串行通信速率的提高，以往使用并行通信的场合，现在完全或部分被串行通信取代，如打印机的通信，现在基本被串行通信取代，再如个人计算机硬盘的数据通信，也已经被串行通信取代。

2. 异步通信与同步通信

异步通信与同步通信也称为异步传送与同步传送，这是串行通信的两种基本信息传送方式。从用户的角度上说，两者最主要的区别在于通信方式的"帧"不同。

异步通信方式又称起止方式。它在发送字符时，要先发送起始位，然后是字符本身，最后是停止位，字符之后还可以加入奇偶校验位。异步通信方式具有硬件简单、成本低的特点，主要用于传输速率低于 19.2kbit/s 以下的数据通信。异步通信的字符信息格式如图 9-1 所示。

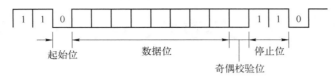

图 9-1　异步通信的字符信息格式

同步通信方式在传递数据的同时，也传输时钟同步信号，并始终按照给定的时刻采集数据。其传输数据的效率高，硬件复杂，成本高，一般用于传输速率高于 20kbit/s 以上的数据通信。

3. 单工、双工与半双工

单工、双工与半双工是通信中描述数据传送方向的专用术语。串口通信方式如图 9-2 所示。

1）单工（Simplex）方式：指数据只能实现单向传送的通信方式，一般用于数据的输出，不可以进行数据交换。

2）全双工（Full Simplex）方式：也称双工方式，指数据可以进行双向数据传送，同一时刻既能发送数据，也能接收数据。通常需要两对双绞线连接，通信线路成本高。例如，RS-422 就是"全双工"通信方式。

3）半双工（Half Simplex）方式：指数据可以进行双向数据传送，同一时刻，只能发送数据或者接收数据。通常需要一对双绞线连接，与全双工相比，通信线路成本低。例如，RS-485 只用一对双绞线时就是"半双工"通信方式。

图 9-2　串口通信方式

9.1.2　串行通信的端口标准

1. RS-232C

RS-232C 的最长通信距离为 15m，最高传输速率为 20kbit/s，只能进行一对一通信。RS-232C 使用单端驱动单端接收电路，容易受到公共地线上电位差和外部引入干扰信号的影响，如图 9-3 所示。

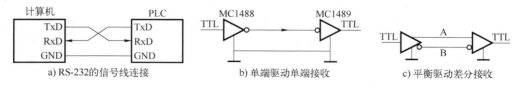

图 9-3　RS-232C 通信连接图

2. RS-422A

RS-422A 采用平衡驱动差分接收电路，因为接收器是差分输入，所以两根线上的共模干扰信号互相抵消。最高传输速率为 10Mbit/s 时的最远通信距离为 12m。最高传输速率为

100kitb/s 时的最远通信距离为 1200m。一台驱动器可以连接 10 台接收器。

3．RS-485

RS-422A 是全双工，用 4 根导线传送数据。RS-485 是 RS-422A 的变形，为半双工，使用双绞线可以组成串行通信网络，构成分布式系统，如图 9-4 所示。

a) RS-422A通信接线图　　b) RS-485网络

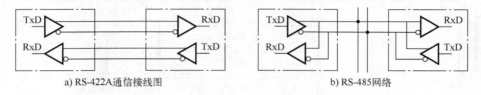

图 9-4　RS-422A 和 RS485 通信连接图

9.1.3　S7-200 SMART 串口通信资源及连接资源

1．S7-200 SMART 串口通信简介

表 9-1　西门子 S7-200 SMART PLC 的通信资源

	CPU 本体集成的通信端	通信信号板（SB CM01）的扩展端	
通信端口的类型	RS-485	RS-485	RS-232
支持的通信协议	PPI/自由端口/Modbus/USS		
波特率	PPI（9600bit/s，19200bit/s，187500bit/s）；自由端口（1200bit/s，115200bit/s）		
连接的资源	每个通信端口可连接 4 个 HMI 设备		

2．通信端口的定义

（1）RS-485 端口

S7-200 SMART CPU 本体集成 RS-485 端口（端口 0），其引脚功能如图 9-5 所示。

CPU插座(9针母头)

引脚号	信号	Port0(端口0)引脚定义
1	屏蔽	机壳接地
2	24V返回	逻辑地(24V公共端)
3	RS-485信号B	RS-485信号B
4	发送请求	RTS(TTL)
5	5V返回	逻辑地(5V公共端)
6	5V	5V，通过100Ω电阻
7	24V	24V
8	RS-485信号A	RS-485信号A
9	不用	10位协议选择(输入)
金属壳	屏蔽	机壳接地

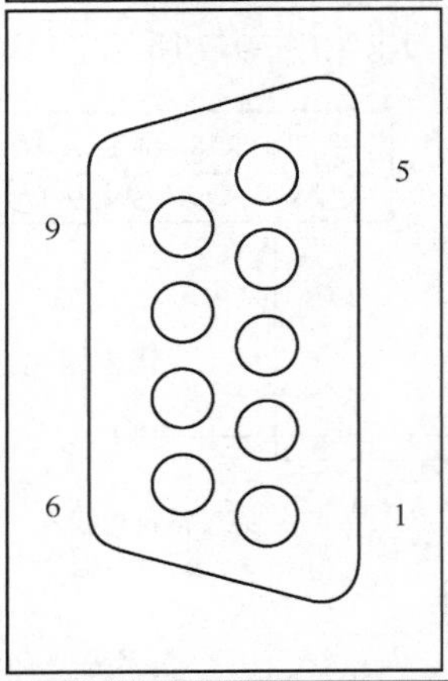

图 9-5　RS-485 引脚功能

（2）通信信号板

通信信号板如图 9-6 所示。通信信号板可以扩展 CPU 的通信端口，其安装位置如图 9-7

所示。安装完成后，通信信号板被视为端口 1（Port1），CPU 本体集成 RS-485 端口被视为端口 0（Port0）。

通信信号板(SB CM01)	引脚标记	RS-485	RS-232
	⏚	机壳接地	机壳接地
	TX/B	RS485-B	RS232-Tx
	RTS	RTS(TTL)	RTS(TTL)
	M	逻辑公共端	逻辑公共端
	RX/A	RS485-A	RS232-Rx

图 9-6　信号板引脚功能

图 9-7　信号板安装

信号板 SB CM01 可以扩展 RS-485，也可以扩展 RS-232，但两者只能用一种，可通过系统块进行设置。

3. 外部接线

设置成的 RS-485 和 RS-232 的接线方式有所不同，如图 9-8 和图 9-9 所示。

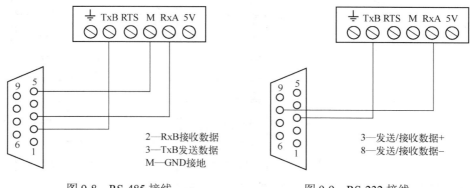

图 9-8　RS-485 接线　　　　图 9-9　RS-232 接线

S7-200 SMART CPU RS-485 网络使用双绞线电缆。每个网段中最多只能连接 32 个设备，如图 9-10 所示。网络连接器 A、B、C 分别插到 3 个通信站点的通信端口上；电缆 a 把插头 A 和 B 连接起来，电缆 b 连接插头 B 和 C。线型结构可以照此扩展。

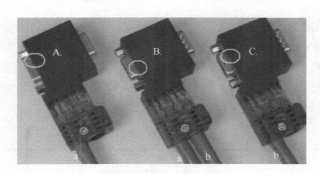

图 9-10　网络连接器

注意圆圈内的"终端电阻"开关设置。网络终端插头的终端电阻开关必须放在"ON"位置；中间站点插头的终端电阻开关应放在"OFF"位置。

9.2　Modbus RTU 通信

9.2.1　Modbus 协议简介

Modbus 协议是一种软件协议，应用于电子控制器上的一种通用语言。通过此协议，控制器（设备）可经由网络（即信号传输的线路或称物理层，如 RS-485）和其他设备进行通信。它是一种通用工业标准，通过此协议，不同厂商生产的控制设备可以连成工业网络，进行集中监控。

Modbus 协议有两种传输模式：ASCII 模式和 RTU（Remote Terminal Units，远程终端单元）模式。在同一个 Modbus 网络上的所有设备都必须选择相同的传输模式。在同一 Modbus 网络中，所有设备除了传输模式相同外，波特率、数据位、校验位、停止位等基本参数也生须一致。

Modbus 网络是种单主多从的控制网络，也即同一个 Modbus 网络中只有一台设备是主机，其他设备为从机。所谓主机，即为拥有主动话语权的设备。主机能够通过主动地往 Modbus 网络发送信息来控制查询其他设备（从机）。所谓从机，就是被动的设备。从机只能在收到主机发来的控制或查询消息（命令）后才能往 Modbus 网络中发送数据消息，这现象称为回应。主机在发送完命令信息后，一般会留一段时间给被控制或被查询的从机回应，因此，这保证了同一时间只有一台设备往 Modbus 网络中发送信息，以免信号冲突。

一般情况下，用户可以将计算机、PLC、IPC、HMI 设为主机，来实现集中控制。将某台设备设为主机，并不是说通过某个按钮或开关来设定的，也不是它的信息格式有特别之处，而是一种约定。例如，上位机在运行时操作人员单击发送指令按钮，上位机就算收不到其他设备的命令也能主动发送命令，这时上位机就被约定为主机；再比如，设计人员在设计变频器时规定，变频器必须在收到命令后才能发送数据，这就是约定变频器为从机。主机可以单独地与某台从机通信，也可以对所有从机发布广播信息。对于单独访问的命令，从机都应反馈回应信息；对应主机发出的广播信息，从机无须反馈回应信息给主机。

SMART 使用的 Modbus 协议为 RTU 模式，物理层（网络线路）为两线制 RS-485。两线制 RS-485 接口工作于半双工，数据信号采用差分传输方式，也称为平衡传输。它使用一对双绞线，将其中一根线定义为 A（+），另一根线定义为 B（−）。通常情况下，发送驱动器 A、B 之间的电平在 2～6V 之间表示逻辑"1"，在−6～−2V 之间表示逻辑"0"。

通信波特率是指 1s 内传输的二进制数，其单位为位/秒（bit/s）。设置的波特率越大，传输速度越快，抗干扰能力越差。当使用 0.56mm（24AWG）双绞线作为通信电缆时，根据波特率的不同，最远传输距离见表 9-2。

表 9-2　最远传输距离

波特率/（bit/s）	2400	4800	9600	19200
最远传输距离/m	1800	1200	800	600

RS-485 远距离通信时建议采用屏蔽电缆，并且将屏蔽层作为地线。在设备少、距离近的情况下，不加终端负载电阻整个网络能很好地工作，但随着距离的增加，性能将降低，所以在远距离传输时使用 120Ω的终端电阻。

9.2.2　RTU 通信结构

Modbus 网络以 RTU（远程终端单元）模式通信，在消息中的每个字节包含两个 4bit 的十六进制字符。这种方式的主要优点是在同样的波特率下可比 ASCII 方式传送更多的数据。

代码系统组成如下：

1）1 个起始位。

2）7 或 8 个数据位，最小的有效位先发送。8 位二进制数，每个 8 位的帧域中包括两个十六进制字符（0～9，A～F）。

3）1 个奇偶校验位，设成无校验则没有奇偶校验位。

4）1 个停止位（有校验时），设成无校验则停止位长度为 2bit。

5）错误检测域：CRC（循环冗长检测）。数据格式的描述见表 9-3 和表 9-4。

表 9-3　11bit 字符帧

起始位	Bit1	Bit2	Bit3	Bit4	Bit5	Bit6	Bit7	Bit8	校验位	停止位

表 9-4　10bit 字符帧

起始位	Bit1	Bit2	Bit3	Bit4	Bit5	Bit6	Bit7	校验位	停止位

11bit 字符帧中，Bit1～Bit8 为数据位；10bit 字符帧中，Bit1～Bit7 为数据位。

一个字符帧中，真正起作用的是数据位。起始位、检验位和停止位的加入只是为了将数据位正确地传输到对方设备。在实际应用时，一定要将数据位、校验位、停止位设为一致。

在 RTU 模式中，新帧总是以至少 3.5 字节的空闲时间作为开始。在以波特率计算传输速率的网络上，3.5 字节的时间易于把握。紧接着传输的数据域依次为从机地址、操作命令码、数据和 CRC 校验字，每个域传输的字节都是十六进制的 0～9，A～F。网络设备始终监视着通信总线的活动。当接收到第一个域（地址信息）时，每个网络设备都对该字节进行确认。随着最后一字节的传输完成又有段类似的 3.5 字节的传输时间间隔，用来标识本帧的结束，在此以后，将开始一个新帧的传输。数据帧格式如图 9-11 所示。

一个帧的信息必须以连续的数据流进行传输，如果整个帧传输结束前有超过 15 字节以上的时间间隔，则接收设备将清除这些不完整的信息，并且错误地认为随后 1 字节是新一帧的地址域部分，同样如果一个新帧的开始与前一个帧的间隔时间小于 3.5 字节的时间间隔，则接收设备将认为它是前一帧的继续，由于帧的错乱，最终 CRC 校验值不正确，从而导致通信故障。

图 9-11　数据帧格式

9.2.3　RTU 通信帧错误校验方式

数据在传输过程中，有时因为各种因素（如电磁干扰）使发送的数据发生错误，比如，要发送的信息的某个位逻辑"1"，RS-485 上的 A-B 电位差应该为 6V，但是因为电磁干扰使电位差变成了–6V，结果其他设备就认为发送来的是逻辑"0"。如果没有错误校验，接收数据的设备就不知道信息是错误的，这时它可能做出错误响应。这个错误响应可能会导致严重后果，所以信息必须要有校验。校验的思路是，发送方将发送的数据按照某种特定的算法算出一个结果，并且将这个结果加在信息的后面一起发送。接收方在收到信息后，根据算法将数据算出一个结果，再将这个结果和发送方发来的结果比较。如果比较结果相同，证明信息是正确的，否则认为信息是错误的。

帧的错误校验方式主要包括两部分的校验，即单字节的位校验（奇/偶校验，即字符帧中的校验位）和帧的整个数据校验（CRC 校验）。

1．单字节的位校验

用户可以根据需要选择不同的位校验方式，也可以选择无校验，这将影响每个字节的校验位设置。

偶校验的含义：在数据传输前附加一位偶校验位，用来表示传输数据中"1"的个数是奇数还是偶数，为偶数时，校验位置为"0"，否则置为"1"，用于保持数据的奇偶性不变。

奇校验的含义：在数据传输前附加一位奇校验位，用来表示传输数据中"1"的个数是奇数还是偶数，为奇数时，校验位置为"0"，否则置为"1"，用于保持数据的奇偶性不变。例如，需要传输数据位为"11001110"，数据中含 5 个"1"，如果用偶校验，其偶校验位为"1"，如果用奇校验，其奇校验位为"0"。传输数据时，奇偶校验位经过计算放在帧的校验位的位置，接收设备也要进行奇偶校验，如果发现接收到的数据的奇偶性与预设的不一致，就认为通信发生错误。

2．CRC 校验方式

使用 RTU 帧格式，帧包括了基于 CRC（Cyclical Redundancy Check，循环冗余码校验）方法计算的帧错误检测域。CRC 域检测了整个帧的内容。CRC 域是两字节包含 16 位的二进制值。它由传输设备计算后加入到帧中。接收设备重新计算收到帧的 CRC，并且与接收到的 CRC 域中的值比较，如果两个 CRC 值不相等，则说明传输有错误。

CRC 先存入 0xFFFF，然后调用一个过程将帧中连续的 6 个以上的字节与当前寄存器中的值进行处理。仅每个字符中的 8 位数据对 CRC 有效，起始位、停止位及奇偶校验位均无效。

CRC 产生过程中，每个 8 位字符都单独和寄存器内容相异或（XOR），结果向最低有效位方向移动，最高有效位以 0 填充。LSB 被提取出来检测，如果 LSB 为 1，则寄存器单独和预置的值相异或；如果 LSB 为 0，则不进行。整个过程要重复 8 次。在最后一位（第 8 位）完成后，下一个 8 位又单独和寄存器的当前值相异或，最终寄存器中的值是帧中所有字节都执行之后的 CRC 值。

CRC 的这种计算方法采用的是国际标准的 CRC 校验法则，用户在编辑 CRC 算法时可以参考相关标准的 CRC 算法，编写出真正符合要求的 CRC 计算程序。

9.2.4　Modbus 通信协议库

STEP 7-Micro/WIN SMART 指令库包括专门为 Modbus 通信设计的预先定义的子程序和中断服务程序，使得与 Modbus 设备的通信变得更简单。通过 Modbus 协议指令，可以将 S7-200 SMART 组态为 Modbus 主站或从站设备。可以在 STEP 7-Micro/WIN SMART 指令树的库文件夹中找到这些指令。当在程序中输入一个 Modbus 指令时，则程序自动将一个或多个相关的子程序添加到项目中。

1. 主设备指令

用于 S7-200 SMART PLC 端口 0 的初始化主设备指令 MBUS_CTRL（或用于端口 1 的 MBUS_CTRL_P1 指令）可初始化、监视或禁用 Modbus 通信。在使用 MBUS _MSG 指令之前，必须正确执行 MBUS_CTRL 指令，指令执行完成后，立即设定"完成"位，才能继续执行下一条指令。其各输入/输出参数见表 9-5。

表 9-5　MBUS_CTRL 指令的参数表

子　程　序	输入/输出	说　　明	数据类型
MBUS_CTRL —EN —Mode —Baud　　Done— —Parity　　Error— —Port —Timeout	EN	使能	BOOL
	Mode	为 1 将 CPU 端口分配给 Modbus 协议并启用该协议。为 0 将 CPU 端口分配给 PPI 协议，并禁用 Modbus 协议	BOOL
	Baud	将波特率设为 1200bit/s、2400bit/s、4800bit/s、9600bit/s、19200bit/s、38400bit/s、57600bit/s 或 115200bit/s	DWORD
	Parity	0 表示无奇偶校验；1 表示奇校验；2 表示偶校验	BYTE
	Port	端口：使用 PLC 集成端口为 0，使用通信板时为 1	BYTE
	Timeout	等待来自从站应答的毫秒时间数	WORD
	Error	出错时返回错误代码	BYTE

MBUS_MSG 指令（或 MBUS_MSG_P1 指令）用于启动对 Modbus 从站的请求，并处理应答。当 EN 输入和"首次"输入打开时，MBUS_MSG 指令启动对 Modbus 从站的请求，然后发送请求、等待应答、并处理应答。EN 输入必须打开，以启用请求的发送，并保持打开，直到"完成"位被置位。此指令在一个程序中可以执行多次。其各输入/输出参数见表 9-6。

2. 从设备指令

MBUS_INIT 指令用于启用、初始化或禁止 Modbus 通信。在使用 MBUS_SLAVE 指令之前，必须正确执行 MBUS _INIT 指令。指令完成后立即设定"完成"位，才能继续执行下一条指令。其各输入/输出参数见表 9-7。

表 9-6　MBUS_MSG 指令的参数表

子　程　序	输入/输出	说　　明	数据类型
MBUS_MSG EN First Slave　　Done RW　　　Error Addr Count DataPtr	EN	使能	BOOL
	First	"首次"参数应该在新请求要发送时才打开,进行一次扫描。"首次"输入应当通过一个边沿检测元素(如上升沿)打开,这将保证请求被传送一次	BOOL
	Slave	"从站"参数是 Modbus 从站的地址。允许的范围是 0～247	BYTE
	RW	0 表示读;1 表示写	BYTE
	Addr	"地址"参数是 Modbus 的起始地址	DWORD
	Count	"计数"参数,读取或写入的数据元素的数目	INT
	DataPtr	S7-200 SMART CPU 的 V 存储器中与读取或写入请求相关数据的间接地址指针	DWORD
	Error	出错时返回错误代码	BYTE

表 9-7　MBUS_INIT 指令的参数表

子　程　序	输入/输出	说　　明	数据类型
MBUS_INIT EN Mode　　Done Baud　　Error Parity Addr Port Delay MaxIQ MaxAI MaxHold HoldStart	EN	使能	BOOL
	Mode	为 1 将 CPU 端口分配给 Modbus 协议并启用该协议。为 0 将 CPU 端口分配给 PPI 协议,并禁用 Modbus 协议	BYTE
	Baud	将波特率设为 1200bit/s、2400bit/s、4800bit/s、9600bit/s、19200bit/s、38400bit/s、57600bit/s 或 115200bit/s	DWORD
	Parity	0 表示无奇偶校验;1 表示奇校验;2 表示偶校验	BYTE
	Addr	"地址"参数是 Modbus 的起始地址	BYTE
	Port	端口:使用 PLC 集成端口为 0,使用通信板时为 1	BYTE
	Delay	"延时"参数,通过将指定的毫秒数增加至标准 Modbus 信息超时的方法,延长标准 Modbus 信息结束超时条件	WORD
	MaxIQ	参数将 Modbus 地址 0xxxx 和 1xxxx 使用的 I 和 Q 点数设为 0～128 之间的数值	WORD
	MaxAI	参数将 Modbus 地址 3xxxx 使用的字输入(AI)寄存器数目设为 0～32 之间的数值	WORD
	MaxHold	参数设定 Modbus 地址 4xxxx 使用的 V 存储器中的字保持寄存器数目	WORD
	HoldStart	参数是 V 存储器中保持寄存器的起始地址	DWORD
	Error	出错时返回错误代码	BYTE

MBUS_SLAVE 指令用于为 Modbus 主设备发出的请求服务,并且必须在每次扫描时执行,以便允许该指令检查和回答 Modbus 请求。在每次扫描且 EN 输入开启时,执行该指令。其各输入/输出参数见表 9-8。

表 9-8　MBUS_SLAVE 指令的参数表

子　程　序	输入/输出	说　　明	数据类型
MBUS_SLAVE EN Done Error	EN	使能	BOOL
	Done	当 MBUS SLAVE 指令对 Modbus 请求做出应答时,"完成"输出打开。如果没有需要服务的请求时,"完成"输出关闭	BOOL
	Error	出错时返回错误代码	BYTE

9.2.5　Modbus 通信举例

以两台 CPU ST40 之间的 Modbus 现场总线通信为例介绍 S7-200 SMART PLC 之间的 Modbus 现场总线通信。

模块化生产线的主站为 CPU ST40，从站为 CPU ST40，主站发出开始信号（开始信号为高电平），从站接收信息，并控制从站的电动机的起停。

Modbus 现场总线硬件配置如图 9-12 所示。主站和从站的程序如图 9-13 和图 9-14 所示。

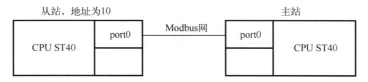

图 9-12　Modbus 现场总线硬件配置图

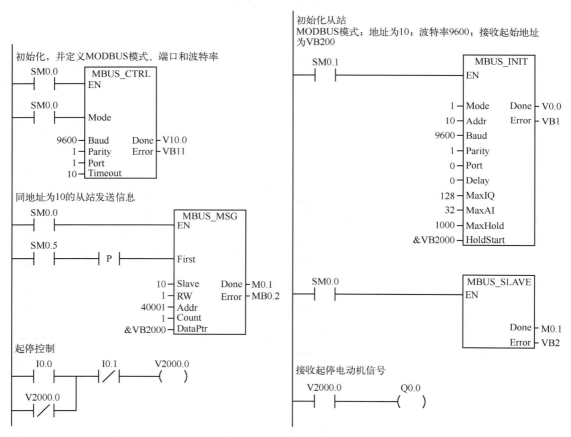

图 9-13　主站程序　　　　　　　　　　图 9-14　从站程序

使用 Modbus 指令库（USS 指令库也一样），都要对库存储器的空间进行分配，这样可避免库存储器使用过的 V 存储器让用户再次使用，以免出错。方法是选中"库"，单击鼠标右键弹出快捷菜单，单击"库存储器"，在弹出的界面单击"建议地址"，再单击"确定"按钮。图 9-15 中的地址 VB570～853 被 Modbus 通信占用，编写程序时不能使用。

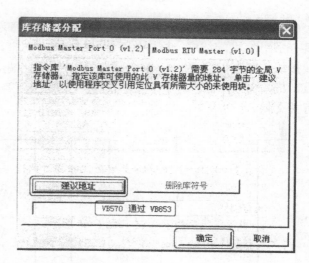

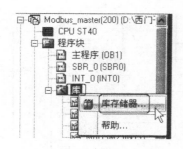

图 9-15 库存储器分配

9.3 以太网通信

9.3.1 工业以太网通信简介

1. 初识工业以太网

所谓工业以太网，通俗地讲就是应用于工业的以太网，是指其在技术上与商用以太网（IEEE802.3 标准）兼容，但材质的选用、产品的强度和适用性方面应能满足工业现场的需要。工业以太网技术的优点表现在：以太网技术应用广泛，为所有的编程语言所支持；软硬件资源丰富；易于与 Internet 连接，实现办公自动化网络与工业控制网络的无缝连接；通信速度快；可持续发展的空间大等。

虽然以太网有众多的优点，但作为信息技术基础的以太网是为 IT 领域应用而开发的，在工业自动化领域只得到有限应用，原因如下。

1）采用 CSIN/IA/CD 碰撞检测方式，在网络负荷较重时，网络的确定性（Determinism）不能满足工业控制的实时要求。

2）所用的接插件、集线器、交换机和电缆等是为办公室应用而设计，不符合工业现场恶劣环境要求。

3）在工程环境中，以太网抗干扰（EMI）性能较差。若用于危险场合，以太网不具备本质安全性能。

4）以太网还不具备通过信号线向现场仪表供电的性能。

随着信息网络技术的发展，上述问题正在迅速得到解决。为促进以太网在工业领域的应用，国际上成立了工业以太网协会（Industrial Ethernet Association，IEA）。

2. 网络电缆接法

用于以太网的双绞线有 8 芯和 4 芯两种，双绞线的电缆连线方式也有两种，即正线（标准 568B）和反线（标准 568A），其中正线也称为直通线，反线也称为交叉线。正线接线如图 9-16 所示，两端线序一样，从下至上线序是：白橙，橙，白蓝，蓝，白绿，绿，白棕，棕。反线接线如图 9-17 所示，一端为正线的线序，另一端从下至上线序是：白绿，绿，白橙，蓝，白蓝，橙，白棕，棕。对于千兆以太网，用 8 芯双绞线，但接法不同以上所述的接法，请参考有关文献。

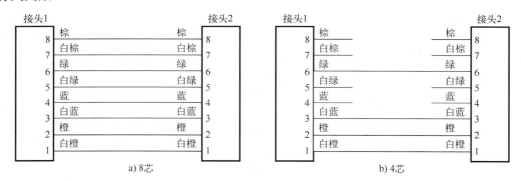

图 9-16　以太网的双绞线正线 8 芯和 4 芯接线

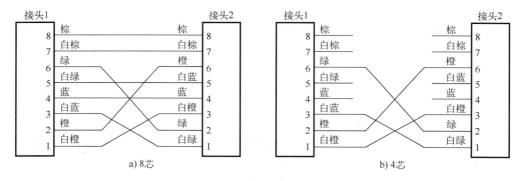

图 9-17　以太网的双绞线反线 8 芯和 4 芯接线法

对于 4 芯的双绞线，只用连接头上的（常称为水晶接头）1、2、3 和 6 这 4 个引脚。西门子的 PROFINET 工业以太网采用 4 芯的双绞线。

常见的采用正线连接的有：计算机（PC）与集线器（HUB）、计算机（PC）与交换机（SWITCH）、PLC 与交换机（SWITCH）、PLC 与集线器（HUB）。

常见的采用反线连接的有：计算机（PC）与计算机（PC）、PLC 与 PLC。

9.3.2　S7-200 SMART PLC 与 HMI 之间的以太网通信举例

S7-200 SMART PLC 自身带以太网接口（PN 口），西门子的部分 HMI 也有以太网接口，但西门子的大部分带以太网接口的 HMI 价格都比较高，虽然可以与 S7-200 SMART PLC 建立通信，但很显然高端 HMI 与低端的 S7-200 SMART PLC 相配是不合理的。为此，西门子公司设计了低端的 SMART LINE 系列 HMI，其中 SMART 700 IE 和 SMART 1000 IE 触摸屏自带以太网接口，可以很方便与 S7-200 SMART PLC 进行以太网通信。

有一台设备上面配有 1 台 CPU ST40 和 1 台 SMRT 700 IE 触摸屏，请建立两者之间的信。首先计算机中要安装 WinCC Flexible 2008 SP4，因为低版本的 WinCC Flexible 要安装

SMART 700 IE 触摸屏的升级包。具体步骤有以下几步。

（1）创建一个项目

打开软件 WinCC Flexible 2008 SP4，单击"创建一个空项目"选项，弹出如图 9-18 所示的界面。

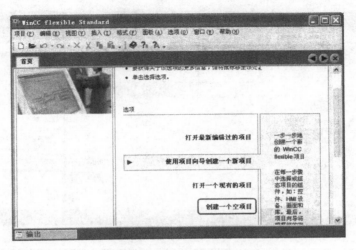

图 9-18　创建一个空项目

（2）选择设备

选择触摸屏的具体型号，如图 9-19 所示，选择"SMART 700 IE"，再单击"确定"按钮。

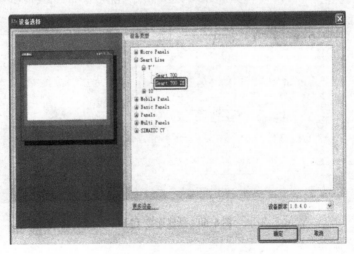

图 9-19　选择设备

（3）新建连接

建立 HMI 与 PLC 的连接。展开项目树，双击"连接"选项，如图 9-20a 所示，弹出界面如图 9-20b 所示。先单击"1"处的空白，弹出"连接 1"；再选择"2"处的"SIMATIC S7 200 Smart"（即驱动程序），在"3"处，选择"以太网"连接方式；"4"处的 IP 地址"192.168.2.88"是 HMI 的 IP 地址，这个 IP 地址必须在 HMI 中设置，这点务必注意；"5"处的 IP 地址是"192.168.2.1"是 PLC 的 IP 地址，这个 IP 地址必须在 PLC 的编程软件 STEP 7-Micro/WIN

SMART 中设置，而且要下载到 PLC 才生效，这点也务必注意。

a)

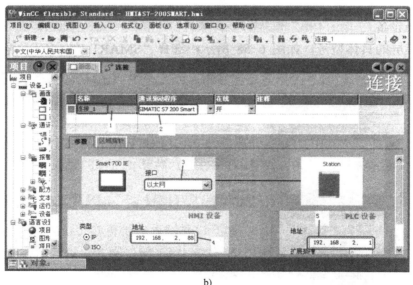

b)

图 9-20 建立连接

保存以上设置即可以建立 HMI 与 PLC 的以太网通信，后续步骤不再赘述，完整的案例见光盘。

（4）修改 PLC 的 IP 地址的方法

如图 9-21 所示，双击"项目树"中的"通信"选项，弹出图 9-22a 所示的"通信"界面，图 9-22a 中显示的 IP 地址就是 PLC 的当前 IP 地址（本例为 192.168.2.1），此时的 IP 地址是灰色，不能修改。单击"编辑"按钮，弹出图 9-22b 所示的界面。此时 IP 地址变为黑色，可以修改，输入新的 IP 地址（本例为 192.168.0.2），再单击"设置"按钮即可，IP 地址修改成功。

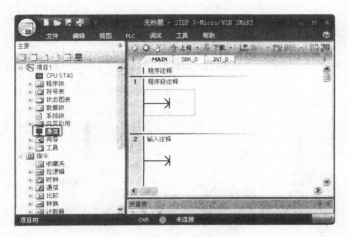

图 9-21　打开通信界面

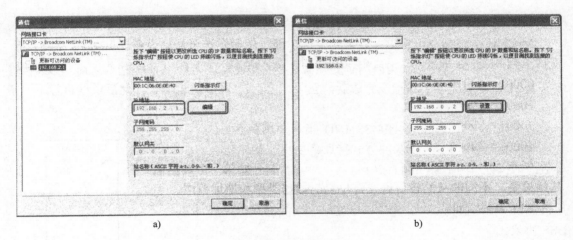

a)　　　　　　　　　　　　　　　　　　　　b)

图 9-22　通信界面

9.4　USS 协议通信

9.4.1　USS 协议简介

USS 协议是西门子公司开发的专用于与西门子变频器通信的协议，它是基于串行通信总线进行的数据通信协议。USS 协议是一种主从通信协议，可以有一个主站和最多 31 个从站。USS 协议结构如图 9-23 所示。

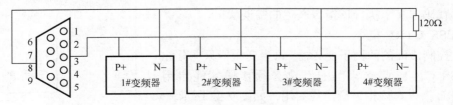

图 9-23　USS 协议结构

9.4.2　Modbus 通信协议库

STEP 7-Micro/WIN SMART 编程软件也提供了 USS 库，调用库即可进行编程，如图 9-24 所示。

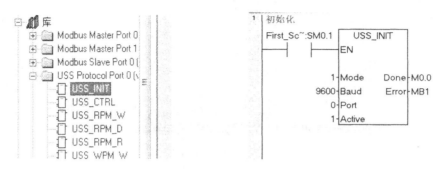

图 9-24　USS 初始化指令

1. USS_INIT 指令

用于启用和初始化或禁用西门子变频器通信。在使用任何其他 USS 指令之前，必须执行 USS_INIT 指令且无错。该指令完成后，立即置位"完成"（Done）位，然后继续执行下一条指令。

每次通信状态变化时执行 USS_INIT 指令一次。使用边缘检测指令使"EN"以脉冲方式接通。要更改初始化参数，请执行新的 USS_INIT 指令。

Mode：输入值为 1 时，将端口分配给 USS 协议并启用该协议。输入值为 0 时，将端口分配给 PPI 协议并禁用 USS 协议。

Baud：将波特率设置为 1200bit/s、2400bit/s、4800bit/s、9600bit/s、19200bit/s、38400bit/s、57600bit/s 或 115200bit/s。

Port：设置物理通信端口（0—CPU 中集成的 RS-485；1—可选 CM01 信号板上的 RS-485 或 RS-232）。

Active：指示激活的变频器地址号。支持地址 0～30。地址号按二进制数排列，对应位号设置为 1，则该变频器号被激活。

Done：当 USS_INIT 指令完成后接通。

Error：该输出字节包含指令执行的结果。USS 协议执行错误代码定义了执行该指令产生的错误状况。

2. USS_CTRL 指令

用于控制激活的西门子变频器。每台变频器只能分配一条 USS_CTRL 指令。"EN"位必须接通才能启用 USS_CTRL 指令。该指令应始终启用，如图 9-25 所示。

RUN：该位接通时，变频器收到一条命令，以指定速

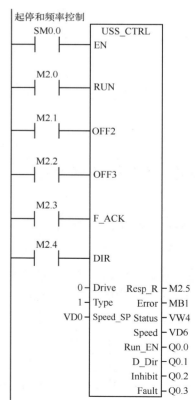

图 9-25　USS_CTRL 指令

度和方向开始运行。该位关闭时，会向变频器发送一条命令，将速度降低，直至电动机停止。

Run_EN：指示变频器是接通（1）还是关闭（0）。

OFF2：该位用于允许变频器自然停止。

OFF3：该位用于命令变频器快速停止。

F_ACK：确认变频器发生故障的位。当"F_ACK"从 0 变为 1 时，变频器将清除故障。

DIR：指示变频器移动方向的位。

Drive：表示接收 USS_CTRL 命令的变频器地址的输入。有效地址为 0～31。

Type：选择变频器类型的输入，MM3 系列设为 0，MM4 系列设为 1。

Speed_SP：变频器的速度，是全速的一个百分数。设 50.0 为最高频率的一半。Speed_SP 为负值将导致变频器调转其旋转方向。范围为–200.0%～200.0%。

Resp_R：（收到响应）确认来自变频器的响应位，表示通信完成。

Status：状态位。变频器返回状态字的原始值。

Speed：变频器速度位。该速度是全速的一个百分数。范围为–200.0%～200.0%。

D_Dir：指示变频器的旋转方向。

Inhibit：指示变频器上"禁止"位的状态。0：未禁止；1：已禁止。

Fault：指示"故障"位的状态。0：无故障。

3. USS_RPM_x 指令

USS_RPM_x 为读取参数的指令，该指令包括 USS_RPM_W、USS_RPM_D、USS_RPM_R，分别用于读取变频器的一个无符号字、一个无符号双字和一个实数类型的参数。USS_RPM_W 指令如图 9-26 所示。

XMT_REQ：传送请求，如果接通，在每次扫描时会向变频器发送 USS_RPM_x 请求。

Drive：要接收 USS_PM 命令的变频器地址。各变频器的有效地址是 0～31。

Param：要读取参数的编号，如 P0004，则该参数为 4。

Index：要读取参数的索引值，通常为 0。

DB_Ptr：必须为"DB_Ptr"输入提供 16 字节缓冲区的地址。USS_RPM_x 指令使用该缓冲区存储发送到变频器的命令结果。

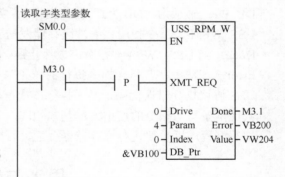

图 9-26 USS_RPM_W 指令

Done：当 USS_RPM_x 指令完成后接通。

Error：该输出字节包含指令执行的结果。SS 协议执行错误代码定义了执行该指令产生的错误状况。

Value：参数值已恢复，即最终读取的参数值。

其他两条读取指令的使用方法基本相同，只是读取的参数数据类型不同。

4. USS_WPM_x 指令

USS_WPM_x 指令为写入参数的命令。该指令包括 USS_WPM_W、USS_WPM_D、USS_WPM_R，分别用于向变频器写入一个无符号字、一个无符号双字和一个实数类型的参数。USS_WPM_W 指令如图 9-27 所示。

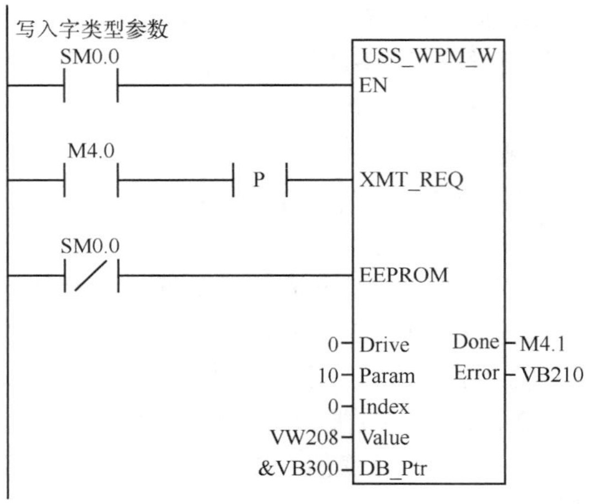

图 9-27　USS_WPM_W 指令

XMT_REQ：传送请求，如果接通，在每次扫描时向变频器发送 USS_WPM_W 请求。

EEPROM：输入接通时可写入变频器的 RAM 和 EEPROM，关闭时只能写入 RAM。一般只写入 RAM 中，断电自动清除；写入 EEPROM 中可以断电保持，但具有一定的寿命，要慎用。

Drive:USS_WPM_x 指令要发送的变频器地址。各变频器的有效地址是 0～31。

Param：要读取参数的编号，如 P0010，则该参数为 10。

Index：要写入参数的索引值，通常为 0。

Value：要写入变频器 RAM 的参数值。

DB_Ptr：必须为"DB_Ptr"输入提供 16 字节缓冲区的地址。

USS_WPM_x 指令使用该缓冲区存储发送到变频器的命令的结果。

Done：当 USS_WPM_x 指令完成后接通。

Error：该输出字节包含指令执行的结果。

USS 协议执行错误代码定义了执行该指令产生的错误状况。

其他两条写入指令的使用方法基本相同，只是写入的参数数据类型不同。

编写好程序后也要进行库存储器分配，否则编译出错。

思考与练习题

9.1　西门子 PLC 的常见通信方式有哪几种？

9.2　什么是串行通信和并行通信？

9.3　什么是双工、单工和半双工？请举例说明。

9.4　有 3 台 CPU 226CN，一台为主站，其余两台为从站，在主站上发出一个起停信号，对从站上控制的电动机进行起停，从站将电动机的起停状态反馈到主站，请用网络读写指令编写程序。

9.5　有 3 台 CPU 226CN，一台为主站，其余两台为从站，在主站上发出一个起停信号，对从站上控制的电动机进行起停，从站将电动机的起停状态反馈到主站，请用指令向导生成子程序，并编写程序。

第10章　PLC控制系统设计

10.1　PLC的系统总体设计

PLC控制系统的总体设计是进行PLC应用设计至关重要的一步。首先应根据被控对象的要求，确定PLC控制系统的类型与PLC的机型，然后根据控制要求编写用户程序，最后进行联机调试。

10.1.1　PLC控制系统的类型

PLC控制系统有4种类型，即单机控制系统、集中控制系统、远程I/O控制系统和分布式控制系统。

1．单机控制系统

单机控制系统由1台PLC控制1台设备或1条简易生产线，如图10-1所示。单机控制系统构成简单，所需要的I/O点数较少，存储容量小。当选择PLC的型号时，无论目前是否有通信联网要求，以及I/O点数是否能满足当下要求，都应选择有通信功能可进行I/O扩展的PLC，以适应将来系统功能扩展的需求。

2．集中控制系统

集中控制系统由1台PLC控制多台设备或几条简易生产线，如图10-2所示。这种控制系统的特点是多个被控对象的位置比较接近，并且相互之间的动作有一定联系。由于多个被控对象通过同1台PLC控制，所以各个被控对象之间的数据、状态的变化不需要另设专门的通信线路。

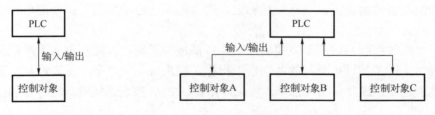

图 10-1　单机控制示意图　　　　　　图 10-2　集中控制示意图

集中控制系统的最大缺点是，如果某个被控对象的控制程序需要改变或PLC出现故障，则整个系统都要停止工作。对于大型的集中控制系统，可以采用冗余系统来克服这个缺点，此时要求PLC的I/O点数和存储器容量有较大的余量。

3．远程I/O控制系统

远程I/O控制系统是指I/O模块不是与PLC放在一起，而是放在被控对象附近。远程I/O通道与PLC之间通过同轴电缆连接传递信息。同轴电缆的长度要根据系统的需要选用。远程I/O控制系统的构成如图10-3所示。其中，使用3个远程I/O通道（A、B、D）和1个本地

I/O 通道（C）。

4. 分布式控制系统

分布式控制系统有多个被控对象，每个被控对象由 1 台具有通信功能的 PLC 控制，如图 10-4 所示。

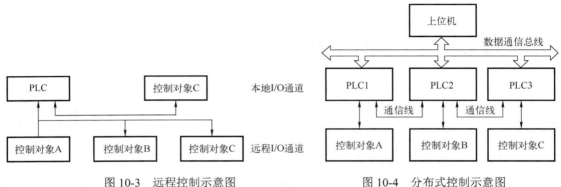

图 10-3　远程控制示意图　　　　　　图 10-4　分布式控制示意图

分布式控制系统的特点是多个被控对象分布的区域较大，相互之间的距离较远，每台 PLC 可以通过数据通信总线与上位机通信，也可以通过通信线与其他 PLC 交换信息。分布式控制系统的最大优点是：当某个被控对象或 PLC 出现故障时，不会影响其他 PLC。

PLC 控制系统的发展非常迅速，在单机控制系统、集中控制系统、分布式控制系统之后，又提出了 PLC 的 EIC 综合化控制系统，即将电气（Electric）控制、仪表（Instrumentation）控制和计算机（Computer）控制集成于一体，形成先进的 EIC 控制系统。基于这种控制思想，在进行 PLC 控制系统的总体设计时，要考虑如何同这种先进性相适应，并且有利于系统功能的进一步扩展。

10.1.2　PLC 控制系统设计的基本原则

PLC 控制系统设计的总体原则是：根据控制任务，在最大限度地满足生产机械或生产工艺对电气控制要求的前提下，具有运行稳定、安全可靠、经济实用、操作简单、维护方便等特点。

任何一个电气控制系统所要完成的控制任务都是为了满足被控对象（生产控制设备、自动化生产线、生产工艺过程等）的各项性能指标，提高劳动生产率，保证产品质量，减轻劳动强度和危害程度，提升自动化水平。因此，在设计 PLC 控制系统时，应遵循的基本原则如下。

1. 最大限度地满足被控对象的各项性能指标

为明确控制任务和控制系统应有的功能，设计人员在进行设计前应深入现场进行调查研究，搜集资料，与机械部分的设计人员和实际操作人员密切配合，共同拟订电气方案，以便协同解决在设计过程中出现的各种问题。

2. 确保控制系统的安全可靠

电气控制系统的可靠性是系统运行的核心，无法安全、可靠工作的电气控制系统是不能投入生产运行的。尤其是在以提高产品数量和质量，保证生产安全为目标的应用场合，必须将可靠性放在首位。

3．力求控制系统简单

在能满足控制要求和保证可靠工作的前提下，不失先进性，力求控制系统结构简单。只有结构简单的控制系统才具有经济性、实用性的特点，才能做到使用方便和维护容易。

4．留有适当的余量

考虑到生产规模的扩大、生产工艺的改进、控制任务的增加，以及维护方便的需要，要充分利用 PLC 易于扩展的特点，在选择 PLC 的容量（包括存储器的容量、机架插槽数、I/O 点的数量等）时，应留有适当的余量。

10.1.3　PLC 控制系统的设计步骤

PLC 控制系统的设计步骤如图 10-5 所示。下面就几个主要步骤做进一步说明。

1．明确设计任务和技术条件

在进行系统设计之前，设计人员首先应该对被控对象进行深入调查和分析，并且熟悉工艺流程及设备性能。根据生产中提出来的问题，确定系统所要完成的任务。与此同时，确定设计任务书，明确各项设计要求、约束条件及控制方式。设计任务书是整个系统设计的依据。

2．选择 PLC 机型

目前，国内外 PLC 厂家生产的 PLC 已达数百个种类，其性能各有优缺点，价格也不尽相同。在设计 PLC 控制系统时，要选择最适宜的 PLC 机型，一般应考虑下列因素。

（1）系统的控制目标

当设计 PLC 控制系统时，首要的控制目标是确保控制系统安全、可靠地稳定运行，提高生产效率，保证产品质量等。如果要求以极高的可靠性为控制目标，则需要构成 PLC 冗余控制系统，这时要从能够完成冗余控制的 PLC 型号中进行选择。

（2）PLC 的硬件配置

根据系统的控制目标和控制类型，征求生产厂家的意见，再根据被控对象的工艺要求及 I/O 点数分配考虑具体的配置问题。

3．系统的硬件设计

PLC 控制系统的硬件设计是指对 PLC 外部设备的设计。在硬件设计中，要进行输入设备的选择（如操作按钮、开关及保护装置的输入信号等），执行元件的选择（如接触器的线圈、电磁阀的线圈、指示灯等），以及控制台、控制柜的设计和选择，操作面板的设计等。

通过对用户输入/输出设备的分析、分类和整理，进行相应的 I/O 地址分配。在 I/O 设备表中，应包含 I/O 地址、设备代号、设备名称及控制功能，应尽量将相同类型的信号、相同电压等级的信号地址安排在一起，以便施工和布线，并且依次绘制出 I/O 接线图。对于较大的控制系统，为便于设计，可根据工艺流程，将所需要的定时器、计数器及内部辅助继电器、变量寄存器也进行相应的地址分配。

4．系统的软件设计

对于电气设计人员来说，控制系统的软件设计就是用梯形图编写控制程序，可采用经验设计或逻辑设计。对于控制规模比较大的系统，可根据工艺流程图，将整个流程分解为若干步，确定每步的转换条件，配合分支、循环、跳转及某些特殊功能，以便很容易地转换为梯形图设计。对于传统继电器控制线路的改造，根据原系统的控制线路图，将某些桥式电路按照梯形图的编程规则进行改造后可直接转换为梯形图。这种方法设计周期短，修改、调试程序简单方便。软件设计可以与现场施工同步进行，以缩短设计周期。

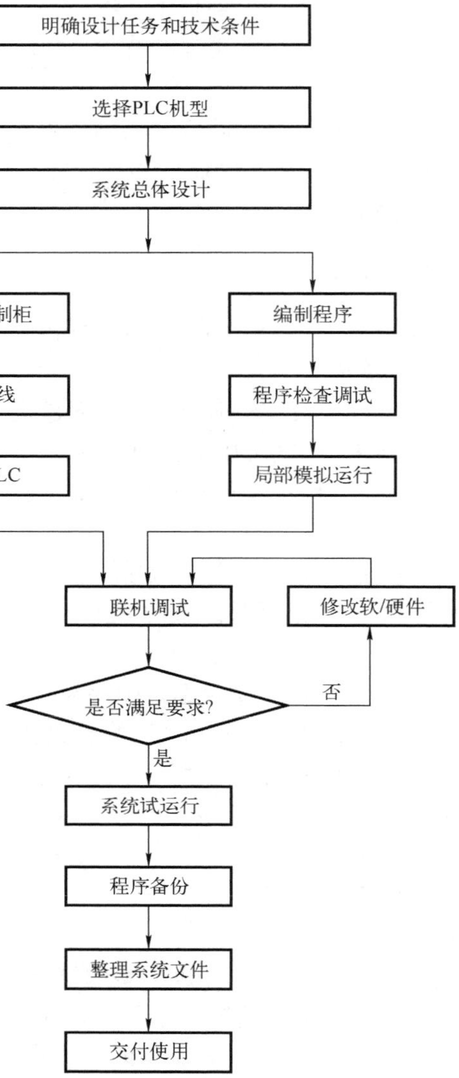

```
┌─────────────────────┐
│  明确设计任务和技术条件  │
└─────────────────────┘
          │
┌─────────────────────┐
│     选择PLC机型       │
└─────────────────────┘
          │
┌─────────────────────┐
│     系统总体设计      │
└─────────────────────┘
     │            │
┌──────────┐  ┌──────────┐
│ 制作控制柜 │  │  编制程序  │
└──────────┘  └──────────┘
     │            │
┌──────────┐  ┌──────────┐
│  I/O配线  │  │ 程序检查调试│
└──────────┘  └──────────┘
     │            │
┌──────────┐  ┌──────────┐
│  安装PLC  │  │ 局部模拟运行│
└──────────┘  └──────────┘
     │            │
┌──────────┐  ┌──────────┐
│  联机调试  │  │ 修改软/硬件 │
└──────────┘  └──────────┘
          │          ↑
      ◇─────────◇   否
     │ 是否满足要求? │──→
      ◇─────────◇
          │ 是
┌──────────┐
│  系统试运行 │
└──────────┘
          │
┌──────────┐
│  程序备份  │
└──────────┘
          │
┌──────────┐
│ 整理系统文件│
└──────────┘
          │
┌──────────┐
│  交付使用  │
└──────────┘
```

图 10-5　PLC 系统设计步骤

5. 系统的局部模拟运行

上述步骤完成后有了一个 PLC 控制系统的雏形，接着进行模拟调试。在确保硬件工作正常的条件下，再进行软件调试。在调试控制程序时，应本着从上到下、先内后外、先局部后整体的原则，逐句逐段地反复调试。

6. 控制系统联机调试

这是关键性的一步。应对系统性能进行评价后再做出改进。反复修改，反复调试，直到满足要求为止。为了判断系统各部件工作的情况，可以编制一些短小且针对性强的临时调试程序（待调试结束后再删除）。在系统联机调试中，要注意使用灵活的技巧，以便加快系统的调试过程。

10.1.4　经验法与顺序控制法

1. 经验法

经验法是运用自己或别人的经验进行 PLC 程序设计的方法。使用经验法的基础是要掌握常用的控制程序段，如自锁、互锁等，当需要某些环节的时候，用相应的程序去实现。在本章中，很多程序的编写都是用经验法完成的。

另外，在多数的工程设计前，先选择与自己工艺要求相近的程序，把这些程序看成是自己的经验。结合工程实际，对经验程序进行修改，使之适合自己的工程要求。

2. 顺序控制法

顺序控制法是在指令的配合下设计复杂的控制程序。一般比较复杂的程序，都可以分成若干个功能比较简单的程序段，一个程序段可以看成整个控制过程中的一步。从整体角度去看，一个复杂系统的控制过程是由若干个步组成的。系统控制的任务实际上可以认为在不同条件下去完成对各个步的控制。顺序控制是一种编程思想。在编程时，也可以用一般的逻辑指令实现顺序控制。西门子 PLC 中提供了专门的步进顺序控制指令，可以利用该指令方便地编写控制程序。

10.2　PLC 的系统设计

10.2.1　三级传动带运输控制

1. 控制任务分析

三级传动带运输机分别由 M1、M2、M3 三台三相异步电动机拖动，起动时要求先打开料斗汽缸和电动机 M1，以 5s 的时间间隔，按 M1、M2、M3 的顺序起动；停止时要求先关闭料斗汽缸，以 10s 的时间间隔，按 M1、M2、M3 的顺序停止。三级传动带运输机的工作示意图如图 10-6 所示。

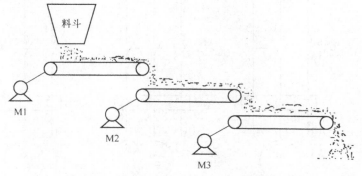

图 10-6　三级传动带运输机工作示意图

2. 硬件配置

（1）选择 PLC

PLC 选择的是西门子公司 S7-200 SMART CPU SR30。

（2）确定外围 I/O 设备

1）输入设备：3 个按钮分别为起动按钮 SB1、停止按钮 SB2 和急停按钮 SB3；3 个热继电器。

2）输出设备：3 个接触器分别控制 3 级传动带的电动机，一个气缸控制料斗开关。

（3）分配 I/O 地址

I/O 地址定义见表 10-1。

表 10-1　I/O 地址定义

输　　入			输　　出		
名　称	符　号	输入点	名　称	符　号	输出点
起动按钮	SB1	I0.0	料斗气缸	KA1	Q0.0
停止按钮	SB2	I0.1	M1 电动机接触器	KM1	Q0.1
急停按钮	SB3	I0.2	M2 电动机接触器	KM2	Q0.2
热过载继电器 1	FR1	I0.3	M3 电动机接触器	KM3	Q0.3
热过载继电器 2	FR2	I0.4			
热过载继电器 3	FR3	I0.5			

（4）PLC 的硬件连接图

三级传动带运输机的主电路如图 10-7 所示。

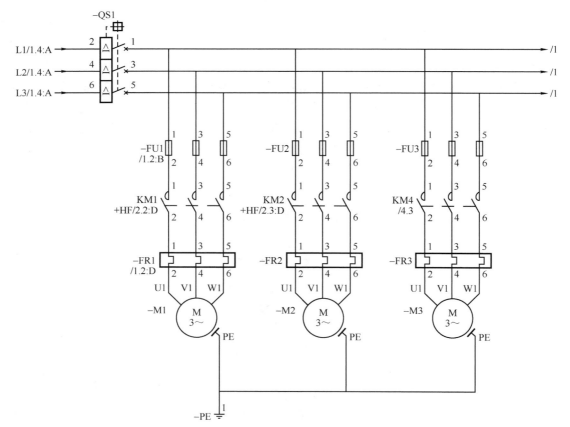

图 10-7　三级传动带运输机主电路接线

根据外围 I/O 设备确定 PLC 外部接线图,如图 10-8 所示。本系统的工作电源采用 DC 24V
输入/输出的形式。

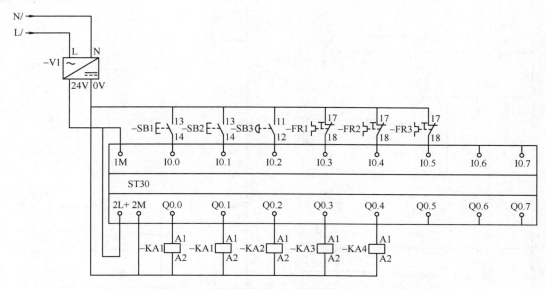

图 10-8　三级传动带运输机 PLC 控制电路接线

3．程序设计

分析控制要求:根据 3 台电动机起动与停止的顺序可知,实际上按下 I0.0 起动 M1～M3
为顺序起动过程;按下 I0.1,停止 M1～M3 为顺序停止过程,间隔时间由定时器产生的脉冲
信号来实现操作,无特殊要求优先选用 100ms 时基的定时器。初步确定分两大块完成,一是
顺序起动,二是顺序停止。顺序起动和顺序停止又可以按照需要分成几步来完成。电动机正
常时热过载继电器不动作,当电动机过载或烧坏时,热过载继电器动作,常闭触点断开,通
常这种 3 台电动机协调工作的场合有任何一台发生故障都必须全部停止。

编写程序的步骤如下:

1)先编写手动部分(调试程序所用到的程序)。

2)编写自动程序,以满足基本控制要求为目的,适当将复杂程序进行分步,逐步完成程
序编写,简化程序。

3)最后增加辅助程序(热继电器保护、急停和故障报警等)。三级传动带运输机程序如
图 10-9 所示。

10.2.2　行车呼叫控制

1．控制任务分析

图 10-10 所示为行车呼车系统示意图。一部电动运输车提供 8 个工位使用。系统共有 12
个按钮。图 10-10 中 SB1～SB8 为每一工位的呼车按钮。SB9、SB10 为电动小车点动左行和
点动右行按钮。SB11、SB12 为起动和停止按钮。系统上电后,可以按下这两个按钮调整小
车位置,使小车停于工位位置。SQ1～SQ8 为每一工位信号。

正常工作流程:小车在某一工位,若无呼车信号,除本工位指示灯不亮外,其余指示灯
亮,表示允许呼车。当某工位呼车按钮按下,各工位指示灯全部熄灭,行车运动至该车位,

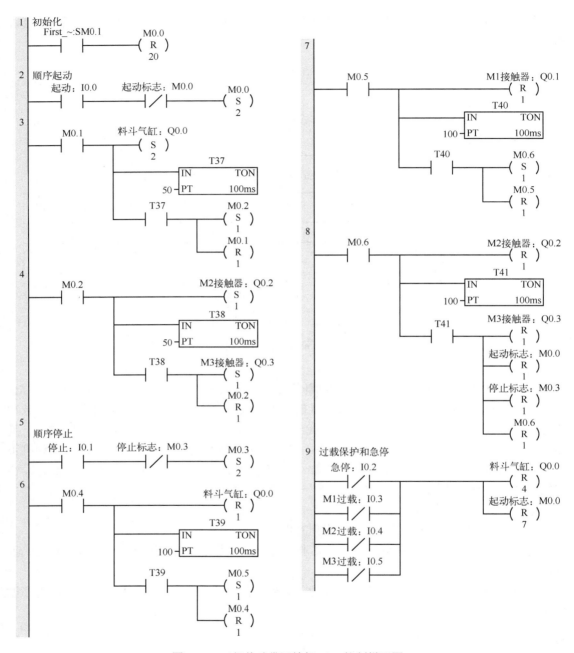

图 10-9 三级传动带运输机 PLC 控制梯形图

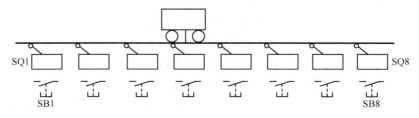

图 10-10 行车呼车工作示意图

运动期间呼车按钮失效。呼车工位号大于停车位时,小车右行,反之则左行。当小车停在某一工位后,停车时间为 30s,以便处理该工位工作流程。在此段时间内,其他呼车信号无效。从安全角度考虑,停电来电后,小车不允许运行。

2. 硬件配置

(1) 选择 PLC

PLC 选择的是西门子公司 S7-200 SMART CPU SR60。

(2) 确定外围 I/O 设备

1) 输入设备:8 个位置呼叫按钮 SB1～SB8、一个起动按钮 SB11、一个停止按钮 SB12、两个正反点动按钮 SB9 和 SB10、8 个位置开关 SQ1～SQ8。

2) 输出设备:2 个继电器控制电动机正反转,一个指示灯。

(3) 分配 I/O 地址

I/O 地址定义见表 10-2。

表 10-2　I/O 地址定义

输　入			输　出		
名　称	符　号	输入点	名　称	符　号	输出点
1 号位置呼叫按钮	SB1	I0.0	电动机正转	KA1	Q0.0
2 号位置呼叫按钮	SB2	I0.1	电动机反转	KA2	Q0.1
3 号位置呼叫按钮	SB3	I0.2	指示灯	HL1	Q0.2
4 号位置呼叫按钮	SB4	I0.3			
5 号位置呼叫按钮	SB5	I0.4			
6 号位置呼叫按钮	SB6	I0.5			
7 号位置呼叫按钮	SB7	I0.6			
8 号位置呼叫按钮	SB8	I0.7			
行车位于 1 号位置	SQ1	I1.0			
行车位于 2 号位置	SQ2	I1.1			
行车位于 3 号位置	SQ3	I1.2			
行车位于 4 号位置	SQ4	I1.3			
行车位于 5 号位置	SQ5	I1.4			
行车位于 6 号位置	SQ6	I1.5			
行车位于 7 号位置	SQ7	I1.6			
行车位于 8 号位置	SQ8	I1.7			
点动按钮(正)	SB9	I2.0			
点动按钮(反)	SB10	I2.1			
起动按钮	SB11	I2.2			
停止按钮	SB12	I2.3			

(4) PLC 的硬件连接图

行车呼叫系统 PLC 硬件连接图如图 10-11 所示。

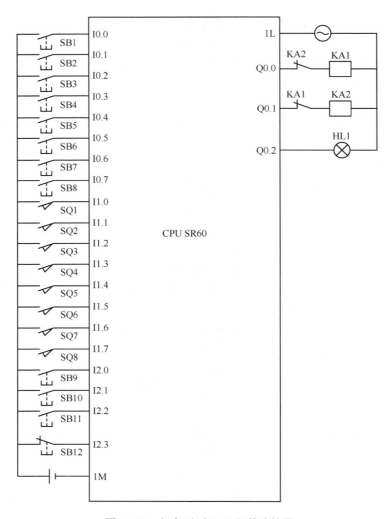

图 10-11 行车呼叫 PLC 硬件连接图

3．程序设计

系统的主程序如图 10-12 所示，子程序如图 10-13 所示。

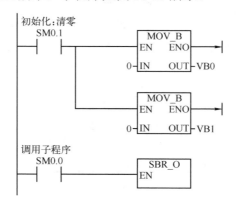

图 10-12 行车呼叫 PLC 主程序

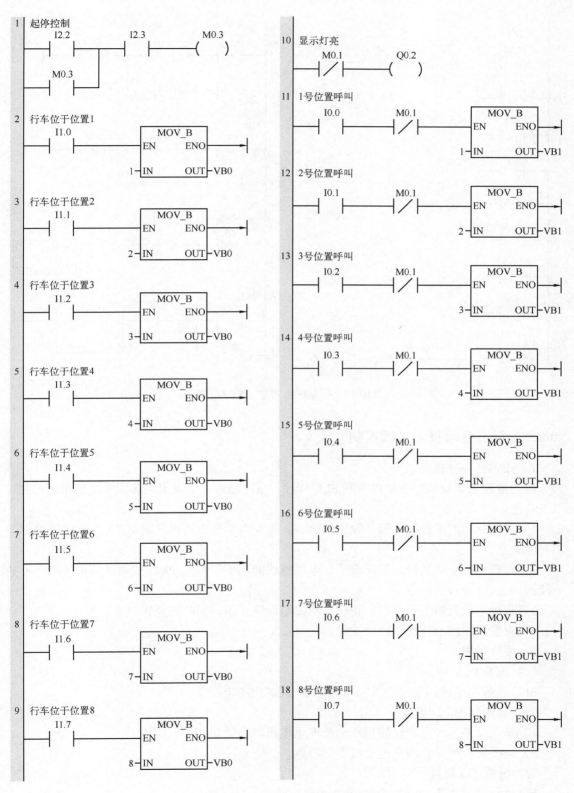

图 10-13　行车呼叫 PLC 子程序

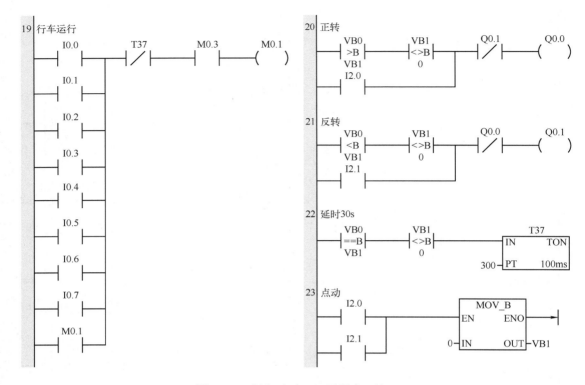

图 10-13　行车呼叫 PLC 子程序（续）

10.2.3　步进电动机正反转控制

1. 控制任务分析

用步进驱动器及步进电动机编制 PLC 程序，根据题意要求画出电路图并连接调试，完成以下功能。

1）根据提供的步进驱动器，设定细分步，并计算步进电动机转速与 PLC 给定脉冲之间的对应关系。

2）根据步进驱动器控制回路端子、电动机线圈端子等画出 PLC 控制步进电动机运行的电路图。

3）步进电动机的运行过程：正转 3 圈，再反转 3 圈，如此往复 3 次。

4）设置正向起动按钮、停止按钮。

2. 硬件配置

（1）选择 PLC

PLC 选择的是西门子公司 S7-200 SMART CPU ST40。

（2）确定外围 I/O 设备

1）输入设备：一个起动按钮、一个停止按钮。

2）输出设备：一台步进电动机驱动器。

（3）分配 I/O 地址

I/O 地址定义见表 10-3。

表 10-3　I/O 地址定义

名　称	符　号	输入点	名　称	符　号	输出点
起动按钮	SB1	I0.0	高速输出		Q0.0
停止按钮	SB2	I0.1	电动机正反转控制		Q0.1

（4）PLC 的硬件连接图

步进电动机正反转控制 PLC 硬件连接图如图 10-14 所示。

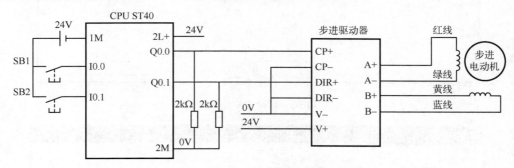

图 10-14　步进电动机控制接线图

3．运动轴组态

高速输出有 PWM 模式和运动轴模式，对于较复杂的运动控制显然用运动轴模式控制更加便利。以下将具体介绍这种方法。

（1）激活"运动控制向导"

打开 STEP 7 软件，在主菜单"工具"中单击"运动"按钮，弹出装置选择界面，如图 10-15 所示。

图 10-15　激活"运动控制向导"

（2）选择需要配置的轴

CPU ST40 系列 PLC 内部有 3 个轴可以配置，本例选择"轴 0"即可，如图 10-16 所示，再单击"下一步"按钮。

（3）为所选择的轴命名

为所选择的轴命名，本例为默认的"轴 0"，再单击"下一步"按钮，如图 10-17 所示。

（4）输入系统的测量系统

在"选择测量系统"选项选择"工程单位"。由于步进电动机的步距角为 1.8°，电动机转一圈需要 200 个脉冲，所以"电机一次旋转所需的脉冲数"为"200"；"测量的基本单位"设为"mm"；"电机一次旋转产生多少'mm'的运动"为"10.0000"；这些参数与实际的机械结构有关，再单击"下一步"按钮，如图 10-18 所示。

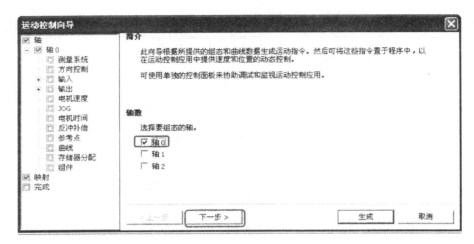

图 10-16　选择需要配置的抽

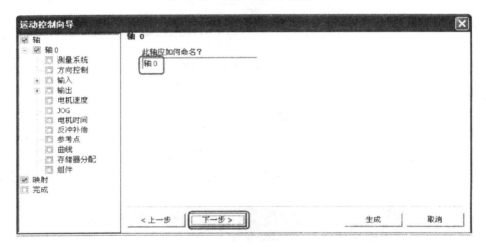

图 10-17　为所选择的轴命名

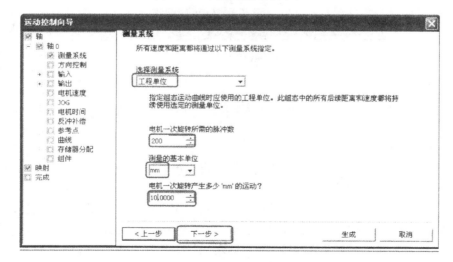

图 10-18　输入测量系统

（5）设置脉冲方向输出

设置有几路脉冲输出，其中有单相（1 个输出）、双相（2 个输出）和正交（2 个输出）3
个选项，本例选择"单相（1 个输出）"；再单击"下一步"按钮，如图 10-19 所示。

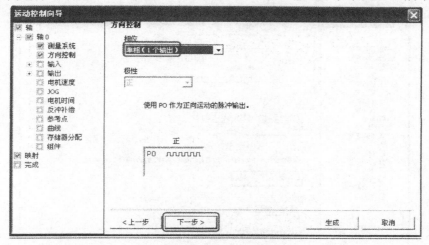

图 10-19　设置脉冲方向输出

（6）分配输入点

本例中并不用到 LMT+（正限位输入点）、LMT−（负限位输入点）、RPS（参考点输入点）
和 ZP（零脉冲输入点），所以可以不设置。直接选中"STP"（停止输入点），选择"启用"，
停止输入点为"I0.1"，指定相应输入点有效时的响应方式为"减速停止"，指定输入信号有效
电平为"高"电平有效。再单击"下一步"按钮，如图 10-20 所示。

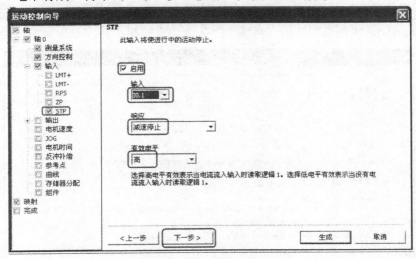

图 10-20　设置脉冲方向输出

（7）指定电动机速度

MAX_SPEED：定义电动机运动的最大速度。

SS_SPEED：根据定义的最大速度，在运动曲线中可以指定的最小速度。如果 SS_SPEED
数值过高，电动机可能在起动时失步，并且在尝试停止时，负载可能使电动机不能立即停止

而多行走一段。停止速度也为 SS_SPEED。

电动机速度的设置如图 10-21 所示,在"1""2""3"处输入最大速度、最小速度、起动和停止速度,再单击"下一步"按钮。

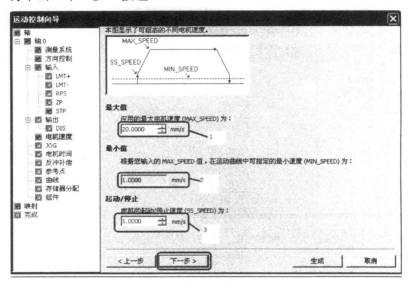

图 10-21　指定电动机速度

(8) 设置加速和减速时间

ACCEL_TIIE(加速时间):电动机从 SS_SPEED 加速至 MAX_SPEED 所需要的时间,默认值=1000ms(ls),本例选默认值,如图 10-22 所示。

DECEL_TIME(减速时间):电动机从 MAX_SPEED 减速至 SS_SPEED 所需要的时间,默认值=1000ms(ls),本例选默认值,再单击"下一步"按钮。

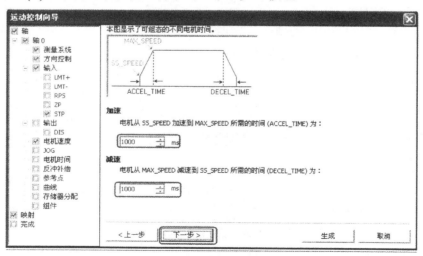

图 10-22　设置加速和减速时间

(9) 为配置分配存储区

指令向导在 V 内存中以受保护的数据块页形式生成子程序,在编写程序时不能使用 PTO

向导已经使用的地址，此地址段可以系统推荐，也可以人为分配，人为分配的好处可以避开读者习惯使用的地址段。为配置分配存储区的 V 内存地址如图 10-23 所示，本例设置为"VB0～VB92"，再单击"下一步"按钮。

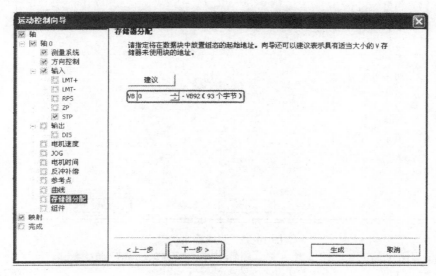

图 10-23　为配置分配存储区

（10）完成组态

单击"下一步"按钮，如图 10-24 所示。弹出图 10-25 所示的界面，单击"生成"按钮，完成组态。

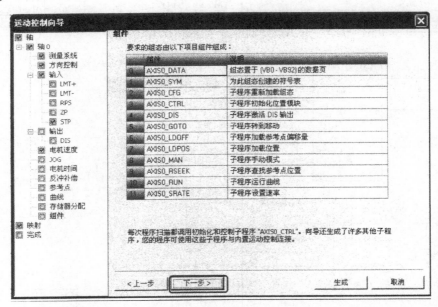

图 10-24　完成组态

4. 编写程序

系统的程序如图 10-26 所示。

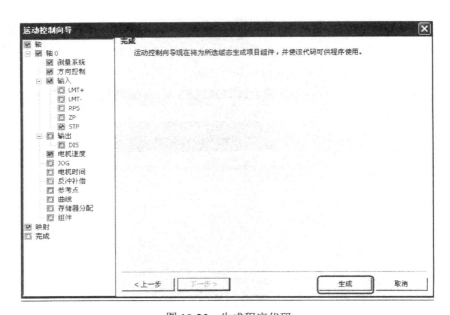

图 10-25　生成程序代码

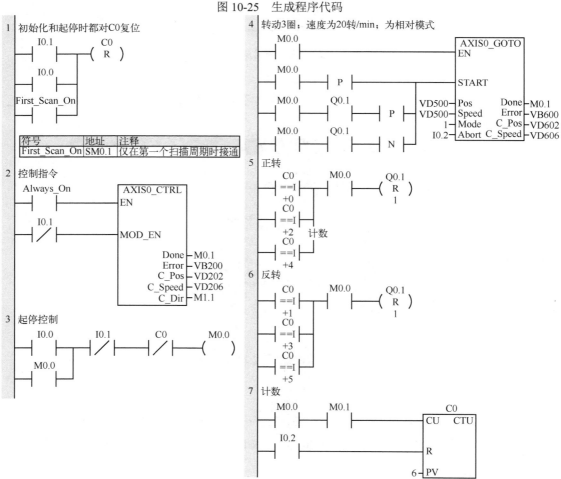

图 10-26　梯形图程序

10.2.4　刨床的 PLC 控制

1. 控制任务分析

已知某刨床的控制系统主要由 PLC 和变频器组成，PLC 对变频器进行通信调速，变频器的运动曲线如图 10-27 所示，变频器以 20Hz、30Hz、50Hz、0Hz 和反向 50Hz 运行，每种频率运行的时间都是 8s，而且减速和加速时间都是 2s（这个时间不包含在 8s 内），如此工作 2 个周期自动停止。

2. 硬件配置

（1）选择 PLC

PLC 选择的是西门子公司 S7-200 SMART CPU SR20。

（2）确定外围 I/O 设备

1）输入设备：一个起动按钮、一个停止按钮和一个急停按钮。

2）输出设备：一台继电器、一台变频器。

（3）分配 I/O 地址

I/O 地址定义见表 10-4。

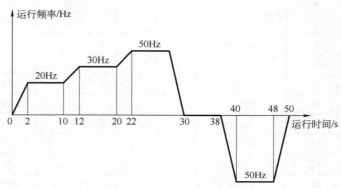

图 10-27　刨床控制系统变频器运动曲线

表 10-4　I/O 地址定义

名　称	符　号	输入点	名　称	符　号	输出点
起动按钮	SB1	I0.0	继电器	KA	Q0.0
停止按钮	SB2	I0.1			
急停按钮	SB3	I0.2			

（4）PLC 的硬件连接图

步进电动机正反转控制 PLC 硬件连接图如图 10-28 所示。

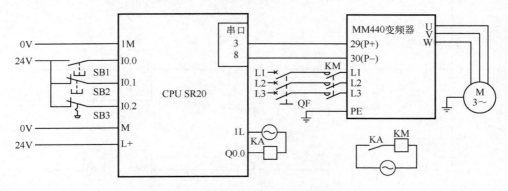

图 10-28　刨床控制 PLC 硬件接线图

3. 变频器参数设定

变频器的参数设置见表 10-5。

表 10-5 变频器参数设置

序号	变频器参数	出厂值	设定值	功 能 说 明
1	P0005	21	21	显示频率值
2	P0304	380	380	电动机的额定电压（380V）
3	P0305	19.7	20	电动机的额定电流（11.5A）
4	P0307	7.5	7.5	电动机的额定功率（7.5kW）
5	P0310	50.00	50.00	电动机的额定频率（50Hz）
6	P0311	0	1440	电动机的额定转速（1440r/min）
7	P0700	2	5	选择命令源（COM 链路的 USS 设置）
8	P1000	2	5	频率源（COM 链路的 USS 设置）
9	P1000	10	2	斜坡上升时间
10	P1120	10	2	斜坡下降时间
11	P1121	6	6	USS 波特率（6～9600bit/s）
12	P2011	0	0	站点的地址
13	P2012	2	2	PZD 报文长度，默认即可
14	P2013	127	127	PKW 报文长度，默认即可
15	P2014	0	0	看门狗时间

4．编写程序

从图 10-27 可见，一个周期的运行时间是 52s，上升和下降时间直接设置在变频器中，也就是 P1120=P1121=2s，编写程序不用考虑。编写程序时，可以将 2 个周期当作一个周期考虑，编写程序更加方便。梯形图如图 10-29 所示。

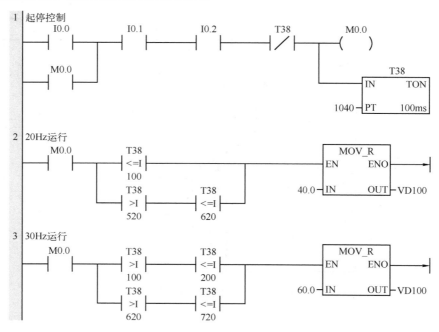

图 10-29 刨床控制梯形图

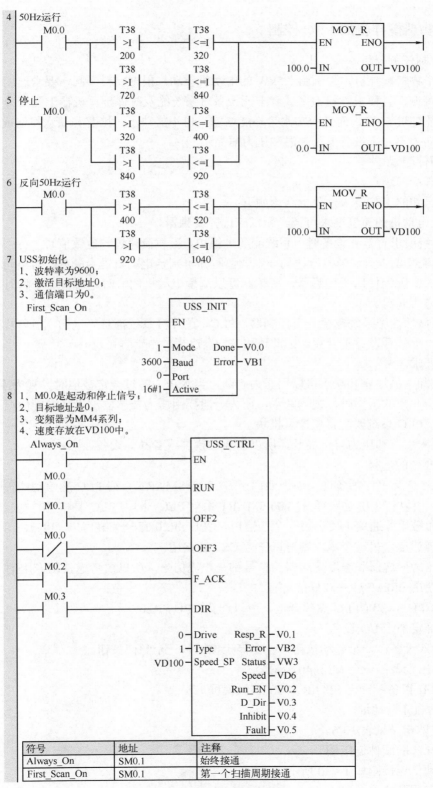

图 10-29　刨床控制梯形图（续）

符号	地址	注释
Always_On	SM0.1	始终接通
First_Scan_On	SM0.1	第一个扫描周期接通

10.2.5　物料搅拌机的 PLC 控制

1. 控制任务分析

有一个物料搅拌机，主机由 7.5kW 的电动机驱动。根据物料不同，要求速度在一定的范围内无极可调，且要求物料太多或者卡死设备时系统能及时保护；机器上配有冷却水，冷却水温度不能超过 50℃，而且冷却水管不能堵塞，也不能缺水，堵塞和缺水将造成严重后果，冷却水的动力不在本设备上，水温和压力需显示。

2. 硬件配置

（1）分析问题

根据已知的工艺要求，分析结论如下：

1）主电动机的速度要求可调，所以应选择变频器。

2）系统要求有卡死设备时，系统能及时保护。当载荷超过一定数值时（特别是电动机卡死时），电流急剧上升，当电流达到一定数值时即可判定电动机是卡死的，而电动机的电流是可以测量的。因为使用了变频器，变频器可以测量电动机的瞬时电流，这个瞬时电流值可以用通信的方式获得。

3）很显然这个系统需要一个控制器，PLC、单片机系统都是可选的，但单片机系统的开发周期长，单件开发并不合算，因此选用 PLC 控制，由于本系统并不复杂，所以小型 PLC 即可满足要求。

4）冷却水的堵塞和缺水可以用压力判断，当水压力超过一定数值时，视为冷却水堵塞，当压力低于一定的压力时，视为缺水，压力一般要用压力传感器测量，温度由温度传感器测量。因此，PLC 系统要配置模拟量模块。

5）要求水温和压力可以显示，所以需要触摸屏或者其他设备显示。

（2）PLC 的选择

小型 PLC 都可作为备选，由于西门子 S7-200 SMART 系列 PLC 通信功能较强，而且性价比较高，所以初步确定选择 S7-200 SMART 系列 PLC，因为 PLC 要和变频器通信占用一个通信口，和触摸屏通信也要占用一个通信口，CPU SR20 有一个编程口（PN），用于下载程序和与触摸屏通信，另一个串口则可以作为 USS 通信用。

由于压力变送器和温度变送器的信号都是电流信号，所以要考虑使用专用的 AD 模块，两路信号使用 EMAE04 是较好的选择。

由于 CPU SR20 的 I/O 点数合适，所以选择 CPU SR20。

（3）确定外围 I/O 设备

1）输入设备：一个起动按钮、一个停止按钮和一个急停按钮。

2）输出设备：一台 MM440 变频器。

3）HMI 设备：一台 SMART 700 IE 触摸屏。

（4）分配 I/O 地址

I/O 地址定义见表 10-6。

（5）PLC 的硬件连接图

PLC 硬件连接图如 10-30 所示。

（6）变频器参数设定

表 10-6　I/O 地址定义

序 号	地 址	功 能	序 号	地 址	功 能
1	I0.0	起动	8	AIW16	温度
2	I0.1	停止	9	AIW18	压力
3	I0.2	急停	10	VD0	满频率的百分比
4	M0.0	起/停	11	VD22	电流值
5	M0.3	缓停	12	VD50	转速设定
6	M0.4	起/停	13	VD104	温度显示
7	M0.5	快速停	14	VD204	压力显示

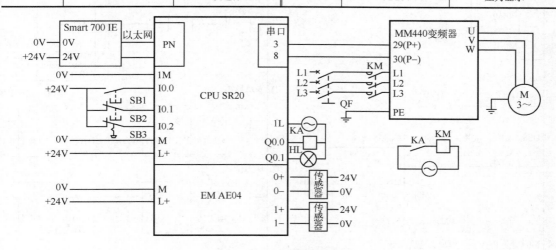

图 10-30　PLC 硬件连接图

变频器参数设置见表 10-7。

表 10-7　变频器参数设置

序 号	变频器参数	出厂值	设定值	功 能 说 明
1	P0005	21	27	显示电流值
2	P0304	380	380	电动机的额定电压（380V）
3	P0305	19.7	20	电动机的额定电流（11.5A）
4	P0307	7.5	7.5	电动机的额定功率（7.5kW）
5	P0310	50.00	50.00	电动机的额定频率（50Hz）
6	P0311	0	1440	电动机的额定转速（1440r/min）
7	P0700	2	5	选择命令源（COM 链路的 USS 设置）
8	P1000	2	5	频率源（COM 链路的 USS 设置）
9	P2010	6	6	USS 波特率（6～9600）
10	P2011	0	18	站点的地址
11	P2012	2	2	PZD 报文长度，默认即可
12	P2013	127	127	PKW 报文长度，默认即可
13	P2014	0	0	看门狗时间

3．编写程序

温度传感器最大测量量程是 0～100℃，其对应的数字量是 0～27648，所以 AIW16 采集的数字量除以 27648 再乘以 100（即 AIW16×100/27648）就是温度值；压力传感器的最大测量量程是 0～10000Pa，其对应的数字量是 0～27648，所以 AIW18 采集的数字量除以 27648 再乘以 10000（即 AIW18×10000/27648）就是压力值；程序中的 VD0 是满频率的百分比，由于电动机的额定转速是 1440r/min，假设电动机转速是 720r/min，那么 VD0=50.0。

程序如图 10-31 所示。

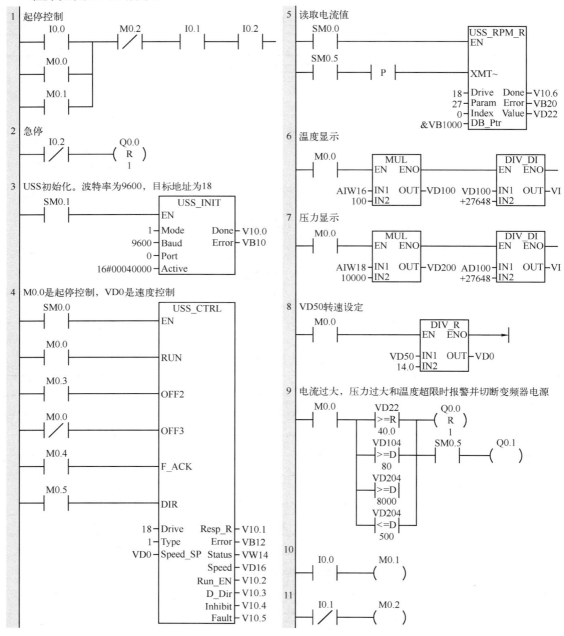

图 10-31　PLC 梯形图

4. 设计触摸屏项目

本例选用西门子 Smart 700 IE 触摸屏,这个型号的触摸屏性价比很高,使用方法与西门子其他系列的触摸屏类似,以下介绍其工程的创建过程。

1)首先创建一个新工程,接着建立一个新连接,如图 10-32 所示。选择"SIMATIC S7 200 Smart"通信驱动程序,触摸屏与 PLC 的通信接口为"以太网",设定 PLC 的 IP 地址为"192.168.0.1",设定触摸屏的 IP 地址为"192.168.0.2",这一步很关键。

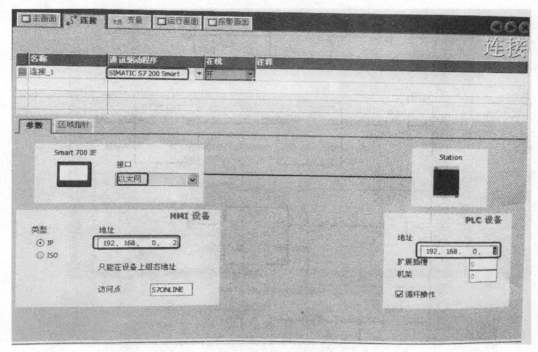

图 10-32　新建连接

2)新建变量。变量是触摸屏与 PLC 交换数据的媒介。创建图 10-33 所示的变量。

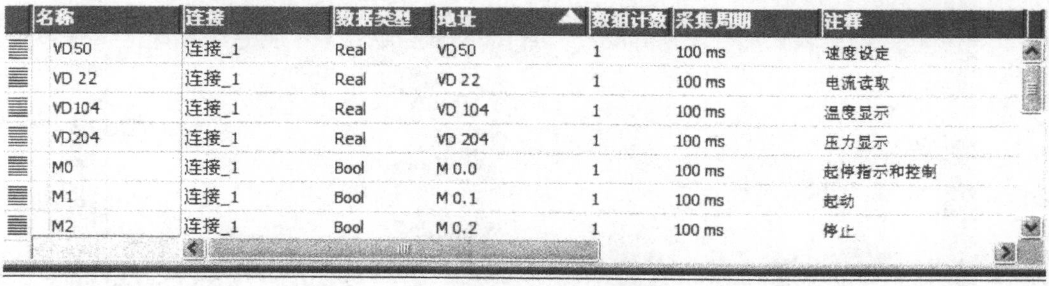

	名称	连接	数据类型	地址	▲	数组计数	采集周期	注释
	VD50	连接_1	Real	VD 50		1	100 ms	速度设定
	VD 22	连接_1	Real	VD 22		1	100 ms	电流读取
	VD104	连接_1	Real	VD 104		1	100 ms	温度显示
	VD204	连接_1	Real	VD 204		1	100 ms	压力显示
	M0	连接_1	Bool	M 0.0		1	100 ms	起停指示和控制
	M1	连接_1	Bool	M 0.1		1	100 ms	起动
	M2	连接_1	Bool	M 0.2		1	100 ms	停止

图 10-33　新建连接变量

3)组态告警。双击"项目树"中的"模拟量报警",按照图 10-34 所示组态告警。

4)制作画面。本例共有 3 个画面,如图 10-35~图 10-37 所示。

5)动画连接。在各个画面中,将组态的变量和画面连接在一起。

6)保存、下载和运行工程。

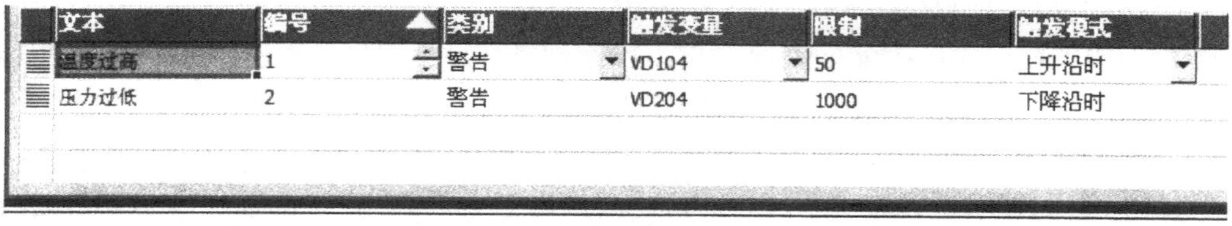

文本
编号
类别
触发变量
限制
触发模式
温度过高
1
警告
VD104
50
上升沿时
压力过低
2
警告
VD204
1000
下降沿时

图 10-34　组态告警

物料搅拌机运行控制系统
运行画面
告警画面
退出运行系统

图 10-35　主界面

2013-2-19 13:11:29温度过高2压力过低
2013-2-19 13:11:10温度过高1温度过高
运行画面
返主画面

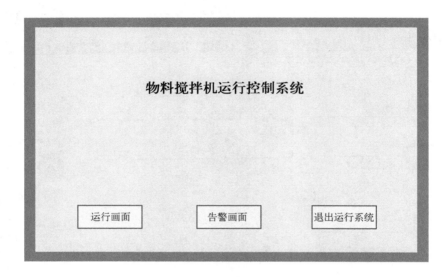

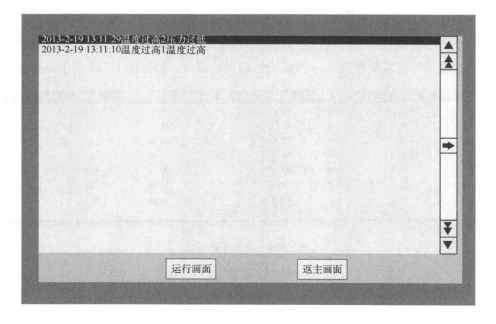

图 10-36　告警界面

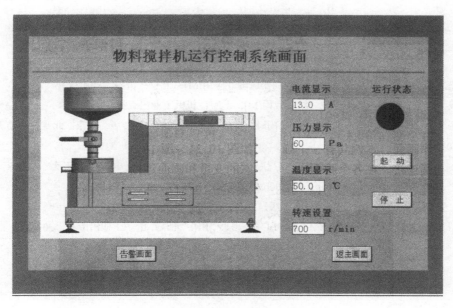

图 10-37　系统界面

思考与练习题

10.1　简述 PLC 控制系统设计的一般步骤。

10.2　用 PLC 实现三级输送机的顺序控制。系统描述如下：

现有一套三级输送机，用于实现货物的传输，每一级输送机由一台交流电动机进行控制，电动机为 M1、M2、M3，分别由接触器 KM1～KM6 控制电动机的正反转。

控制任务如下：

1）当装置上电时，系统进行复位，所有电动机停止运行。

2）当手/自动转换开关 SA1 打到左边时系统进入自动状态。按下系统起动按钮 SB1 时，电动机 M1 首先正转起动，运行 10s 后，电动机 M2 正转起动，当电动机 M2 运行 10s 后，电动机 M3 正转起动，此时系统完成起动过程，进入正常运转状态。

3）按下系统停止按钮 SB2 时，电动机 M1 首先停止，当 M1 停止 10s 后，M2 停止，M2 停止 10s 后，电动机 M3 停止。

系统在起动过程中按下停止按钮 SB2，电动机按起动顺序反向停止运行。

参 考 文 献

[1] 吉顺平，孙承志，王福平. 可编程序控制器原理及应用[M]. 北京：机械工业出版社，2011.

[2] 向晓汉. S7-200 SMART PLC 完全精通教程[M]. 北京：机械工业出版社，2013.

[3] 西门子（中国）有限公司. 深入浅出西门子 S7-200 SMART PLC[M]. 2 版. 北京：北京航空航天大学出版社，2018.

[4] 蔡杏山. 图解西门子 S7-200 SMART PLC 快速入门与提高[M]. 北京：电子工业出版社，2018.

[5] 刘星平. PLC 原理及应用：西门子 S7-200[M]. 北京：人民邮电出版社，2017.

[6] 孙蓓，张志义. 机电传动与控制[M]. 2 版. 北京：机械工业出版社，2015.

[7] 工控帮教研组. 西门子 S7-200 SMART PLC 编程技术[M]. 北京：电子工业出版社，2018.